U0379414

微型计算机控制技术

（第2版）

孔　峰　主编

董秀成　梁岚珍　副主编

重庆大学出版社

内 容 提 要

本书为电气工程及其自动化专业本科系列教材之一,是适应21世纪信息技术革命的需要,突出应用性和实用性,重视解决工程实际问题的新编教材。全书共8章,详细介绍了微型计算机控制技术的原理、方法和发展趋向,内容包括:微机控制系统的主要概念和基本组成、构建微机控制系统所用主要硬、软件的基本知识和应用技术、微机控制系统的几种典型控制方式、微机控制系统的实现形式等,并重点介绍了各类主要微机控制技术的设计、调试和整定方法。

本书可作为高等院校电气工程及其自动化、电子信息工程、自动化、计算机科学与技术等有关专业的计算机控制课程教材,也可供从事微机控制技术研发和设计的科技人员及工程技术人员参阅。

图书在版编目(CIP)数据

微型计算机控制技术/孔峰主编.—2版.—重庆:
重庆大学出版社,2013.1(2015.1重印)
电气工程及其自动化专业本科系列教材
ISBN 978-7-5624-2453-6

Ⅰ.①微… Ⅱ.①孔… Ⅲ.①微型计算机—计算机控
制—高等学校—教材 Ⅳ.①TP273

中国版本图书馆 CIP 数据核字(2012)第 298242 号

微型计算机控制技术
(第 2 版)

孔 峰 主编

董秀成 梁岚珍 副主编

责任编辑:曾令维 版式设计:曾令维
责任校对:蓝安梅 责任印制:赵 晟

*

重庆大学出版社出版发行
出版人:邓晓益
社址:重庆市沙坪坝区大学城西路 21 号
邮编:401331
电话:(023) 88617190 88617185(中小学)
传真:(023) 88617186 88617166
网址:http://www.cqup.com.cn
邮箱:fxk@ cqup.com.cn(营销中心)
全国新华书店经销
重庆金润印务有限公司印刷

*

开本:787×1092 1/16 印张:14.75 字数:368 千
2013 年 1 月第 2 版 2015 年 1 月第 10 次印刷
印数:7 404—8 403
ISBN 978-7-5624-2453-6 定价:28.00 元

前 言

现代的工业自动化是一门应用性的学科,它主要由单机系统的自动化、工业生产过程的自动化和工业企业管理自动化三大部分组成。20 世纪 70 年代的微型计算机问世,使自动化技术在各传统工业领域的应用产生了质的飞跃,促进了工业自动化的高速发展。以微机或微处理器为控制器所组成的单机自动化控制系统和生产过程自动化控制系统,现已成为我国工业领域中工业生产过程控制及智能化仪器(仪表)控制的主要形式,关于微机控制的基础理论及应用技术也已成为有关专业的学生和从事相应工作的工程技术人员所必须掌握的重要学习内容之一。

本书认真吸取了全国各兄弟院校微机控制技术有关教材的长处,注意固化近几年高等教育教学改革和教材改革的优秀成果,剔除和删节相对过时或用处不大的内容,适当引入微型计算机控制技术方面的新知识、新技术和新成果,及时反映本学科领域的新成就和新的研究方法,努力缩小教学内容和现代科技之间的差距,使读者能够了解并掌握使用微型计算机控制技术进行工业控制和智能化仪器(仪表)控制的一般方法和过程。

在编著过程中,编者力求突出本书的应用性和实用性,少作过多、过细、过深的理论推导,而注重于介绍计算机控制技术的设计、调试、整定等实际技能,注意理论结合实际,重视解决工程上的实际问题,并尽量做到重点突出、层次分明、条理清晰、语言易懂,以便于自学。

全书分 8 章。第 1 章介绍与微机控制系统有关的主要概念和控制系统的基本组成,第 2 章到第 7 章讲述组成微机控制系统所用硬、软件的基本知识和应用技术以及几种典型的控制方式,第 8 章是微机控制系统的设计和实现方法。全书的第 1、2、3、4、8 章建议作为必读(必讲)内容,第 5、6、7 章用于拓宽知识面,可根据需要选学。章末均有小结、习题与思考题。

本书编写组由广西科技大学孔峰、西华大学董秀成、新疆大学梁岚珍、四川理工学院谭功佺和陈昌忠组成,孔峰为主编,董秀成、梁岚珍为副主编。第 1、6、8 章由孔峰编著,第

3、4 章由董秀成编著,第 5、7 章由梁岚珍编著,第 2 章由谭功佺、陈昌忠编著,全书由孔峰负责统稿。上海交通大学博士生导师肖登明教授担任主审,编写组全体同志参加汇审。编写过程中,得到了广西科技大学、西华大学、新疆大学、四川理工学院许多领导和同事们的大力支持和帮助,在此表示诚挚的感谢。

　　由于编者的水平有限,书中难免存在缺点和错误,殷切期望广大读者批评指正。

编　者
2012 年 10 月

目录

1

2

第 **1** 章
微型计算机控制系统概述

由于科学技术和生产技术的进步,自动控制技术在 20 世纪得到了飞速的发展,尤其是电子计算机在控制领域中的应用,使工业生产自动化发展到了一个崭新的阶段,并产生了与传统的自动控制技术在理念、方法和手段上都有所不同的新型控制技术——计算机控制技术。特别是 20 世纪 70 年代微型计算机问世后,随着微电子技术、计算机技术和信息处理技术的发展,微型计算机的硬件费用急剧下降,体积缩小,运算速度加快,存储量扩大,能耗降低,可靠性提高,性能价格比日趋合理,从而使以微型计算机为控制核心的微机控制技术逐渐成为当前自动控制技术的主流,以微机为控制器组成的微机控制系统已经成为在工农业生产、军事、国防、管理乃至于日常生活中得到广泛应用的首选控制系统。

通过本章的学习,要求掌握微机控制技术中的开环、闭环、实时、在线、离线等一般概念;掌握微机控制系统的一般结构组成和分类方法,建立对微机控制系统的总体认识,便于以控制系统为主线在以后各章对组成系统的各部分进行学习;了解当前几种典型微机控制系统的组成及其特点。

1.1　微机控制的一般概念

微机控制技术是计算机技术与自动化技术相结合的应用技术,是计算机的重要应用领域之一,在研究微机控制系统之前,先了解几个有关的概念,便于后面继续学习。

1.1.1　微机的开环控制与闭环控制

从控制理论可知,如图 1.1 所示的系统,其控制器的输出只随给定值而变,与被控制对象的被控参数变化无关,这样的系统称为开环控制系统。如果需要调整被控参数,可人为调整给定值,改变控制器的输出,通过执行器动作位置的变化,达到改变被控参数的目的。

图 1.1　开环控制系统

1

但是,在工业生产过程中,对于上述这种系统,往往因各种外界因素的干扰,使被控参数偏离预定值(如电动机转轴转速随轴负荷的变化而改变、加热炉炉门的开闭和进料出料影响炉温的变化),又不能自动得到恢复,所以它的控制性能是比较差的。

如图 1.2 所示的系统,通过检测装置获取变化的被控参数信息,与给定值比较后成为误差信号,控制器按误差信号的大小产生一相应的控制信号,自动调整系统的输出,使其误差趋向于零,这样便形成闭环负反馈控制系统,即闭环控制是指系统输出对控制器控制作用产生影响的控制。

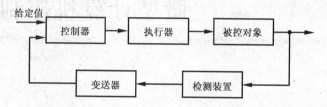

图 1.2 闭环控制系统

在常规的控制系统中,上述的控制器是用自动化仪表或其他控制装置来实现的,如果控制器用微机来代替,便构成微机控制系统了,所以微机控制系统也有开环控制与闭环控制之分。

值得一提的是后面将要讨论到的数据采集、数据处理系统,这种系统中的微机虽然直接与生产过程相联系,但它的基本任务是把生产过程参数经检测输送到微机中,微机对这些参数经过适当的处理后输出到显示器或打印机,供操作时参考。微机的输出与系统的过程参数输出有关,但并不影响或改变生产过程的参数,所以这样的系统也可以说是一个开环系统,但不是开环控制系统。

微机有着高速运算、强大的逻辑判断和记忆的能力,用它来完成控制器输入输出关系的运算,只是执行事先编写好的控制程序便可实现,因而可灵活地完成各种复杂的控制算法,若要改变控制规律,只要修改控制程序即可。

在微机控制系统中,微机输入输出的信号都是数字量,被控对象的输入输出信号往往是连续变化的模拟量,为此在微机的信号输入和输出端需要设有模拟量与数字量之间信号形式转换的模/数(A/D——Analog/Digital)和数/模(D/A)转换装置。典型的微机控制系统框图如图 1.3 所示。

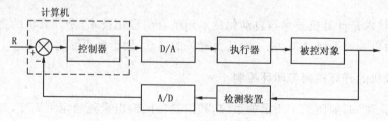

图 1.3 微机控制系统基本框图

1.1.2 实时性

控制系统用的微机与科学计算用的微机由同样的基本硬件组成,亦需要有系统软件和应用软件来支持,但它们也有区别,其中最突出的一个不同点是控制用微机的操作具有实时性。

"实时"含有及时、即时和适时的意思,或者说要求控制用微机能够在规定的时间范围内完成规定操作,否则把微机放在控制系统中将没有任何实际意义。微机控制操作的实时性主要包含以下 4 个方面的内容:

1)实时数据采集。被控对象当前输出的信息(如温度、压力、流量、成分、速度、转速、位移量等)瞬间即逝,如不及时采集,便会丢失,所以应将它们转换为相应的模拟电信号,由微机随时对它们进行采样,并及时把这些采样结果存入内存。

2)实时决策运算。采样数据是反映生产过程状态的信息,微机对它经过比较、分析、判断后,得出生产过程参数是否偏离预定值、是否达到或超过安全极限值等,即时按预定控制规律进行运算,作出控制决策。

3)实时控制。微机及时将决策结果形成控制量输出,作用于执行机构,校正被控对象参数。

4)实时报警。如果被控对象参数超限或系统设备出现异常情况,微机应能及时发出声光报警信号,并自动地或由人工进行必要的处理。

实际上系统中的微机就是按顺序连续不断地重复以上几个步骤的操作,保证整个系统能按预定的性能指标要求正常运行。

但是"实时"不等同于"同时",因为从被控参数的采集到微机的控制输出作出反应,是需要经历一段时间的,即存在一个实时控制的延迟时间,这个延迟时间的长短,反映实时控制的速度,只要这一时间足够的短,不至于错过控制的时机,便可以认为这系统具有实时性。不同的控制过程,对实时控制速度的要求是不同的;即使是同一种被控参数,在不同的系统中,对控制速度的要求也不相同。例如电动机转速和移动部件位移的暂态过程很短,一般要求它的控制延迟时间就很短,这类控制常称为快过程的实时控制;而热工、化工类的过程往往是一些慢变化过程,对它们的控制属慢过程的实时控制,其控制的延迟时间允许稍长一些。

控制器的延迟时间在正常情况下包含数据采样、运算决策和控制输出三个步骤所需时间之和,其中运算决策部分的延迟时间占的比例最大。为了缩短控制的延迟时间,应从合理选择控制算法、优化控制程序的编制、选用运算速度较高的微机等方面加以解决。

此外,要使微机控制系统具有实时性,在微机硬件方面还应配备有实时时钟和优先级中断信息处理电路,在软件方面应配备有完善的时钟管理、中断处理的程序、实时时钟和优先级中断系统,这些是保证微机控制系统实时性的必要条件。

1.1.3　在线与离线

在微机控制系统中,若微机的输入输出端直接与被控对象连接起来,直接交换信息,而不通过其他中间记录介质如磁带等来传递,微机的这种工作方式称为"在线"方式或"联机"方式;若微机不直接对生产装置进行控制,而将其输出信息先记录在某种记录介质上,再由人来联系,按照记录信息完成相应的控制操作,这种工作方式称为"离线"方式或"脱机"方式。离线方式显然不能达到实时控制的目的。由此可见,要使系统具有实时性,就必须要求计算机以"在线"方式工作,不过应注意,计算机以"在线"方式工作不等于说该系统就是一个实时控制系统,例如数据采集系统中的计算机,虽然它直接与生产装置连接,及时采集系统的输出数据,但不要求它对生产装置进行直接的控制,所以这种系统的计算机是"在线",并非完全"实时"。

1.2 微机控制系统的一般组成

随着被控对象的不同、完成控制任务的不同、对控制要求的不同和使用设备的不同,各个微机控制系统的具体组成是千差万别的,但是从原理上说,它们都有其共同的结构特点。本节主要介绍一般微机控制系统所包含的硬件和软件组成,为后面的详细讨论打下基础。

1.2.1 硬件组成

微机控制系统的硬件一般由生产过程、过程通道、微型计算机、人机联系设备、控制操作台等几部分组成,如图1.4所示,各部分简要说明如下:

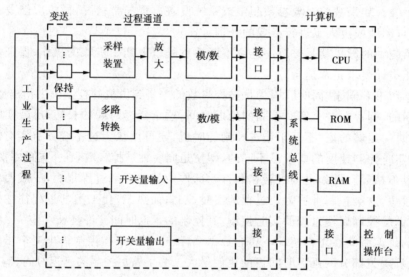

图1.4 微机控制系统的一般组成

(1)主机

包括中央处理器CPU、存储器ROM、RAM和系统总线在内的几部分称为主机,它是整个系统的核心部分,它主要是执行人们预先编制好并存放在存储器的程序,收集从工业生产过程送来的过程参数,并进行处理、分析判断和运算,得到相应的控制信息,用它输出到工业生产过程,使过程参数趋于预定数值。控制程序反映控制器输入输出之间的数学关系。主机起动后,便从存储器逐条取出程序指令并执行。该程序被连续重复地执行着,于是便能对生产过程按一定的规律连续地进行控制。

(2)过程通道

过程通道是主机与工业生产过程交换信息的通道,是微机控制系统按特殊要求设置的部分。按传送信号的形式可分为模拟量通道和开关量通道,按信号传送的方向可分为输入通道和输出通道。

生产过程的被控参数一般为连续变化的非电物理量,在模拟量输入通道中先用传感元件把它转换成连续变化的模拟电量,然后用模/数转换器转换成微机能够接受的数字量。计算机输出的数字量往往要经过数/模转换器转换成连续的模拟量,去控制可连续动作的执行机构。此外还有开关量形式的信号,它将通过开关量输入输出通道来传送。因此,过程通道有:模拟量输入通道、模拟量输出通道、开关量输入通道和开关量输出通道。下一章将较详细地介绍这几种通道。

通道入口的传感变送设备和出口的执行设备等自动化仪表,不再在本课程内讨论,但从事微机控制系统工作的人员可参考其他相关资料,应熟练地加以掌握。

(3)接口

接口是通道与微机之间的中介部分,经接口联系,通道便于接受微机的控制(能直接接受微机控制的通道也可以不通过接口联系),使用它可达到由微机从多个通道中选择特定通道的目的。

系统所用的接口通常是通用的数字接口,其中分为并行接口、串行接口和脉冲列接口。目前各型号的 CPU 均有其配套的通用可编程接口芯片,这些接口芯片使用方便灵活。为了能用好各种接口,要充分了解和掌握更多的通用集成接口芯片知识。

(4)控制操作台

控制操作台是人与计算机控制系统联系的必要设备。在操作台上随时显示或记录系统的当前运行状态和被控对象的参数,当系统某个局部出现意外或故障时,也在操作台上产生报警信息。操作人员在操作台上可修改程序或某些参数,也可按需要改变系统的运行状态。运行操作台应包括以下几方面的设备:

1)CRT 屏幕显示器或 LED 数码显示器、打印机、记录仪等输出装置。

2)键盘、功能控制按钮或扳键等输入装置。

3)微机的外存储器,如磁盘机、磁带机等。

4)状态指示和报警指示的指示灯和声报警器。

控制操作台实际是把主机的控制台和系统的控制台结合在一起,必要时也可以将二者分开。

控制操作台上的各个设备都需要各自的接口与主机相连接,在主机内部也需要配置相应的软件对各个设备进行管理,这样操作人员才有可能利用操作台上的设备与控制系统联系。

1.2.2　软件组成

从微机原理可知,微机的操作功能除了与微机硬件有关外,还有赖于它是否配置完善的软件。微机控制系统的运行也不例外,需要软件来支持。

微机软件分系统软件和应用软件两大类,系统软件是微机操作运行的基本条件之一,由于微机系统硬件发展很快及应用领域的扩大,系统软件的发展也很迅速。

应用软件按照对系统功能要求和完成任务的不同而有所不同,通常由用户来编写。控制系统中的应用软件主要是直接控制软件,其质量的好坏直接影响控制系统的控制效果。

控制软件指对系统直接监测、起控制作用的前沿程序,包括人机联系、对外围设备起管理作用的服务性程序,还有与控制关系不大的例如保证系统可靠运行的自检程序之类的后沿程序。

微机执行程序需要时间,若要为快过程(如电动机)的控制系统编写控制程序,务必注意它执行时间的长短,保证控制系统的实时性。

此外,要充分使用系统程序为控制系统服务,以减少应用程序的编制工作量。

1.3 微机控制系统的分类及其特点

在工业生产上用到的计算机控制系统,其具体组成虽然都有硬件部件和软件系统,但由于应用目的、对功能的要求和使用的控制规律不同而各不相同。这里将从控制系统的功能及控制规律的分类角度,介绍几种常见的典型微机控制系统。

1.3.1 按功能分类的典型微机控制系统

(1)数据采集和数据处理系统

数据采集和数据处理系统主要用于对生产过程中的大量数据(如温度、压力、流量、速度、位移量等)作巡回检测,进行收集、记录、统计、运算、分析、判断等处理,最后由显示器或打印机列出结果。如某项数据越出设定界限时,该系统还会自动发出声光报警,提醒操作人员及时处理。

这种系统可以取代大量的常规显示和记录仪表,对整个生产过程进行集中式的实时监视。各种数据的积累和实时分析,不但可作为指导生产过程的人工操作信息,还能用于生产过程的趋势分析和预测。

图1.5为数据采集和数据处理系统的硬件组成原理图。这种系统的主机,一般只需要模拟量输入通道和开关量输入通道,而没有输出通道。在软件系统中,它除了有控制数据输入的程序外,还应该有相应的数据处理程序。

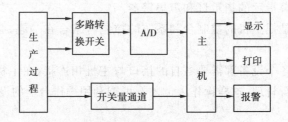

图1.5 数据采集、数据处理系统硬件组成原理框图

数据采集和数据处理系统并不直接控制生产过程,所以从严格意义上说,这种系统并不是控制系统,因此,它常要辅以人工控制或其他控制装置,来完成对生产过程的控制作用。

(2)直接数字控制系统

在直接数字控制(DDC——Direct Digital Control)系统中,微机通过过程输入通道对生产过程的控制对象作巡回检测,根据测得的数据,由微机按一定的控制规律进行运算,并将运算结果经过程输出通道作用于执行机构,以完成调节这些被控参数的目的,使之符合所要求的性能指标。

直接数字控制系统中的微机起着模拟调节器的作用,只要配置有相应的控制软件,一台微机可以替代多个模拟调节器,同时按不同的控制规律对不同的参数进行不同的控制。它可以实现常规的PID(比例、积分、微分)控制,也可实现其他复杂或先进的控制,控制规律的改变只需变换相应的控制软件。由于这种微机控制系统使用比较灵活,因此目前在工业生产中应用最为广泛。

直接数字控制系统的硬件组成原理框图如图1.6所示。系统中除了输入和输出通道外，一般还有一个功能较强的控制操作台，配有显示器、打印机、键盘、各种开关和声光报警器，操作人员可以通过控制操作台进行人机的信息交流，如输入和调整被控参数的给定值，显示和打印各种数据、表格，变更控制方式或控制规律。

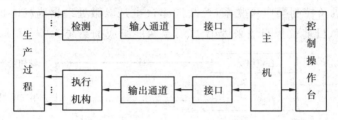

图1.6 直接数字控制系统硬件组成原理框图

（3）监督控制系统

监督控制系统（SCC——Supervisory Computer Control）的硬件组成原理框图如图1.7所示。在这类系统中，总有一台用于监督控制的微机，它根据生产过程的工艺参数和数学模型，计算出最佳的给定值，送给模拟调节器或DDC微机，最后由模拟调节器或DDC微机控制生产过程，完成闭环自动控制，而监督控制的微机是不直接参与过程调节的。

生产过程的闭环自动调节是依靠模拟调节器（图1.7(a)）或DDC微机（图1.7(b)）来完成的，模拟调节器或DDC微机直接面向生产过程，SCC微机是面向模拟调节器或DDC微机的，也就是说，含有SCC的系统至少是一个两级控制系统。一台SCC微机可监督控制多台DDC微机或模拟调节器，这种系统具有较高的运行性能和可靠性。

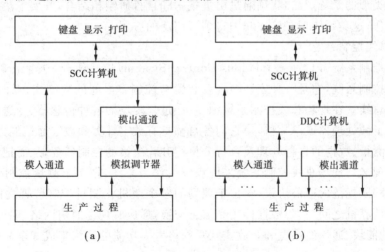

（a） （b）

图1.7 监督控制系统组成原理框图

监督控制微机所给出的最佳值，可以使生产过程始终在最优或较优的工况下运行，但这种控制的效果，常常受数学模型和被控参数采样及变换精确程度的影响。

（4）集散控制系统

集散控制系统（TDC——Total Distributed Control）也称分级分布式控制系统，简称集散系统，它是计算机、控制器、通讯和显示技术相结合的产物，多台以微处理器为核心的控制器分散于整个生产过程各部分,整个系统采用单元模块组合式结构,各单元用通讯线路连接成一个整体,不同的系统可用不同的模块来组合以适应不同的要求。但整个系统一般总是由实现DDC 局部控制的基本控制器、实现监督控制的上级监督控制计算机及控制操作台等组成。它可使整条生产线或整个车间达到全自动控制的目的。集散控制系统的组成框图如图 1.8 所示。图 1.8 中的局部控制均是以微处理器为核心的 DDC 控制,各控制器通过外部数据通讯线路与上级 SCC 微机及控制操作台联系,控制操作台也是以微处理器为核心的装置。系统应用的层数可按需确定,目前较普遍地采用第 1、第 2 两层组成的系统。

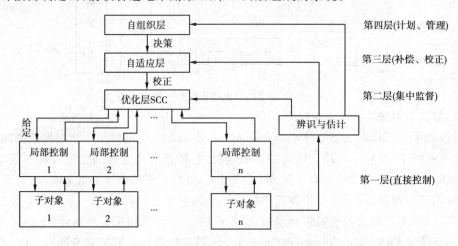

图 1.8　集散控制系统组成框图

　　集散系统有系统组成灵活、操作方便、能实现集中控制和可靠性高等优点。目前许多国家都陆续推出了类似的系统产品,我国通过引进技术和自行研制相结合,开展了集散系统的生产和推广使用工作,这类系统现在已在我国得到了广泛的应用。

(5)现场总线控制系统

　　现场总线控制系统(FCS——Fieldbus Control System)是一种自 20 世纪 80 年代开始发展起来的新型控制系统,它是一种安装在现场装置与控制室之间的数字式、双向串行传输、多点通信的数据总线。在现场总线控制系统中,生产过程现场的各种传感器、变送器、仪表、执行机构等都配置了微处理器或单片机,使它们各自都具有数字计算和数字通信能力,可以完成对单一量的自行测量、数据的自行处理及自行分析、判断、决策的控制任务,从而把许多控制功能从控制室移到现场。现场总线控制系统采用双绞线作为总线,把多个测量控制装置连接成网络系统,并按公开、规范的通信协议,在位于现场的多个微机化测量控制装置之间以及现场装置与远程监控计算机之间,实现数据传输和信息交换,形成有现场通信网络、现场设备互连、互操作性、分散功能块、通信线供电和开放式互联网络六大功能的网络集成式全分布型的自动控制系统。

　　现场总线控制系统的组成如图 1.9 所示。图中的现场设备如传感器、变送器、调节器、步进电机等都不是传统的单功能的现场仪表和器件,而是具有综合功能的智能仪表和智能控制器件。现场总线上的网络连接器可以将该控制系统与其他的现场总线控制系统直至 Internet 互联网连接在一起。

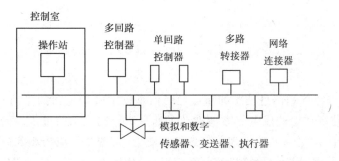

图 1.9 现场总线控制系统组成示意图

1.3.2 按使用的控制规律分类的典型微机控制系统

控制规律又称控制策略,在计算机控制系统中也可狭义地称为控制算法。微机控制系统按控制规律分类时,主要有:

(1)程序和顺序控制

程序控制是指被控制量要按照预先设定的时间函数变化,被控制量为时间的函数,例如一般数控机床的加工控制和单晶硅炉的温度控制等。

顺序控制是程序控制的一种扩展,它在各个时期给出的设定值可以是不同的物理量。下一步设定值的给出,不仅取决于时间,还取决于前一步(或前几步)控制结果的逻辑判断。可编程控制器(PLC)在顺序控制中使用较为广泛。

(2)比例积分微分控制

比例积分微分(PID)控制是指控制调节器的输出为输入的比例、积分、微分的函数。PID控制结构简单,参数容易调整,最为广大工程技术人员熟悉,因此目前使用最为普及,无论是模拟调节器还是数字调节器,大多使用PID控制规律。

(3)复杂规律的控制

传统的控制规律在应用时需要两个前提,一是要求控制对象的模型是精确的、不变的,而且是线性的;二是要求操作条件和运行环境是确定的、不变的。对于存在随机扰动、纯滞后对象、多变量耦合或非线性的系统,仅用PID控制是难以达到满意的性能指标的。所以,随着自动化在工业应用领域的扩大,必须要针对生产过程的实际情况,考虑多变量、非线性、控制对象的参数乃至于结构变化的影响,考虑运行环境改变及随机扰动等时变的或不确定因素的影响,因此,可以引进各种复杂的控制规律。例如:串级控制、前馈控制、纯滞后补偿控制、多变量解耦控制等,以及可以使环境干扰和控制对象特性的变化漂移对系统的影响逐渐降低和消除的自适应控制、可以使系统对外界干扰和参数变化不灵敏的变结构(滑模)控制、鲁棒控制、预测控制等。

(4)智能控制

智能控制是一种在近几年发展很迅速的新型控制策略,它是自动控制理论和人工智能相结合的产物。随着对智能控制研究的深入和应用的扩大,智能控制已经从初期的三元结构(控制理论—人工智能—运筹学)发展成四元结构(控制理论—人工智能—运筹学—信息论)和多元结构(控制理论—人工智能—运筹学—信息论—计算机科学—生物学)。典型的智能控制方法有模糊逻辑控制、神经网络控制、专家控制、遗传算法等。

1.4 微机控制技术的发展趋势

21世纪是知识经济和信息技术的新世纪。信息技术(IT)革命的飞速发展,特别是计算机科学技术和自动控制理论的成就有力地推动了计算机控制技术的进步。借助于计算机高速运行以及强大的计算、记忆和逻辑推理等信息处理能力,实现从经典控制到先进控制的各种控制规律、控制策略和控制算法的计算机控制系统,已经成为当前自动控制系统的主流,并且日益显示出它的强大生命力。可以预计,在不久的将来,除个别特殊场合外,绝大多数的自动控制系统将会是计算机控制系统。

从工程应用的角度出发,新一代计算机控制系统的控制对象、控制内容和应用领域都会出现极大的变化。在工业应用领域中,控制对象从单台设备、机械、生产线或生产过程延拓到整个工厂或企业,对技术指标的期望值或其优化控制将会变成对信息流、物质流、能量流和资金流的控制;控制内容也日益广泛,既包括通常意义下的闭环调节和伺服控制,也包括操作、指导、诊断、监督、优化、调度、计划、组织和管理等,还应该包括自适应、自学习和自组织控制;计算机控制系统的应用领域,也正在从传统的运动和过程控制的工业生产领域发展到智能化仪器(仪表)、家用电器、办公自动化设备、智能大厦乃至通讯、航天、军事甚至于农业生产现代化等其他领域。

微电子技术和计算机科学技术的日新月异,始终是计算机控制技术发展的重要前提和坚实基石。著名的"每18个月同体积芯片上集成的器件数量将增加1倍而其性能则提高2倍"的摩尔定理已被实践所证明,计算机的运行速度日益加快,功能日趋完善,目前正在向巨型机、微型机、高速化、集成化和网络化的方向发展。微型计算机由于其体积较小、结构组合灵活、性能价格比高、可靠性好,从一开始就被作为计算机控制技术的主要使用机型。因此,计算机控制技术一般是指微型计算机控制技术。

从控制系统组成的角度来看,微型计算机控制技术的应用目前有几点引人瞩目的新趋势。

1.4.1 分级分布式的控制方式

在20世纪60年代,较大规模工业生产中的计算机控制系统基本上都是集中式的,当计算机一旦出现故障,就会给整个装置和生产系统带来严重影响。所以,从70年代初起,开始推广分级控制系统,即用多台微型计算机分散于整个生产过程的各部分,实现各自小范围的局部控制,上一级的微型计算机则起监督作用,从而形成分散型的微机控制系统。70年代中期,开始出现一种新型的分散型综合控制系统,又称集散控制系统DCS。它是以微机为核心,把微机、各自独立的带CPU的工业控制单元、输入输出通道、模拟仪表及显示操作装置等通过数据通信系统有机地结合起来,既实现地理上和功能上分散的控制,又由高速数据通道集中所有分散控制点的信息,进行集中的监督和操作。集散控制系统是一种典型的分级分布式的控制结构,上一级的微型计算机对分散的各控制单元进行统一管理,它根据接收到的各控制单元送来的信息,经分析和处理后对各控制单元进行监督控制,实现对整个生产过程控制的协调和优化;它还能完成生产计划编制、原材料及能源调度、工艺流程管理、产品管理、财务管理、人员管理以及打印统计报表等工作;而且它的系统组成是积木式的,所以组合方便灵活,易于扩展。新一代的集散控制系统将在微机的数据高速传送技术、计算机局域网技术和光纤通信技术等方面取得明显进步。开发和推广小规模、单回路控制单元的集散控制系统以分散危险性和提高可靠性、可维护性,把生产过程自动化和管理自动化相结合形成管控一体化都将是今后集散控制系统发展的主要方向。

1.4.2　开放式、数字化和网络化的控制结构

为了适应多点多参数日益复杂的大型自动控制系统的需要,生产过程自动化在经历了 20 世纪 60 年代的集中控制和 70 年代的分散控制之后,以美国英特尔公司和德国西门子公司为代表的一些大公司从 80 年代中期开始推出和发展一种开放式、数字化和网络化结构的新型微机控制系统,即现场总线控制系统 FCS。现场总线是一种数据总线,它是自动化领域中计算机通信最底层的控制网络。在现场总线控制系统 FCS 中,各种传感器/变送器及作为控制对象的设备都配有 CPU 并实现了智能化,它们都挂接在开放式的环行现场总线上,通过现场总线实现现场智能化设备之间的数字通信以及现场设备与上级控制中心微型计算机之间的信息传递。因此,在这种现场总线控制系统中的现场设备和所谓的仪表,已经都各自组成为能对单一控制量自行测量、自行数据处理、自行分析判断和决策的控制系统。也就是说,它把集散控制系统 DCS 中控制站的功能块再分散地分配给现场的设备和仪表,将控制站虚拟化,许多控制功能从控制室移到生产现场,大量的过程检测及控制的信息就地采集、就地处理、就地使用,在新的技术基础上实施就地控制。现场智能传感器/变送器将调控了的控制对象状态参量通报给控制室的上级控制中心微型计算机,上级机主要对整个控制系统和生产全过程进行总体监督、协调、优化控制与管理,从而实现彻底的分散控制。

现场总线控制系统使用一种全数字化、串行、双向、多点挂接的开放式通信网络。它不像传统的集散控制系统那样,现场传感器/变送器测量所得的原始信号须先转换成 4～20mA 的模拟信号后方可传送,而是从智能传感器到智能调节阀,其信号一直保持数字化,从而极大地提高了抗干扰能力。这种通信网络只使用一对简单的双绞线作为现场总线,它既能传输现场总线上仪表设备与上级机的通讯信号,还能为现场总线上的智能传感器/变送器、智能执行器(如智能调节阀、智能控制电机)、可编程控制器、可编程调节器等装置供电。现场总线是一种开放式的互联网,它可与同层网络相连,也可与不同层网络相连,只要配有统一的标准数字化总线接口并遵守相关通信协议的智能设备和仪表,都能并列地挂接在现场总线上,而不再像集散控制系统那样一对一地与控制室或控制单元呈树状连接。

开放式、数字化和网络化结构的现场总线控制系统,由于具有降低成本、组合扩展容易、安装及维护简便等显著优点,从问世开始就在生产过程自动化领域引起极大关注,许多专家认为,现场总线控制系统 FCS 是对集散控制系统 DCS 的继承、完善和进一步发展,是继 DCS 之后微型计算机控制技术的又一次重大变革,我们现在将开始处于用新一代的现场总线控制系统逐步替代传统的集散控制系统的转变时代。

1.4.3　单片机(微控制器)组成的微机控制系统日趋先进

单片机(MCU——Micro-Controller Unit)是一种把微型计算机及其外围电路和外设接口集成在一个芯片中的微控制器,它具有优异的控制功能,常被用于构成各种工业控制单元以实现智能化控制。在单片机最小系统基础上构成的微机控制系统,结构简单,组合容易,扩展方

便,体积小,成本低,不但在工业上应用广泛,在计量测试、办公自动化、金融电子、家用电器乃至于智能玩具等领域都有大量应用。作为微型计算机控制技术应用的一个重要方面,这类微控制器的发展方向,有以下一些值得注意的特点:

数字信号处理芯片(DSP——Digital Signal Processor)以其更快的运行速度和更强的计算能力正在很多场合替代传统的 M51 系列和 M96 系列单片机以组成要求更高的微机控制系统;各种专用的集成控制模块(如电机控制模块、调节阀控制模块、显示模块等)正在逐步取代微机控制系统中的分立元件;在扩展内存的基础上大量使用各种先进的控制策略和控制算法以提高控制质量。

1.4.4 智能控制理论的应用日益广泛

微型计算机控制技术实质上是控制理论、自动化技术和计算机科学技术的有机结合。随着控制理论的发展,以控制理论为指导的各种控制规律、控制策略和控制算法的实现都更离不开计算机科学技术的支持。也就是说,正是由于计算机科学技术的成熟、普及和进步,才推动控制理论为适应技术革命的需求而不断深入发展。

智能控制理论是从 20 世纪 70 年代后期开始兴起的,它作为继经典控制理论、现代控制理论之后的第三代控制理论,现在正以其新颖丰富的思想和强有力的问题求解能力向各个领域迅速渗透,它是自动控制和人工智能相结合的产物,其知识结构呈多元化(控制理论—人工智能—运筹学—信息论—计算机科学—生物学)。智能控制系统具有模拟人类学习和自适应的能力,能学习、存储和运用知识,能在逻辑推理和知识推理的基础上进行信息处理,能对复杂系统进行有效的全局性控制,并具有较好的自组织能力和较强的容错能力。智能控制的研究范围甚为广泛,大多数专家认为,模糊逻辑控制、神经网络控制和专家控制是三种典型的智能控制。目前,模糊逻辑控制、神经网络控制以及遗传算法等都是智能控制研究的热点。

应该指出,每一种控制规律和控制策略都有其长处,同时也会在某些方面存在问题。因此,根据不同控制对象的不同要求,通过各种控制规律和控制策略的互相渗透和结合,取长补短,形成新的复合(混合)型控制规律和控制策略,使之克服单一控制规律和策略的不足,从而具有更好的性能,并利用计算机控制技术给以实现,无疑将是今后微型计算机控制技术发展的方向之一。

总之,微型计算机控制技术在控制理论、自动化技术和计算机科学技术的支持和推动下,今后将会以更高的速度向前发展,其工作性能和工作可靠性将会有更大的提高,它不但将在机械制造、冶金、化工、轻工、电力、交通、航天等行业和国防上得到更广泛的应用并取得更为显著的成果,而且将走进办公室,走进家庭,走向我们生活、学习、工作的每一角落,为人类科学技术的进步作出更大的贡献。

小　结

本章首先介绍微机的开环闭环控制、实时性、在线与离线的基本概念,为了建立对微机控制系统的总体认识,以及为后面各章节对系统的各主要组成部分深入讨论,还介绍了微机控制系统的总体结构、各部分的基本作用、分类方法及目前常用到的几种典型系统。其中数据的采集和处理是计算机工业控制应用的基础,DDC 系统是微机控制系统最基本的系统形式。

通过本章的学习,应对微机控制系统有一个初步的理解和认识。

习题与思考题

1. 计算机在微机控制系统中的主要作用是什么? 它的输入信息从何处来? 其输出信息又用于何处?

2. 什么是微机控制的实时性? 为什么要强调微机控制的实时性? 怎样才能保证微机的实时控制作用?

3. 微机在控制系统中"在线"操作和"离线"操作的区别是什么?

4. 微机控制系统的硬件一般由哪几个主要部分组成? 各部分是怎样相互联系的? 其中过程通道在系统中起什么作用? 它有几种基本类型?

5. 直接数字控制系统的硬件由哪几部分组成? 它们的基本功能各是什么? 直接数字控制系统与监督控制系统的根本区别在哪里?

6. 微机控制系统按功能分类主要有哪几种? 按使用的控制规律分类又主要有哪几种?

第 2 章
过程输入输出通道

为了建立微机控制系统以实现对生产过程的控制，需要将生产过程中的各种必要信号（参数）及时地检测传送，并转换成计算机能够接受的数据形式。计算机对送入数据进行适当的分析处理后，又以生产过程能够接受的信号形式实现对生产过程的控制。这种完成在过程信号与计算机数据之间变换传递的装置叫过程输入输出通道，简称过程通道。

过程通道在计算机和生产过程之间起着纽带和桥梁的作用。过程通道按信息存在的种类分为模拟量通道和数字量通道，按信息传递的方向分为输入通道和输出通道。其中，模拟量通道与生产过程的连续模拟信号（一般包括压力、流量、温度、液位、转速、相位、电流、电压、成分等）相联系，而数字量通道则与生产过程的离散数字信号（如两态开关、电平高低、脉冲量等）相联系。

本章将通过适当的微机外围接口和常用器件的介绍，详细阐述过程通道的构成和一般设计原则，其中重点介绍模拟量通道的构成情况。

2.1 过程通道的一般结构

在由输入通道和输出通道所组成的过程通道中，输入通道的结构主要取决于生产过程的环境和输入信号的类型、数量、大小；输出通道的结构与生产过程的具体控制任务密切相关，取决于控制执行器所需要的信号类型和功率大小等。

当输入信号为模拟信号时，该信号要模拟/数字转换（简称模/数或 A/D 转换）后方可送入微机。而且，转换之前还应将相应的模拟信号进行处理，也就是进行小信号放大、滤波、零点校正、线性化处理、温度补偿、误差修正以及量程切换等过程，以满足转换的需要，这个过程称为信号调理。不过，在微机应用系统中，由于许多原来靠硬件实现的信号调理任务现都可以通过软件实现，从而信号调理的主要任务是小信号放大和信号滤波。当输出信号要求为模拟信号时，也需要将微机输出的数据信息进行数字/模拟转换（简称数/模或 D/A 转换），而且还常要进行功率放大与信号隔离。模拟量输入输出通道的一般结构如图 2.1 所示。

图 2.1 中配置了多路开关，多路开关在通道中的具体位置应根据信号状况确定。比如，当现场传感器输出的信号微弱时，应先放大再通过多路开关以防止多路开关引入较大的误差；当

传感器的输出电平较大时,则可以先通过多路开关再后接程控增益放大器。

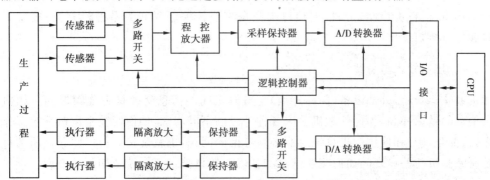

图 2.1 模拟量输入输出通道的一般结构

用多路开关后可使多个模拟通道能够共享一个 A/D 或 D/A 转换器,节约了硬件成本,但是各个模拟通道上的信号只能依次进行模/数或数/模转换,造成信息的采集和控制不够及时,可靠性也不高。若要求采集和控制是快速的,可以每个模拟信号设置一个模拟通道,即各自设置 A/D 或 D/A 转换器,这样,各个通道可以同时进行数据转换,可靠性也更有保障。

同时应注意,模拟量输出应该是时间上连续的,所以共享 D/A 转换器的模拟量因为分时转换的原因需要使用保持器。而当模拟量输出通道是每个输出的模拟量各有一个 D/A 转换器时,那么该模拟量输出通道上就不必设置保持器,因为在这种情况下,只要 D/A 转换器的输入不变,其输出也不会改变,起保持作用的器件实际是 D/A 转换器中的数字寄存器。

当输入信号为数字信号时,输入通道的任务就是将不同电平或频率的信号调理到微机 CPU 可以接收的电平,因此要进行电平转换和整形,有时也需要信号隔离。当输出信号为数字信号时,输出通道的任务通常是将微机输出的电平变换到开关器件所要求的电平,并且一般需要信号隔离。数字量输入输出通道的一般组成如图 2.2 所示。

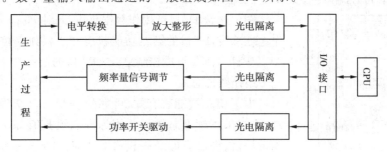

图 2.2 数字量输入输出通道的一般结构

2.2 输入输出接口

微机控制系统中,外部通道是不能直接与中央处理单元(CPU)相连的,因为它们的速度、数据格式不一定相同,信号形式也不一定相配。为便于两者交换信息,往往需要一套连接 CPU 和外部通道的中间环节,即接口电路(简称接口)。接口是微机控制系统各通道中多个设备协调一致地运行的保证,它具有电平变换、数据转换、缓冲和状态信息提供等功能,所以,接口是通道建立的基础。根据接口中数据信号流向与 CPU 的关系进行分类,接口分为输入接口和输出接口(简称 I/O 接口);根据接口中数据多位传输的时间关系进行分类,接口分为串行接口和并行接口。

2.2.1　接口技术与总线

微机系统运行时,外部设备(简称外设)与微机之间的信息交换是十分频繁的。如何使输入输出信息的效率提高,如何使微机适应各种外设的不同需求,如何使整个微机系统工作灵便而可靠,这都是设计和使用微机系统时所必须考虑的问题,也就是接口技术问题。所谓接口技术就是研究微机与外设之间如何交换信息的技术。接口技术主要涉及如下几方面:

1)数据缓冲,完成不同速度器件间的连接或同步控制的需要。

2)功能寻址,实现外部设备的惟一性标识,从而完成从多台外设中选择所需要的设备。

3)命令译码,用来解释和产生各种操作信息。

4)同步控制,用来协调被连接部件动作时间上的差异控制。

5)数据转换,实现不同设备对同一信息的使用。常见的是并行数据转换成串行数据或串行数据转换成并行数据。

6)中断接口,完成实时任务要求。具有发送中断请求信号和接收中断响应信号的功能,向 CPU 提供中断类型码的功能以及中断优先级管理的功能等。

CPU 同外设交换信息通常采用总线形式。所谓总线,就是传送规定信息的一组公共信号线。通过它们可以把待传送的数据和命令传送到要去的地方。在微机系统中,按照总线完成的功能可将总线分为数据总线、地址总线、控制总线。其中,数据总线是 CPU 与接口进行数据交换的信号线,地址总线是 CPU 对接口地址进行寻址的信号线,控制总线是 CPU 对接口实施逻辑操作、发布动作命令的信号线。另外,系统中还应有相应的电源和时钟引线。以单片机 MCS—51 系列为例,其总线的使用如图 2.3 所示。

图 2.3　CPU 的接口信号线示意图

图中通常 P0 口可用作数据总线,同时 P0 口与 P2 口一起用作地址总线,P3 口的第二功能状态和 4 根独立控制线 RESET、ALE、$\overline{PSEN}$、$\overline{EA}$ 组成控制总线,P3 口的第一功能状态和 P1 口也可用作数据总线。

为了使总线能够有效、可靠地进行信息交换,在设计系统时,往往采用标准总线。采用标准总线具有如下优点:简化系统设计;借助已有的经验和软硬件知识,缩短系统建立时间;便于产品更新换代;可维护性好;经济性好等。在单片机系统中用得最多的标准总线是 STD 总线、PC 总线和 RS—232C 总线。

对于不同种类的 CPU,数据总线、地址总线和控制总线的位数及具体组成有所不同。但一般而言,单片机的地址总线为 16 位,数据总线为 8 位。它们都与 STD 总线的数据总线和地址总线分别兼容。而在控制总线方面,STD 总线与单片机控制总线差别较大,实际中应根据具体问题和使用经验来选择确定。

2.2.2 输入输出数据的种类

CPU 与外设所交换的信息按功能通常分为三类:数据信息、控制信息和状态信息,如图 2.4 所示。

(1)数据信息

在单片机中,数据通常为 8 位或 16 位。用它可以表示数字量、开关量和过程的模拟量。数字量主要涉及键盘、光电输入机、卡片机、磁盘等外设。开关量可以涉及指示灯的亮与灭,开关的闭合与断开,电机的启动与停止,继电器触点的吸合与释放

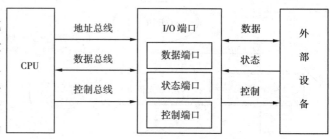

图 2.4 外部设备通过接口和 CPU 的连接示意图

等。而模拟量可以是生产现场的各种参数信号(如温度、压力、流量、液位、位移等)和各种电信号。

(2)控制信息

这些信息是 CPU 用来控制外部设备的逻辑动作的。例如,I/O 口中的数据是输入还是输出,三态门的打开与关闭,触发器的导通与阻断等。

(3)状态信息

状态信息亦称握手信息或应答信息。它反映了与微机连接的外设的当前工作状态,是外设通过接口发往 CPU 的信息。例如状态信息中的"就绪"信号表示等待的数据是否准备就绪,外部"忙"信号表示输出设备是否处于空闲状态等。在微机要输入数据时,它会先检查数据是否就绪,即读入"就绪"信号的电平值来判断。在微机输出数据时,它会先查看外设是否处于空闲状态,即读入"忙"信号的电平值来判断。若外设处于空闲状态,则外设可以接收 CPU 输出的数据,否则 CPU 要进行等待。读取状态信息是 CPU 适应各种不同速率的外设所必须依靠的手段。

2.2.3 CPU 和外部设备之间的数据传送方式

在微机控制系统中,微机和外部设备进行数据传送的方式主要有三种:程序查询方式、中断方式、直接存储器存取(DMA)方式。

(1)程序查询方式

程序查询方式是指数据在 CPU 与外设之间的传送完全依靠程序来控制。它又分为定时传送方式和查询传送方式。

定时传送方式是指不查询外设的工作状态,CPU 每隔一定时间就执行输入或输出指令进行数据传送。这种方式只有在外部控制过程的各种动作时间是固定的,且外设动作时间是已知的条件下才能应用。并且在进行数据交换时,要假定外设都处于准备好状态。定时传送方式下的硬件设备简单,但适用范围较窄。若稍有不符,数据传送就会发生错误,所以应用较少。

查询传送方式是指 CPU 与外设之间的数据传送依靠 CPU 查询外部设备的状态来确定。CPU 通过循环程序不断读取并测试外设的当前状态,如果外部输入设备处于准备好状态(或外部输出设备处于空闲状态),则 CPU 执行输入指令(或输出指令)进行数据传送;如果输入

设备未准备好(或输出设备处于忙的状态),则 CPU 等待或相隔某一定时再读取状态信息,直到需传送的数据传送完毕为止。其程序流程图如图 2.5 所示。

该方式的缺点是:CPU 在程序循环中等待 I/O 设备的就绪而不能做其他工作,使 CPU 的工作效率大大降低。

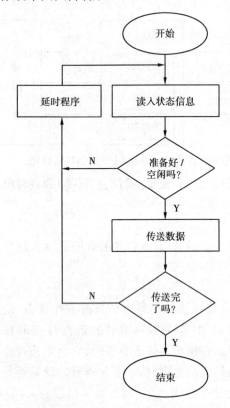

图 2.5　程序查询传送框图

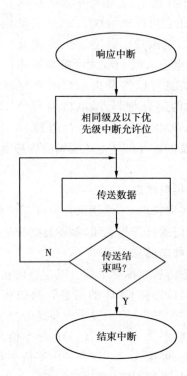

图 2.6　中断传送程序框图

(2)中断控制方式

所谓中断,就是 CPU 暂时停止正在运行的程序而去处理突发急需事件的例行程序,急需事件的例行程序执行完毕后又返回到被打断的程序处继续运行。在微机控制系统中,往往有许多外设。如果都采用程序查询方式传送数据,一般难以保证实时性。为了提高 CPU 效率和使系统具有某些实时性能,可以采用中断传送方式。当输入设备将数据准备好或输出设备可以接收数据时,它们就向 CPU 发出中断请求信号,使 CPU 暂时停下目前的工作,与其进行一次数据传输。等数据传输操作完成以后,CPU 继续进行原来的工作。这就大大提高了CPU 的效率。其程序流程图如图 2.6 所示。

(3)直接存储器存取方式

DMA 是一种完全由硬件完成数据输入输出操作的工作方式。以这种方式工作时,外设和存储器之间直接进行数据交换,而不通过 CPU。DMA 和 CPU 共享总线,包括数据总线、地址总线和控制总线。当进行 DMA 操作时,DMA 控制器从 CPU 中接管对总线的控制,直接使存储器和外设之间进行数据传送。这样就避免了以中断传送方式工作时每中断一次只完成一次的慢速数据传送,也省去了 CPU 取指令、对指令译码以及取数和送数等操作,从而使数据传送速度大为提高,但同时也增加了硬件投资与设计的难度。它适合于数据传送量较大或要求较高的场合。

2.2.4　I/O 接口的编址方式

微机控制系统中,CPU 与外设进行数据传输时,各类信息往往都要经过 I/O 接口电路来完成,如图 2.4 所示。为保证信息的正确传送,I/O 接口使用了三个不同的端口(数据端口、状态端口、控制端口)来分别传送数据信息、状态信息和控制信息。

一般情况下,微机都是以总线方式与外设进行连接的。由于每个外设通过总线与 CPU 的连接方法几乎一样,所以它们从 CPU 得到的信息也是相同的。因此,在 CPU 要与外设交换信息时,首先要确定是向哪个 I/O 接口进行通信,即对该 I/O 接口进行寻址,以使 CPU 把信息准确地传向所需的相应外设。要寻址就要对外设的 I/O 接口进行编址,I/O 接口有两种编址方式:一种是 I/O 接口与存储器相互独立的编址方式,又称为隔离式编址方式;另一种是 I/O 接口与存储器相统一的编址方式,又称为存储器映像方式。

(1)隔离式编址方式

这种编址方式是将 I/O 接口地址和存储器地址在空间上分开,相互独立,互不影响。CPU 使用专用 I/O 指令来访问外设,如 IN(输入)和 OUT(输出)指令等。该方式具有译码电路简单,硬件设计简单,编制程序清晰等优点。

以 Intel 8088 为例,用地址总线的 $A_0 \sim A_{19}$ 信号线加上访问内存操作信号 $\overline{MRDC}$ 和 $\overline{MWTC}$ 可以产生 IMB 的地址总线寻址能力;使用地址总线的 $A_0 \sim A_7$ 信号线加上读写信号 $\overline{IORC}$ 和 $\overline{IOWC}$ 可产生 256 个端口地址,如图 2.7 所示。

(2)存储器映像方式

这种编址方式是把所有的 I/O 端口都当作存储器地址一样来处理,即所有的输入输出接口都当作存储器单元进行访问。这样,对某一外部设备进行输入输出操作,就像对某一个存储器单元进行读写操作一样,只是地址编号不同而已。于是,所有访问存储器的指令均适用于 I/O 接口的操作。此外还有专门的访问 I/O 接口的指令。这种编址方式编程灵活,并具有共享译码和控制电路的优点。

以 MCS-51 为例,使用地址总线译码后的信号线加上读写信号 $\overline{RD}$ 和 $\overline{WR}$ 可以对全部存储器和 I/O 接口进行访问,如图 2.8 所示。

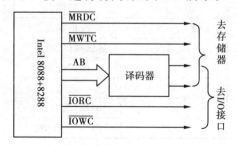

图 2.7　隔离式编址方式连接原理图

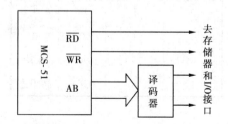

图 2.8　存储器映像方式连接原理图

上述两种 I/O 接口与存储器的编址方式,究竟采用哪一种,取决于设计时的总体考虑。一般情况下,隔离式编址方式使用比较方便。

2.2.5 常用 I/O 接口

I/O 接口是微机控制系统特别需要重视的部分。它的设计灵活性很大,有的功能既可以用硬件实现,也可以用软件实现。若用硬件实现,在速度上较快;若用软件实现,可以方便系统功能的改变。在应用系统设计时,合理地确定 I/O 接口设计方案是非常重要的。

功能不尽相同的外设,对 I/O 接口的要求也是不同的,所以接口器件种类繁多。常见的接口集成芯片有地址和数据锁存器 74LS273/74LS373、8 位并行 I/O 接口 8212/18282、8 位双向三态输出数据缓冲器 8286/8287、8 位三态输出数据缓冲/线驱动器 74LS244、8 位三态双向驱动器 74LS245、外部地址译码器 74LS138/74LS139 等。

图 2.9 为常用的地址数据锁存器 74LS373 和 8 位并行 I/O 接口 8212。表 2.1 和表 2.2 为其功能描述。

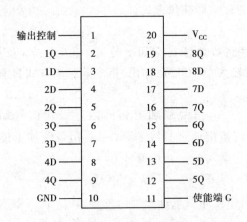
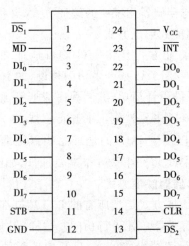

(a) 地址数据锁存器 74LS373　　　　　(b) 并行 I/O 接口 8212

图 2.9　常用接口器件举例

表 2.1　74LS373 真值表

输出控制	使能端 G	输入 D	输出 Q
0	1	1	1
0	1	0	0
0	0	×	保持
1	×	×	高阻态

表 2.2　8212 功能表

$DI_7 \sim DI_0$	数据输入
$DO_7 \sim DO_0$	数据输出
$\overline{DS_1}$、$\overline{DS_2}$	被选端(低有效)
$\overline{MD}$	模式选择
STB	选通
$\overline{INT}$	中断(低有效)
$\overline{CLR}$	清 0(低有效)

I/O 接口在进行数据输入输出操作时,CPU 要先根据具体的 I/O 接口电路确定 I/O 端口地址信息,再进行数据交换。以单片机为例(设 I/O 端口地址为 PORT)的数据输入指令为

MOV　DX,PORT；　将 I/O 端口地址 PORT 送入寄存器 DX

IN　AL,DX；　从 I/O 端口 PORT 读取数据并送入累加器 AL

相应的数据输出指令为

MOV　AL,DATA；　将需要送出的数据送入累加器 AL

MOV　DX,PORT；　将需要获得数据的 I/O 端口地址送入寄存器 DX

OUT　DX,AL；　输出数据到 I/O 端口

还有一类功能极强的接口芯片,称为可编程接口芯片。所谓可编程接口,就是接口的通用部分由大规模集成电路实现,其具体功能由程序来确定。具体而言,就是在接口内设置控制寄存器,CPU 通过向控制寄存器写入控制命令来决定接口的动作。这样的接口既具有硬件的快速性,又具有软件编程的灵活性,目前已获得广泛应用。如并行接口 8255A/8155/8156、串行接口 8251A、中断控制器 8259A、计数器/定时器 8253/8254、DMA 控制器 8237A 以及键盘和显示器接口 8279 等。这些接口芯片的具体用法一般在其他相关参考书中都有介绍,在此不作详述。

2.2.6 接口的电平转换

大多数半导体厂家所生产的集成电路不仅可以与通用的 CPU、单片机接口兼容,而且也可以与常用的 TTL、CMOS 逻辑电路兼容。这里的兼容指的是在相互连接时的最坏情况下也不会造成逻辑电平的错误传送。但是,目前仍然存在不同电平的器件。为保证电平传输不受影响,需要进行接口的电平转换。

TTL 和 CMOS 逻辑电路的逻辑电平分为输入逻辑高/低电平(VIH/VIL)与输出逻辑高/低电平(VOH/VOL),各逻辑电平的相应电流为 IIH、IIL、IOH 和 IOL。对于大多数 TTL 电路来说,在高电平时,它的输出电流 IOH 为 $100\mu A$,故通常把 $100\mu A$ 的输入电流叫做一个 TTL 负载。例如,若一个 TTL 电路消耗 $200\mu A$ 电流,则认为是两个 TTL 负载。对于 CMOS 电路,由于输入阻抗很高,其 IIH 和 IIL 电流几乎为零。

常规 TTL 电路高/低电平的临界值为:$VOH_{min}=2.4V$,$VOL_{max}=0.4V$,$VIH_{min}=2.0V$,$VIL_{max}=0.8V$;对于 CMOS 电路,当电源为 +5V 时,其临界值为:$VOH_{min}=4.99V$,$VOL_{max}=0.01V$,$VIH_{min}=3.50V$,$VIL_{max}=1.50V$,如图 2.10 所示。

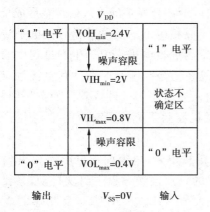

（a）TTL 逻辑电平

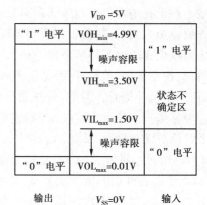

（b）CMOS 逻辑电平

图 2.10　TTL 电路和 CMOS 电路的逻辑电平

可以看出，CMOS 电路与 CMOS 电路相互连接时比 TTL 电路与 TTL 电路相互连接时有更大的噪声容限。

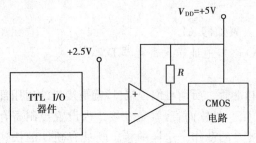

图 2.11　TTL 电路连接 CMOS 电路电平转换示例

当 TTL 电路后部需要连接 CMOS 电路时，由于 TTL 电路的输出逻辑高电平最低值 VOH_{min} 为 2.4V，低于 CMOS 电路输入逻辑高电平最低值 VIH_{min} 3.50V，从而可能发生电平的错误传送。解决此问题的方法是在两种器件间采用电平转换器。电平转换器可以是集电极开路逻辑、高速比较器或其他晶体管电路，同时还必须配置电平拉高电阻。图 2.11 所示为用比较器构建的电平转换电路，图中的电阻 R 为电平拉高电阻，它使比较器输出端的高电平得以提升，保证不发生逻辑传输错误。

在连接不同的 CMOS 系列时，若不同的 CMOS 系列采用同一电源，由传输延迟时间差所产生的影响是必须注意的。若采用不同的电源电压时，可能需要电平转换电路。除此之外，电路的连接还应注意电流负载能力对电平的影响，以及不同电平的电路并联连接时所产生的影响，它们都可能使系统工作出现不稳定。

2.3　数字量输入输出通道

微机控制技术中的数字量又称开关量。数字量输入输出通道的作用就是把生产过程中双值逻辑的开关量转换成微机能够接收的数字量，或把微机输出的数字量转换成生产现场使用的双值逻辑开关量，同时要完成数字量和开关量之间的不同电平转换。

2.3.1　数字量输入通道

在数字量输入通道中，整形电路和电平转换电路是非常重要的。整形电路可以将混有抖动信号或毛刺干扰的双值逻辑输入信号以及信号前后沿不合要求的输入信号整形成接近理想状态的方波或矩形波，而后再根据控制系统要求变换成相应形状的脉冲信号。电平转换电路可将输入的双值逻辑电平转换成能与微机 CPU 兼容的逻辑电平。由于生产过程中的开关类器件如按钮、拨动开关、限位开关、继电器和接触器等在闭合与断开时往往存在接触点的抖动问题，从而产生抖动信号。为此，带开关类器件的输入通道需用硬件或软件的方法消除抖动。硬件方法通常采用 RC 滤波器或 RS 触发电路，以微机控制系统的按键为例，其按键产生抖动的原因及消除方法如图 2.12 所示。

图 2.12(b)是一种常见的 RC 滤波电路。当按键按下时，电容两端电压为 0，此时反相器输出为 1，由于电容两端电压不能突变，即使在开关的触点接触过程中出现抖动，只要电容两端的充电电压不超过反相器的输入逻辑低电平最大值 VIL_{max}（如 TTL 反相器的 VIL_{max} 为 0.8V），反相器的输出就不会改变。于是通过适当选取 R_1、R_2 和 C 的数值可实现按键按下时的防抖动。同理，按键在断开过程中即使出现抖动，由于电容两端电压不能突变，要经过闭合回路的电阻放电，只要电容两端的放电电压波动不超过反相器的输入逻辑高电平最小值

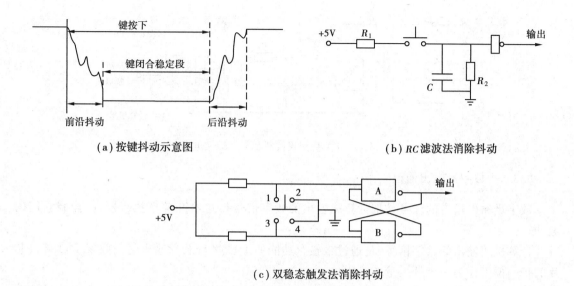

（a）按键抖动示意图　　　　　　　　　（b）RC 滤波法消除抖动

（c）双稳态触发法消除抖动

图 2.12　按键抖动与消除方法示意图

VIH$_{min}$，反相器的输出也不会改变。

双稳态消抖电路原理图如图 2.12(c)所示。与非门 A 和 B 组成双稳态触发器，平时触点 1、2 导通，此时触发器的输出为高电平 1，与非门 B 输出为 0，B 的输出引入到 A 的另一输入端，将与非门 A 锁住，固定其输出为 1。当键在触点 1、2 上抖动时，由于与非门 B 的输出为 0 不变，因此该输出引入 A 的输入端，锁定 A 的输出不发生变化。当按键按下时，触点 3、4 导通，与非门 B 的输入变为 0，其输出发生翻转变为 1，致使与非门 A 的输出翻转为 0，与非门 A 的输出 0 又将 B 的输出锁定为 1。因此，当键在触点 3、4 上抖动时，与非门 A 的输出不会发生改变，从而达到消除抖动的目的。

用软件方法消抖的原理是：程序在第一次检测到有键按下时，执行一段延时 10ms 的子程序后再检测该按键，确认该按键电平是否保持为闭合状态的电平，如果仍保持闭合状态电平，则确认为真正有键按下，从而消除抖动。按键较多时采用软件的方法消除抖动较为方便。

输入信号波形的整形，可以用单稳态触发器或施密特触发器来完成，其介绍可参见数字电子技术的相关参考书。

微机控制系统中的 CPU 一般只与 TTL 电平信号兼容，当双值逻辑的输入信号是较高的直流电压或交流信号时，那么输入微机前应经过电平转换和隔离电路。图 2.13 和 2.14 为两种电平转换电路，其工作原理读者可自行分析。

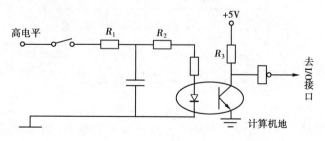

图 2.13　开关量直流通断型电平转换电路

23

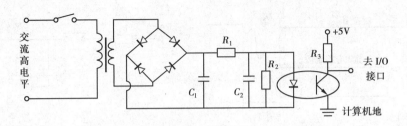

图 2.14 开关量交流通断型电平转换电路

2.3.2 数字量输出通道

数字量输出通道的任务是把计算机输出的数字信号传送给开关型执行器件,控制它们的通/断。

计算机要输出的数字信号,是通过带锁存功能的 I/O 接口芯片输出的。并行 I/O 接口芯片的每一位可作为一个开关量的输出位。

由于计算机输出的数字信号为 TTL 电平,当用作开关量控制时,通常需要考虑信号的功率放大和隔离。常用的开关量功率放大器件有功率晶体管、达林顿晶体管、晶闸管(可控硅整流器 SCR)、机械继电器、功率场效应管(MOSFET)以及固体继电器(SSR)等。这些器件经一定连接就可以容易地构成带隔离的功率开关量输出电路。

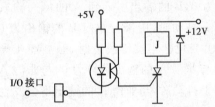

图 2.15 继电器型开关量输出电路

图 2.15 是带有光电耦合器的继电器型输出电路。J 为小型继电器,可直接驱动电磁阀、接触器、线圈等执行机构。这种输出电路具有光电隔离、电磁隔离和抗干扰性能。

图 2.16 是带有光电耦合器的固态继电器(SSR)输出电路。图中 SCR 为双向晶闸管,零交叉电路的作用是使交流电压变化到过零点附近时输出一个零交叉信号,该信号控制触发器使晶闸管导通,从而不会在主电路产生畸变的交流波形。

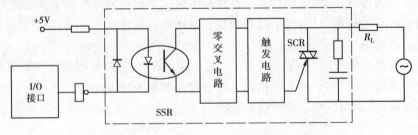

图 2.16 固态继电器及其输出电路示意

2.4 模拟量输入通道

模拟量输入通道的任务是把生产过程中有用的模拟量信号(如温度、液位、转速、相位、电流/电压、成分等)转换成二进制数码,以利计算机使用。该通道一般由多路开关、放大器、采样保持器、模/数(A/D)转换器、接口和控制电路等组成。

2.4.1　模拟通道的常用器件

(1)多路开关

多路开关,是完成多路信号分时选通的元件。理想的多路开关要求其开路电阻为无穷大,导通电阻为零。对于实际多路开关,希望切换速度快,工作可靠,噪音小,寿命长。

多路开关有两大类。一类是机械式的,如舌簧继电器、水银继电器,其接触电阻小,接点断开时阻抗高,主要用于大电流、高电压、低速切换场所。另一类是电子式的,如晶体管、场效应管以及集成电路开关,电子式开关速度高,体积小,寿命长,主要用于小电流、低电压、高速切换场所。计算机控制系统中已普遍采用电子开关。电子开关有晶体管式和场效应管式。晶体管式开关在导通时有残留电压,而且在饱和时集电极与发射极之间呈非线性电阻特性,传输模拟信号时会造成损失,但其结构简单,常作为多路数据选择器;场效应式开关导通电阻小,呈线性电阻特性,精度高,功耗低,虽然速度比晶体管开关慢,但一般还是作为模拟信号开关的首选。目前在微机控制系统中,模拟量输入输出通道所用的多路开关一般都是场效应管式的 CMOS 集成电路。

多路开关有单、双向传送之分,还有单端与差动连接选择之别。其功能可以从其命名上看出。如单 8 对 1 双向开关、双 4 对 1 单向开关、双 4 对 1 双向开关等。常用的多路开关有 CD4051,C541,MC4051,AD70501 及其系列。

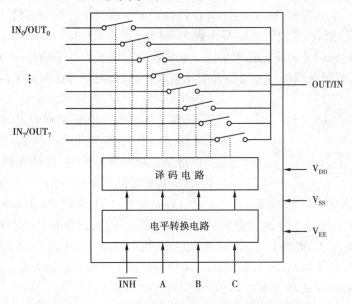

图 2.17　CD4051 原理图

以 CD4051 为例,其原理如图 2.17 所示。它是 8 通道双向模拟开关,可用于多到一的输入切换,也可用于一到多的输出切换。CD4051 采用 16 脚双列直插式封装。由三根地址线 A,B,C 及一根禁止输入端 $\overline{INH}$(高电平禁止)的状态来选择 8 路中的一路,$\overline{INH}$ 端为使能端。当 $\overline{INH}=0$ 即为低电平时,由 C,B,A 的状态决定选通某一开关,例如,当 CBA=000 时,译码电路使 IN_0/OUT_0 与 OUT/IN 信号线变成连通状态。当 $\overline{INH}=1$ 即为高电平时,所有开关均不通,处于高阻状态,信号不能传输。其真值表如表 2.3 所示。

表 2.3　CD4051 真值表

$\overline{\text{INH}}$	C	B	A	连通的通道号
0	0	0	0	IN_0/OUT_0
0	0	0	1	IN_1/OUT_1
0	0	1	0	IN_2/OUT_2
0	0	1	1	IN_3/OUT_3
0	1	0	0	IN_4/OUT_4
0	1	0	1	IN_5/OUT_5
0	1	1	0	IN_6/OUT_6
0	1	1	1	IN_7/OUT_7
1	×	×	×	均不导通

选择多路开关主要考虑如下因素:需要有多少通道,信号是单端还是差动输入,单向还是双向传输,数字电平高低或模拟信号电压范围大小,采用什么方式对通道寻址,开关切换时间的要求等。

（2）采样保持器

A/D 转换器输出数字量应该对应于采样时刻的采样值。但是,A/D 转换器将模拟信号转换成数字量需要一定的时间,完成一次 A/D 转换所需的时间称为孔径时间。由于模拟量的变化,A/D 转换结束时刻的模拟值并不等于规定采样时刻的模拟值,两模拟值之差称为孔径误差。孔径时间和模拟信号的变化速率决定了孔径误差的大小。为了确保 A/D 转换的精确度,在无保持器时,必须限制模拟信号的最大变化速率,即对模拟信号的频率上限要有所限制。

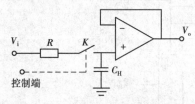

为了在整个 A/D 转换期间使输入 A/D 转换器的模拟量不变,仍然是规定采样时刻的值,就需要有保持器。通常采样器与保持器是做成一体的,称为采样保持器。采样保持器一般由模拟开关、储能元件(电容)和缓冲放大器组成,其原理组成电路如图 2.18 所示。

图 2.18　采样保持器原理电路图

采样保持器的工作原理是:采样时采样开关 K 闭合,模拟输入信号 V_i 通过电阻 R 向电容 C_H 快速充电,使 V_o 快速跟随 V_i;保持时,K 断开,由于放大器的输入阻抗很大,电容 C_H 的泄漏电流很小,可以认为 C_H 上的电压不变,所以 $V_o = V_i$。此时,立即启动 A/D 转换器,A/D 转换期间保持器保证了转换输入的恒定。

常用的集成采样保持器有多种,例如 LF198/298/398,AD582/583 等。选择采样保持器时,主要考虑输入信号电平范围、输入信号最大变化速率、多路转换器的转换速率、采集时间等因素。采样保持器一般在小信号的高速、高精度采样时具有十分重要的作用。

（3）放大器

生产现场的传感器有时工作环境较为恶劣,传感器的输出包含各种噪声,共模干扰很大。在传感器的输出信号小,输出阻抗大时,一般的放大器就不能胜任,必须使用测量放大器对差动信号进行放大。

测量放大器是一种高性能放大器,它的输入失调电压和输入失调电流小,温度漂移小,共模抑制比大,适用于在大的共模电压下放大微小差动信号,常用于热电偶、应变电桥、流量计量及其他本质上是直流缓变的微弱差动信号的放大。

图 2.19 为测量放大器的原理图。它由三个高性能运算放大器构成两级放大,第一级为两个同相放大,输入阻抗高;第二级为差动放大,把第一级双端输出变为总的单端输出。为提高共模抑制比和减小温度的影响,电路中要求采用对称结构,于是可取 $R_1 = R_2$,$R_3 = R_4$,$R_5 = R_6$,求取其放大倍数为

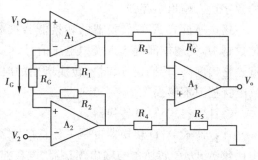

图 2.19　测量放大器原理图

$$A_V = \frac{V_o}{V_1 - V_2} = \frac{(1 + 2R_1/R_G)R_5}{R_2} \qquad (2.1)$$

显然,可以方便地通过改变 R_G 来改动测量放大器的增益,其可调增益区间很宽。

普通测量放大器常用的器件有 AD521/522,INA102,数控增益测量放大器有 PGA200/201,AD612/614 等。此外,还有变压器隔离放大器 Model1277,AD293/294,3656 和光耦合隔离放大器 ISO100 等。

2.4.2　模/数转换器

模/数(A/D)转换器是将采集到的采样模拟信号经量化、编码后,转换成数字信号并输出到微机的器件或装置。它是模拟输入通道必不可少的核心器件,简称 ADC(Analog to Digital Converter)。

(1)A/D 转换原理

A/D 转换按工作原理可以分为直接比较和间接比较两种方式,前者是将输入采样信号直接与标准的基准电压相比较,得到可用数字编码的离散量或直接得到数字量,例如逐次逼近式等;后者是输入的采样信号不直接与基准电压比较,而是将二者都变成中间物理量(如时间、频率等)再进行比较,然后进行数字编码,例如双斜率积分式等。下面分别介绍比较典型的 A/D 转换器的工作原理。

①逐次逼近式 A/D 转换器

逐次逼近式 A/D 转换器的结构如图 2.20 所示。它主要由逐次逼近寄存器 SAR、D/A 转换器、比较器、时序与逻辑控制电路等组成。

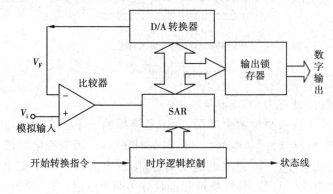

图 2.20　逐次逼近式 A/D 转换器原理图

逐次逼近式 A/D 转换器是一种直接比较型转换器,它是逐次把设定在 SAR 中的数字量通过 D/A 转换器转换成相应的电压 V_F,与被转换的模拟电压 V_i 进行比较。其具体过程是:先使 SAR 的最高位为 1,其余所有位为 0,经 D/A 转换后得到一个模拟电压 V_F,与模拟输入 V_i 相比较,若 $V_i \geqslant V_F$,则保留该位为"1",若 $V_i < V_F$,则置该位为"0";然后再使寄存器的下一位为"1",又进行 D/A 转换后得到新的 V_F,再与 V_i 相比较……如此重复,直至最后一

位。这样,最后 SAR 中的内容就是与输入的模拟信号对应的二进制数字代码,此时将 SAR 中的数字送入输出锁存器。

逐次逼近式 A/D 转换器的转换能否准确逼近模拟信号,主要取决于 SAR 位数的多少。位数越多,就越能准确逼近模拟电压信号,但相应的转换时间也越长。这种 A/D 转换器的优点是精确度高,转换速度较快,转换所用的时间是固定的,一般在数个至数百 μs,它的缺点是抗干扰能力不够强。

②计数器式 A/D 转换器

计数器式 A/D 转换器也是一种直接比较型转换器,其电路结构框图如图 2.21 所示。它由比较器、D/A 转换器与输出锁存器、逻辑控制电路、计数器等组成。

开始转换的启动命令发出后,n 位二进制计数器从零开始对时钟进行计数。与此同时,对计数器输出的值进行 D/A 转换,转换后的模拟电压 V_F 与模拟输入电压 V_i 进行比较。若 $V_F \leqslant V_i$,则比较器输出为低电平,计数器继续计数,V_F 也呈阶梯形上升,直到 $V_F > V_i$ 时,比较器输出高电平,通过控制逻辑电路,使计数器停止计数,将所得计数值送到输出锁存器,该计数值便是转换的结果。

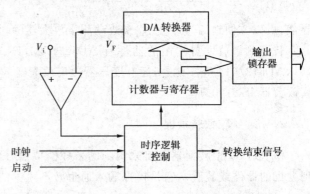

图 2.21　计数式 A/D 转换器原理图

③双斜率积分式 A/D 转换器

双斜率积分式 A/D 转换器是一种间接比较型转换器。它是将模拟电压转换为与之成比例的时间间隔,然后将这一时间间隔转变成数字量,其结构原理如图 2.22 所示。这种 A/D 转换器由积分器、比较器、控制逻辑、基准电压等组成。

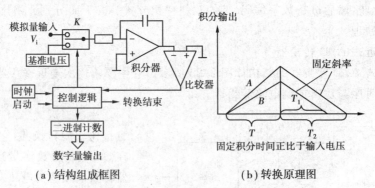

（a）结构组成框图　　　　　　（b）转换原理图

图 2.22　双积分式 A/D 转换器结构原理图

双斜率积分的原理是通过计数脉冲个数来测量两个时段,一个是模拟输入电压在积分电容上充电时的固定时段 T,另一个是积分电容通过基准电压放电的时段 T_2。因为充电时段固定,则充电电压正比于输入的模拟电压大小;又因为放电速度固定,则放电时段正比于充电电压,所以放电时段正比于输入的模拟电压。显然,其转换过程也就分为两个阶段:第一阶段,启动转换,开关 K 接通模拟信号 V_i,此时积分电容开始充电,当充电满 T 时段时(即时钟脉冲的计数达某个数值 N_s 时就产生切换信号),控制逻辑就把模拟开关 K 切换到与 V_i 极性相反的基准电压上,于是积分电容开始放电,同时计数器也重新开始对时钟脉冲计数。当积分电容放电到零电平时,比较器输出翻转,控制逻辑电路产生过零脉冲,停止计数器计数并发出转换结束信号。设电容放电时段的计数值为 N,则 N 与 V_i 呈比例关系。

　　由于固定时段充电反映的是在固定积分时间内输入电压 V_i 的平均值,因此双斜率积分的 A/D 转换器消除噪声的能力强。若把固定时段 T 选择为交流电源周期的整数倍,则可以克服交流电源干扰的影响;若输出数码是用两个计数值之比值,即 N_s 与 N 之比,则对时钟的稳定性要求也可以大大降低。所以,双斜率积分式 A/D 转换器的转换精度高,缺点是转换速度慢。这种转换器适用于信号变化较慢、转换精度要求较高、现场干扰严重、采样频率较低的场合。

　　④电压/频率式 A/D 转换器

　　电压/频率(简写为 V/F)式转换器是把模拟电压转换成与其成正比例的频率,然后再将频率转换成数字量。将电压转换成频率的方法很多,这里介绍常见的电荷平衡式 V/F 转换器,其结构原理如图 2.23 所示。

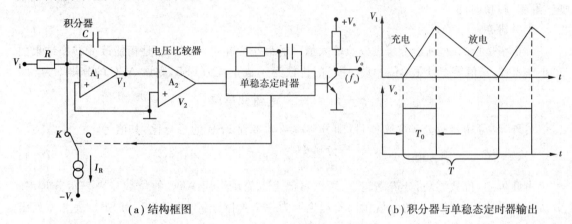

（a）结构框图　　　　　　　　　　　　　（b）积分器与单稳态定时器输出

图 2.23　电荷平衡式 V/F 转换器

　　电荷平衡式 V/F 转换器由积分器、比较器、单稳态定时器、恒流源等组成。其中,A_1 和 RC 组成积分器,A_2 为零电压比较器,恒流源 I_R 与模拟开关 K 为积分器提供反向的充电回路。当单稳态定时器产生一个 T_0 的脉冲时,反向充电回路使积分电容 C 充入一定量电荷 $Q_C = I_R \times T_0$。

　　V/F 转换原理如下:当积分器的输出电压 V_1 下降到 0V 时,零电压比较器的输出发生跳变,触发单稳态定时器,使其产生一个 T_0 宽度的脉冲,使开关 K 导通 T_0 的时间,由于要求 I_R 大于 $V_{i_{max}}/R$,因此,在 T_0 期间积分器反向充电,使 V_1 线性上升。T_0 结束时,K 断开,积分器正向放电,V_1 沿斜线下降。当 V_1 下降到 0V 时,比较器输出电平翻转,又使单稳态定时器产生一个 T_0 宽度的脉冲,再次反向充电,如此反复,V_o 就输出一序列周期为 T 的脉冲波形。

　　根据电荷量平衡原理,反向充电的电荷量等于正向放电的电荷量,因此有

$$\left(I_R - \frac{V_i}{R}\right) \cdot T_0 = \frac{V_i}{R} \cdot (T - T_0)$$

也即

$$I_R \cdot T_0 = \frac{V_i}{R} \cdot T \tag{2.2}$$

因此,V_o 输出波形的频率为

$$f = \frac{1}{T} = \frac{V_i}{I_R R T_0} \qquad (2.3)$$

这是 V/F 转换的计算公式,即输出频率与输入模拟电压成正比。

频率也就是单位时间内的脉冲数。所以,电压/频率式 A/D 转换器实际上是把输入的模拟电压转换为输出到计算机的脉冲个数,计算机测定规定时间内的脉冲数,也就相当于完成了模拟量输入通道的信号输入任务。

这类转换器转换精度高,抗干扰能力强,便于远距离传送,占用计算机 I/O 接口数少,特别是在用单片机的定时器/计数器对转换器输出的脉冲序列进行计数时,可以几乎不占 CPU 的工作时间。它的缺点是转换速度稍慢。电压/频率式 A/D 转换器在一些非快速测量过程中已有广泛的应用。

(2)A/D 转换器的技术指标

A/D 转换器的技术指标是指能反映转换器性能的各项技术参数,主要有分辨率、转换精度、量程、转换时间等。

①分辨率

分辨率是指 ADC 所能分辨的模拟输入信号的最小变化量,或者说,是指能改变转换结果的最小输入量,其值等于量化单位。设 ADC 的位数为 n,满量程为 FSR,则该 ADC 的分辨率为

$$\text{分辨率} = \frac{\text{FSR}}{2^n} = \text{量化单位}$$

另外,也可用相对分辨率来衡量,即分辨率与满量程 FSR 的百分比,其值为

$$\text{相对分辨率} = \frac{\text{分辨率}}{\text{满量程}} \times 100\% = 2^{-n} \times 100\% \qquad (2.4)$$

由此可知,位数越高,分辨率越小,所以习惯上也简单地用 ADC 的位数 n 来表示分辨率。分辨率和量化误差是统一的。量化误差理论上为一个单位分辨力,即 $\pm 1/2$LSB。表 2.4 列出了常见的 ADC 位数同分辨率、相对分辨率之间的关系。

表 2.4　ADC 位数与分辨率、相对分辨率的关系(设满量程电压为 10V)

位　数	分　辨　率/mV	相 对 分 辨 率/%
8	39.1	0.391
10	9.77	0.097 7
12	2.44	0.024 4
16	0.15	0.001 5

②转换精度

A/D 转换器的转换精度是指转换后所得结果相对于实际值的准确度,它反映了实际 A/D 转换器与理想 A/D 转换器在量化值上的差值。精度分为绝对精度和相对精度两种。绝对精度是指对应于输出数码的实际模拟输入电压与理想模拟输入电压之差的最大值,其常用的度量单位是转换器数字量的位数,如精度为最低位 LSB 的 $\pm 1/2$ 位,即 $\pm 1/2$LSB。当满量程为 10V 时,8 位 A/D 转换器的绝对精度是 19.5mV,10 位 A/D 转换器的绝对精度是 4.88mV(参见表 2.4)。相对精度是表示绝对精度的最大值与满刻度对应的模拟电压之比的百分数。

③量程

量程是指 ADC 所能转换模拟信号的电压范围。例如,0～+5V,0～+10V,-5～+5V,

$-10\sim+10$V 等。在一般测量系统中,传感器输出的信号往往不能达到这样的信号范围,通常要经过信号调理才能为 A/D 转换器所使用。

④转换时间

转换时间是指完成一次模拟信号到数值量转换需要的时间。一般的逐次逼近式 A/D 转换器的转换时间为 $1.0\sim200\mu s$,目前转换时间最短的高速全并行 A/D 转换器的转换时间为 $20\sim50$ns。

(3)A/D 转换器选择原则

在进行模拟量输入通道的设计时,必须预先选择出合适的 A/D 转换器,一般按如下原则进行 A/D 转换器芯片的确定:

①根据输入通道的总误差要求进行误差的分配(分配给传感器、信号调理电路和 A/D 转换器),按分配给 A/D 转换器的误差要求选择 A/D 转换器的精度及分辨率,同时按输入模拟信号的大小确定量程。

②根据信号的变化率及转换精度要求,确定 A/D 转换速度,以保证 A/D 转换的实时要求。对于快速信号要估计孔径误差以确定是否加进采样/保持电路。

③根据环境条件选择 A/D 转换芯片的一些环境参数要求,如工作温度、功耗、可靠性等级等性能。

④根据计算机接口特征,考虑如何选择 A/D 转换器的输出状态。如串/并输出,码制形式,时钟要求,有无转换结束信号,与 TTL、CMOS 还是 ECL 电路兼容等。

2.4.3　8 位 A/D 转换器 ADC0809 及其接口

ADC0809 为典型的逐次逼近式 A/D 转换器,有 8 个模拟量输入通道,8 位数字量输出,转换时间为 $100\mu s$ 左右,线性误差 $\pm1/2$LSB,供电电压 5V,输入模拟信号的量程为 $0\sim5$V,采用 28 引脚双列直插式封装。它主要由转换器、多路开关、三态输出锁存器等组成,其中,转换器部分又由 D/A 转换(256RT 型电阻网络)、逐次逼近寄存器(SAR)、比较器等电路组成,如图 2.24 所示。

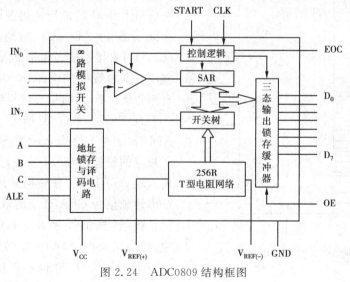

图 2.24　ADC0809 结构框图

各引脚特性功能如下:

IN$_0$～IN$_7$:8 个模拟电压输入端。电压范围为 0～+5V,每一时刻只能转换一路输入,具体是哪一路由 C,B,A 三个引脚的输入来决定。

C,B,A:(模拟输入通道)地址输入端。地址高位到低位顺序为 C,B,A,CBA 经译码后选择出 8 路模拟电压输入通道的其中 1 路。例如当 CBA=000 时,只选通模拟电压输入通道 IN$_0$;当 CBA=001 时,只选通模拟电压输入通道 IN$_1$,其他通道的选通可同理类推。

D$_0$～D$_7$:8 位数据输出端,D$_7$为最高位,D$_0$为最低位。

ALE:地址锁存允许端。高电平时,允许输入 CBA 的值并译码接通 IN$_0$～IN$_7$之一。当高电平跳变成低电平时,锁存 CBA 的值,高电平宽度必须为 100～200μs。

CLK:时钟脉冲输入端。时钟频率的上限是 640kHz。

START:启动脉冲输入端。此端收到一个完整的正脉冲信号时,脉冲的上升沿使转换器复位,下降沿启动 ADC 开始转换。在时钟脉冲为 640kHz 时,START 脉冲宽度应不小于 100～200μs。

EOC:转换结束信号端。A/D 转换期间,EOC=0(低电平),表示转换正在进行;EOC=1(高电平),表示转换已经完成,有数据等待输出。

OE:数据输出允许端。OE 端控制三态输出数据锁存缓冲器的三态门。当 OE=1 时,数据出现在 D$_0$～D$_7$引脚;OE=0 时,D$_0$～D$_7$引脚对外呈高阻抗状态。

GND:接地端。

V$_{CC}$:电源输入端,通常为+5V。

V$_{REF(+)}$,V$_{REF(-)}$:基准电压输入端。它决定了输入模拟电压的最大值和最小值。基准电压输入必须满足如下条件:

$$V_{CC} \geqslant V_{REF(+)} > V_{REF(-)} \geqslant 0$$
$$V_{REF(+)} + V_{REF(-)} = V_{CC}$$

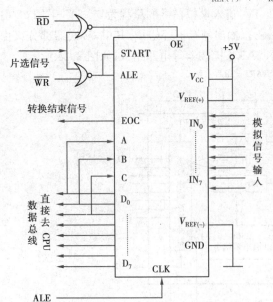

图 2.25 ADC0809 的接口电路原理图

当 ADC0809 与 MCS—51 系列单片机 8031 相连时,ADC0809 的接口电路如图 2.25 所示。模/数转换的时钟信号由 8031 的 ALE 引脚提供;片选信号由 8031 的地址译码逻辑输出提供,它是 8031 分配给 ADC0809 的地址;地址输入端(CBA)可直接连接到 8031 的地址总线输出口或复用数据总线低三位;ADC0809 的数据输出端有三态锁存器,可直接连接到数据总线上。

在 8031 通过数据总线的低三位向 ADC0809 写入通道选通信号也即 CBA 获得了相应的设置后,8031 发送正脉冲到启动脉冲输入端 START 上使转换开始,ADC0809 开始对由地址信号 CBA 选定的输入通道的信号进行转换,转换结果存入三态输出锁存缓冲器中,转换结束时 ADC0809 的结束信号输出端(EOC)恢复高电平输出,告知 8031 已经转换

完毕,可以读取数据。8031 利用 EOC 上的电平变化情况用查询方式或中断方式了解 A/D 转换过程是否结束。若收到转换结束信号,则 8031 用 $\overline{\text{RD}}$信号和片选信号向允许输出端 OE 输

出一个高电平信号,此时即可读取数据。

随着 EOC 信号线的连接方式不同,8031 读取 A/D 转换器数据的方法可以分为三种:等待延时法、查询法、中断法。由于查询法和等待延时法在读取数据过程中都会占用 CPU 的大量时间,大大降低运行效率,因此,实际使用时一般都采用中断法读取 A/D 的转换数据。其方法是使 EOC 引脚的输出信号通过一个与门或者非门(根据 CPU 的中断请求信号有效电平而定),连向 8031 的中断请求输入端 $\overline{\text{INT}_0}$。只要 8031 在启动 A/D 转换器后就立即开放中断,其他程序的执行是不受影响的。当转换结束时,EOC 变为高电平后触发中断,CPU 响应中断即可读取数据。

2.4.4　12 位 A/D 转换器 AD574A 及其接口

AD574A 是一种高精度的逐次逼近式 A/D 转换器,可以单极性输入,也可以双极性输入;有 12 位数字量输出,可以一次性读出,也可以分两次读出;内部有时钟产生电路,转换时间约为 $25\mu s$,线性误差为 $\pm 1/2\text{LSB}$,供电电压为 $\pm 15V$ 和 $+5V$,输入模拟信号的量程有 $0\sim +10V,0\sim +20V,-5\sim +5V,-10\sim +10V$ 四种;采用 28 引脚双列直插式封装。它主要由转换器、控制逻辑、三态输出锁存缓冲器、10V 基准电压源、时钟等组成。而转换器部分又由 12 位 D/A 转换器 AD565A、逐次逼近寄存器(SAR)、比较器等电路组成,如图 2.26 所示。

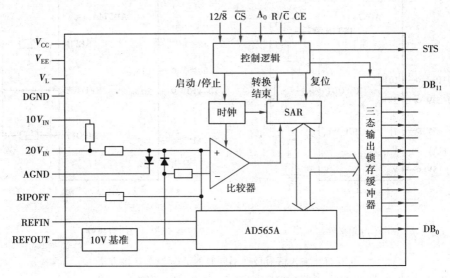

图 2.26　AD574A 的原理结构框图

AD574A 由模拟芯片部分和数字芯片部分混合集成。模拟芯片部分是 AD565A 快速 12 位 D/A 转换器、电压分配电路、10V 基准电源等,数字芯片部分是高性能比较器、SAR、时钟、控制逻辑电路、三态输出锁存缓冲器等。

AD574A 的工作状态由 CE,$\overline{\text{CS}}$,R/$\overline{\text{C}}$,12/$\overline{8}$,A_0 五个控制信号决定,它们的任务包含启动转换、控制转换过程、控制转换结束输出等。这些控制信号的组合控制功能见表 2.5。

表 2.5　AD574A 各控制输入引脚功能表

CE	$\overline{CS}$	R/$\overline{C}$	12/$\overline{8}$	A_0	功　能
0	×	×	×	×	不起作用
×	1	×	×	×	不起作用
1	0	0	×	0	启动 12 位转换
1	0	0	×	1	启动 8 位转换
1	0	1	接引脚 1(+5V)	×	12 位数据并行输出
1	0	1	接引脚 15(0V)	0	高 8 位数据并行输出
1	0	1	接引脚 15(0V)	1	低 4 位数据并行输出

与 ADC0809 相比,ADC574A 的模拟量输入端有两个($10V_{IN}$,$20V_{IN}$)。它们可以是单极性输入,也可以是双极性输入,这主要由 BIPOFF 信号控制。若 BIPOFF 接 0V,实现单极性输入,若 BIPOFF 接 10V,实现双极性输入。图 2.27(a),(b)分别示出了 ADC574A 在单极性和双极性输入时线路的连接。

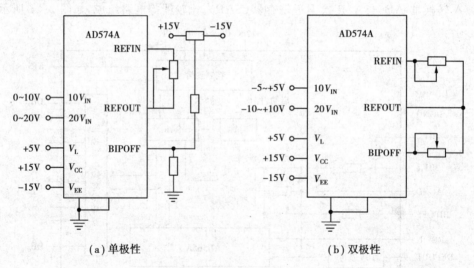

（a）单极性　　　　　　　　　　　　（b）双极性

图 2.27　输入信号极性不同时的 AD574A 连接方法

AD574A 一些引脚的功能说明如下:

$DB_0 \sim DB_{11}$:12 位数据输出端。DB_{11} 为最高有效位,DB_0 为最低有效位。它们可由控制逻辑决定是输出数据还是对外呈高阻抗。

12/$\overline{8}$:数据读取方式选择输入端。当此引脚为高电平时,12 位数据并行输出;当此脚为低电平时,与适当引脚配合,把 12 位数据分两次输出,见表 2.5。应该注意,此脚不与 TTL 电平兼容,若要求该引脚为高电平时,则应接引脚 1,若要求该引脚为低电平时,则应接引脚 15。

A_0:字节地址/短周期控制输入端。该引脚有两个功能:一个功能是决定转换结果是 12 位还是 8 位数据,若 A_0＝0(低电平),启动 12 位转换;若 A_0＝1(高电平),启动 8 位转换。另一个功能是决定输出数据是高 8 位还是低 4 位,若 A_0＝0,输出高 8 位;若 A_0＝1,输出低 4 位。

R/$\overline{C}$:读取/转换控制输入端。当 R/$\overline{C}$＝1(高电平)时,允许读取 A/D 转换数据,当 R/$\overline{C}$＝0

（低电平）时，允许启动 A/D 转换。

CE：启动输入端。当 CE＝1（高电平）时，允许 A/D 转换或读取数据，到底是转换还是读取数据由 R/$\overline{\text{C}}$ 决定。

$\overline{\text{CS}}$：芯片选择输入端。当 $\overline{\text{CS}}$＝0（低电平）时，本 AD574A 被选中，否则 AD574A 不进行任何操作。

STS：转换状态信号输出端。当 STS＝1 时（高电平）时，表示正在进行 A/D 转换。当转换结束时，此线由高电平变为低电平（STS＝0），表示 CPU 可以读取转换数据。

REFOUT：内部基准电压源输出端。提供＋10VDC 的基准电压。

REFIN：基准电压输入端。将该引脚通过电阻与"REFOUT"引脚连接，可把"REFOUT"输出的基准电压引入 AD574A 内部的 12 位 D/A 转换器 AD565A。

BIPOFF：双极性补偿端。若该引脚接模拟公共地，可实现单极性输入，若该引脚接 10V 时，可实现双极性输入，此脚还可以用于调零点。

$10V_{\text{IN}}$：10V 量程模拟信号输入端。对单极性信号为 0～10V 量程的模拟信号输入端，对双极性信号为 －5～＋5V 量程的模拟信号输入端。

$20V_{\text{IN}}$：20V 量程模拟信号输入端。对单极性信号为 0～20V 量程的模拟信号输入端，对双极性信号为 －10～＋10V 量程的模拟信号输入端。

AGND：模拟接地端。各模拟器件（放大器、比较器、多路开关、采样保持器等）及"＋15V"和"－15V"的地。

DGND：数字接地端。各数字电路（译码器、门电路、触发器等）及"＋15V"电源地。

V_{L}：逻辑电路供电入端，＋5V。

V_{CC}：正供电电源引脚，V_{CC}＝＋12～＋15V。

V_{EE}：负供电电源引脚，V_{EE}＝－12～－5V。

2.4.5　模拟量输入通道接口设计举例

利用前面所学知识可以进行模拟量输入通道的设计。当以单片机 8031 的总线方式来设计模拟量输入通道时，假定某模拟量输入通道的主要技术指标为：

- 16 通道模拟量输入信号；
- 12 位分辨率；
- 输入量程为双极性－10～＋10V；
- 采用查询方式读取数据。

根据通道所要求的主要技术指标，实现多路模拟输入信号 12 位分辨率的 A/D 转换接口，可选用 AD574A，对于 16 通道输入，可以选二片多路模拟开关 CD4051 来选择送到采样保持器 LF398 输入端的信号通道。AD574A 的外部电路设置为双极性输入工作方式，控制逻辑信号引脚分别与地址译码器、地址线等相连。输出分 8 位和 4 位两次数据输出，转换结束状态信号线加上三态门与数据线 D_7 相连。CD4051 的地址由地址锁存器 74LS373 给定。其电路原理图如图 2.28 所示，程序设计流程图如图 2.29 所示。

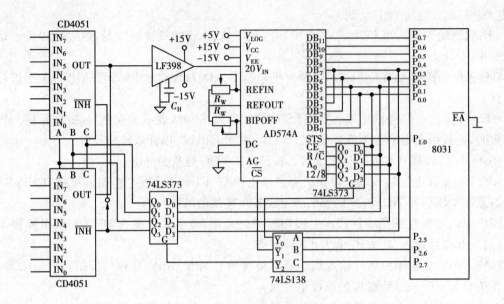

图 2.28　查询方式读取数据的模拟量输入通道电路原理图

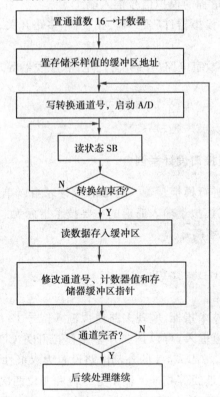

图 2.29　16 通道模拟信号输入程序框图

2.5   模拟量输出通道

模拟量输出通道的任务是把微机输出的数字量控制信息变换到执行机构所要求的模拟量信号形式。它一般由数/模转换器、多路开关、保持器、隔离放大器等器件组成。由于多路开关、保持器等器件在模拟量输入通道中已有所介绍,本节将主要讨论数/模转换器的工作原理及其使用方法。

2.5.1   数/模转换器

数/模(D/A)转换器是一种将数字量转换成模拟量的器件,简称 DAC(Digital to Analog Converter),它是模拟量输出通道的核心器件。D/A 转换器可以分为并行和串行两大类,其中串行 D/A 转换器是直接将串行二进制码以同步方式转换,转换一个 n 位输入数码需要 n 个工作节拍周期,转换速度比并行 D/A 转换器低得多,连接电路简单。由于串行 D/A 转换器仅在少数特殊场合应用,在此不作介绍,因此仅讨论并行 D/A 转换器的情况。此外,进行数/模转换时,还应依照数/模转换器的码制要求和输出信号的极性要求,在数/模转换前用处理器进行代码的转换。

(1)D/A 转换原理

如果把模/数转换看做编码过程,那么数/模转换就相当于是一个译码过程。为完成数/模转换功能,一般需要如下几个部分:基准电压、二进制位切换开关、产生二进制权电流(权电压)的精密电阻网络以及求和放大器等,其结构如图 2.30 所示。

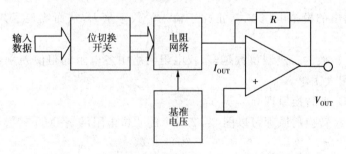

图 2.30   数/模转换结构框图

图 2.30 中,输入数据通过位切换开关电路控制电阻网络。高精度的基准电压通过切换后的网络,输出与输入数据相对应的电流,再经过运算放大器求和并转换为相应的输出电压。下面介绍两种不同的数/模转换原理。

1)权电阻 D/A 转换原理

权电阻 D/A 转换器的原理如图 2.31 所示。

图 2.31 中基准电压是 V_{REF},$K_0 \sim K_{n-1}$ 为位切换模拟开关,它们分别受二进制位标志 $a_0 \sim a_{n-1}$ 的控制,$2^0 R \sim 2^{n-1} R$ 组成二进制权电阻网络。当二进制数的某位为"1"时,其标志 a_i 也为"1",开关 K_i 接基准电压 V_{REF},相应支路电流为 $I_i = V_{REF}/(2^{n-1-i}R)$;当二进制数的某位为"0"时,$a_i$ 也为"0",开关 K_i 接地,此时对应支路没有电流。因此各支路电流为

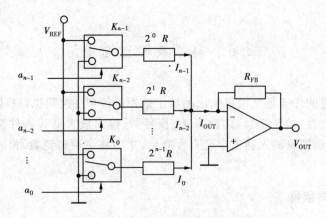

图 2.31 权电阻 D/A 转换器的原理图

$$I_i = \frac{V_{REF}}{2^{n-1-i}R}a_i = \frac{V_{REF}}{2^{n-1}R}a_i 2^i = I'a_i 2^i \tag{2.5}$$

式中 $I' = V_{REF}/(2^{n-1}R)$，为最小支路电流。

设输入数字量 D 用 n 位二进制数表示为 $a_{n-1}a_{n-2}\cdots a_1 a_0$，则 D 可以表示为：

$$D = 2^{n-1}a_{n-1} + 2^{n-2}a_{n-2} + \cdots + 2^1 a_1 + 2^0 a_0 = \sum_{i=0}^{n-1} a_i 2^i \tag{2.6}$$

所以运算放大器输出的电压为

$$V_{OUT} = -R_{FB}I_{OUT} = -R_{FB}\sum_{i=0}^{n-1} I_i =$$

$$-R_{FB}I'\sum_{i=0}^{n-1} a_i 2^i = -R_{FB}I' \cdot D \tag{2.7}$$

由此可以看出，输出的模拟电压 V_{OUT} 正比于输入的数字量 D，从而实现了数字量到模拟量的转换。

权电阻 D/A 转换的二进制位数越多，权电阻网络中各电阻的阻值差别也越大，这给电阻的精度要求带来很大困难。

2)T 形电阻 D/A 转换原理

T 形电阻 D/A 转换的原理可以图 2.32 所示的 4 位电阻网络 D/A 转换器来说明。

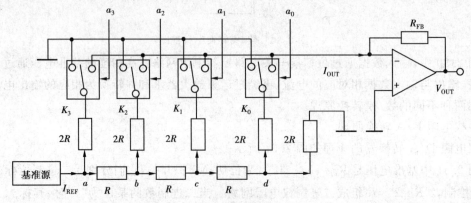

图 2.32 T 形电阻 D/A 转换原理图

图 2.32 中由 R-$2R$ 电阻组成的 T 形网络,其特点是位切换开关在虚地与地之间进行切换,切换时开关端点的电压几乎不变化,电位都近似于地。整个电阻网络的等效电阻是 R,所以由基准源 V_{REF} 提供的总电流为 $I_{REF}=V_{REF}/R$。a,b,c,d 各分支点到地的两个支路电阻是相等的(都等于 $2R$),于是流过各分支点后的两个支路电流也相等,每一支路电流为分支点电流的 $1/2$,也即后一个 $2R$ 支路的电流是前一个 $2R$ 支路电流的 $1/2$。图中的 $K_0 \sim K_3$ 为位切换开关,分别受二进制位标志 $a_0 \sim a_3$ 的控制,当 a_i 为"1"时,切换开关 K_i 切换到虚地端,相应支路的电流流向放大器的反向输入端,a_i 为"0"时,开关切换到地,相应支路的电流流向地。

所以,对于 n 位的 D/A 转换器,经各切换开关流向运算放大器反向端的支路电流为

$$I_i = \frac{I_{REF}}{2^{n-i}}a_i = \frac{I_{REF}}{2^n}a_i 2^i \tag{2.8}$$

设输入的数字量 D 表示为公式(2.6),则运算放大器的输出模拟电压为

$$V_{OUT}=-R_{FB}I_{OUT}=-R_{FB}\sum_{i=0}^{n-1}I_i=-R_{FB}\frac{I_{REF}}{2^n}\sum_{i=0}^{n-1}a_i 2^i=-R_{FB}\frac{I_{REF}}{2^n}D \tag{2.9}$$

即输出的模拟电压 V_{OUT} 正比于数字量 D。

T 形电阻 D/A 转换器的优点是转换速度比较快,在动态过程中由开关切换引起的尖峰干扰脉冲很小,电阻网络的精度也易于得到保证,因此,D/A 转换器一般都使用 T 形电阻 D/A 转换原理的电路。

(2) D/A 转换器的性能指标

在选用 D/A 转换器时,应考虑的主要技术指标是分辨率、精度、输出电平和稳定时间。D/A 转换器与 A/D 转换器的分辨率和精度的含义是相同的。

D/A 转换器按输出电平的类别有电压输出型和电流输出型两种,不同型号的 D/A 转换器件的输出电平相差较大。电压输出型的输出电平一般为 $5 \sim 10V$,也有高达 $24 \sim 30V$ 的高电平输出 D/A 转换器。电流输出型的输出,低的为 $20mA$,高的可达 $3A$。

稳定时间指的是 D/A 转换器在输入代码作满度值的变化时(例如从 00H 变到 FFH),其模拟输出达到稳定(一般指达到离终值 $\pm\frac{1}{2}$ LSB 值相当的模拟量范围内)所需的时间,一般为几十纳秒到几微秒。电流输出型的 D/A 转换器的稳定时间短,电压输出型 D/A 转换器的稳定时间主要取决于运算放大器的过渡过程。

2.5.2　8 位数/模转换器 DAC0832 及其接口

(1)DAC0832 数/模转换器

DAC0832 是电流输出型的数/模转换器。它的电流稳定时间为 $1\mu s$,采用 20 引脚双列直插式封装,其结构如图 2.33 所示。它主要由 8 位输入寄存器、8 位 DAC 寄存器、T 形 R-$2R$ 电阻网络的 8 位 D/A 转换器及控制逻辑等电路组成。其所有输入电平均与 TTL 电平兼容,主要引脚功能如下:

$DI_0 \sim DI_7$:8 位数字量输入端。DI_7 为最高位(MSB),DI_0 为最低位(LSB)。

I_{OUT1},I_{OUT2}:电流输出端。I_{OUT1} 与 I_{OUT2} 的电流之和为一常数。当输入的 8 位数据为全"1"时,I_{OUT1} 电流最大,I_{OUT2} 电流最小;当输入为全"0"时,I_{OUT1} 电流为零,I_{OUT2} 电流最大。为使输出的电流线性地转变成电压,需要在两个电流输出端接上运算放大器。

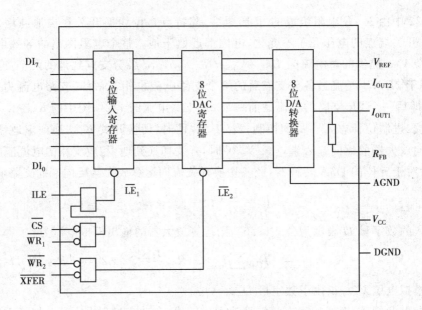

图 2.33 DAC0832 结构框图

R_{FB}:片内反馈电阻端。它为外部所接的运算放大器提供一个固定的反馈电阻。当 R_{FB} 和 $R\text{-}2R$ 电阻网络不能满足量程要求时,由外接电位器 R_w 来进行调节。外部所接的运算放大器应具有调零功能,即当输入为全"0"时,运算放大器应调整至输出电压为零。

ILE:允许输入锁存端,高电平有效。

$\overline{CS}$:片选信号输入端,低电平有效,确定 $\overline{WR}$ 是否起作用。

$\overline{WR_1}$:片选通信号输入端,低电平有效,与 ILE,$\overline{CS}$ 一起作用。当 ILE 与 $\overline{CS}$ 同时有效时,$\overline{WR_1}$ 有效,此时能将输入数字 D 锁入 8 位输入寄存器中。

$\overline{WR_2}$:写选通信号输入端,低电平有效。当 V_{REF} 有效时,$\overline{WR_2}$ 能将锁存于输入寄存器中的数据传送到 8 位 DAC 寄存器中锁存起来,供 D/A 转换器进行转换。

$\overline{XFER}$:传送控制信号输入端,低电平有效,用来控制 $\overline{WR_2}$,选通 DAC 寄存器。

V_{REF}:基准电压输入端,高精度电压源通过引脚与 T 形 $R\text{-}2R$ 电阻网络相连接,输入的基准电压范围为 $-10\sim+10V$,当 DAC 作双极性电压输出时,还可作为模拟电压输入端。

V_{CC}:电源电压输入端,范围为 $+5\sim+15V$。

AGND:模拟接地端。

DGND:数字接地端。

(2) DAC0832 的工作方式

DAC0832 具有两级数据锁存器,可以通过控制输入寄存器和 DAC 寄存器的锁存端来达到不同的数据输出要求,即根据 $\overline{LE_1}$ 和 $\overline{LE_2}$ 的电平高低的置入方式,把 DAC0832 的数据传送分为直通、单缓冲和双缓冲三种工作方式:

①直通工作方式:直通工作方式时的引脚接法如图 2.34 所示,即 $\overline{CS}$、$\overline{WR_1}$、$\overline{WR_2}$ 和 $\overline{XFER}$ 接地,ILE 接 $+5V$。根据图 2.33 可知,$\overline{LE}$ 是寄存命令,当 $\overline{LE}=1$ 时,寄存器的输出随输入变化;当 $\overline{LE}=0$ 时,数据锁存在寄存器中,再不随输入的数据变化而变化。在直通工作方式时,由于 $\overline{LE_1}$、$\overline{LE_2}$ 都有效(即 $\overline{LE_1}=\overline{LE_2}=1$),则数据输入端的数据 $DI_0\sim DI_7$ 可以直接通过

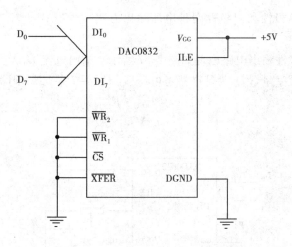

图 2.34　DAC0832 的直通工作方式

DAC0832 的输入寄存器和 DAC 寄存器送到 8 位 D/A 转换器。

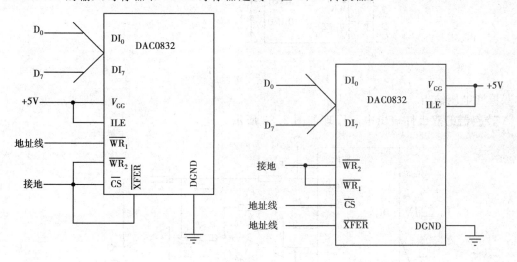

图 2.35　DAC0832 的单缓冲工作方式　　　图 2.36　DAC0832 的双缓冲工作方式

②单缓冲工作方式:只用输入寄存器锁存数据,8 位 DAC 寄存器接成直通方式,即把$\overline{CS}$、$\overline{WR_2}$和XFER接地,如图 2.35 所示。

③双缓冲工作方式:这种方式适用于需要同时输出多个模拟信号的系统,此时每一路模拟量输出需一个 DAC0832,多个 D/A 可以同步进行转换输出。在数据的同步输出时,先把多个数据分别存入各自的输入寄存器(由$\overline{WR_1}$、$\overline{CS}$和 ILE 控制输入数据锁存到 8 位输入寄存器),然后再同时使所有 DAC0832 的$\overline{WR_2}$和$\overline{XFER}$有效,此时多个数据同步分别锁入各自的 8 位 DAC 寄存器并同时进行数/模转换,同时输出多个模拟信号。在这样方式中,需要两个地址译码来分别选通$\overline{CS}$和$\overline{XFER}$,如图 2.36 所示。

(3) DAC0832 的输出方式

由于 DAC0832 是电流输出型的数/模转换器,在实际应用中通常把 D/A 转换器的电流输出转换为电压输出,此时要用 D/A 转换器外加运算放大器来实现。DAC0832 可以根据实际模拟信号的要求实现单极性和双极性两种电压输出方式。

①单极性电压输出

D/A 转换器的单极性输出电路原理如图 2.37 所示。输出电流 I_{OUT1} 被运算放大器转换成电压输出。设 D 为输入数字量,V_{REF} 为基准参考电压,且 $R'_{\text{FB}}=R_{\text{FB}}+R_{\text{w}}$,则根据公式(2.9),有

$$V_{\text{REF}} = I_{\text{REF}} \cdot R'_{\text{FB}} \tag{2.10}$$

$$V_{\text{OUT}} = -\frac{V_{\text{REF}}}{2^n} \cdot D \tag{2.11}$$

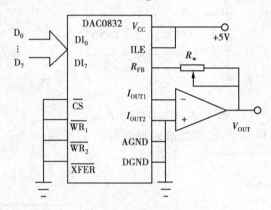

图 2.37　DAC 单极性输出电路原理图

②双极性电压输出

D/A 转换器的双极性输出电路原理如图 2.38 所示。

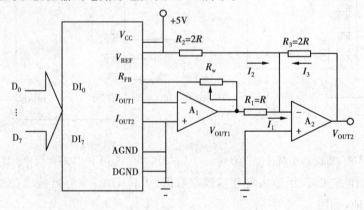

图 2.38　DAC 双极性输出电路原理图

在 D/A 转换器单极性输出的基础上,再加一级使用正负电源的运算放大器进行反相输出,此时可构成 DAC 的双极性电压输出。在这种输出方式中,由于把输出数据的最高位当作符号位使用,与单极性方式比较,使分辨率降低一位。

图 2.38 中,$R_1=R$,$R_2=R_3=2R$,R_{w} 为调零电阻。根据电路分析可得:

$$\frac{V_{\text{REF}}}{2R} + \frac{V_{\text{OUT2}}}{2R} + \frac{V_{\text{OUT1}}}{R} = 0$$

即

$$V_{\text{OUT2}} = (\frac{D}{2^{n-1}} - 1)V_{\text{REF}} \tag{2.12}$$

双极性输出时,数据码(8 位二进制编码)与理想输出电压的关系如表 2.6 所示。读者可以根据公式(2.12)自行验证此表。

表 2.6 输入数据与理想输出电压的关系 ($1\text{LSB}=V_{\text{REF}}/2^{n-1}$)

输入数据码								理想输出电压 V_{OUT}	
MSB							LSB	$+V_{\text{REF}}$	$-V_{\text{REF}}$
1	1	1	1	1	1	1	1	$V_{\text{REF}}-1\text{LSB}$	$-V_{\text{REF}}+1\text{LSB}$
1	1	0	0	0	0	0	0	$V_{\text{REF}}/2$	$-V_{\text{REF}}/2$
1	0	0	0	0	0	0	0	0	0
0	0	1	1	1	1	1	1	$-V_{\text{REF}}/2-1\text{LSB}$	$V_{\text{REF}}/2+1\text{LSB}$
0	0	0	0	0	0	0	0	$-V_{\text{REF}}$	V_{REF}

2.5.3 12 位数/模转换器 DAC1210

DAC1210 是电流输出型的 12 位数/模转换器。电流稳定时间为 $1\mu\text{s}$,采用 24 脚双列直插式封装,其结构如图 2.39 所示。它由 2 个输入寄存器(一个 8 位和一个 4 位)、12 位 DAC 寄存器、T 形 $R\text{-}2R$ 电阻网络的 12 位 D/A 转换器及控制逻辑等电路组成。

DAC1210 的工作原理和引脚功能与 DAC0832 类似,所不同的是将 DAC0832 的 ILE 控制端变成了 DAC1210 的 $B_1/\overline{B_2}$。$B_1/\overline{B_2}$ 为字节顺序控制端,该端输入高电平时,可开启 8 位和 4 位两个寄存器,能将 12 位数字量同时送入输入寄存器;该端输入低电平时,只能将 12 位数字量的低 4 位送到 4 位输入寄存器。DAC1210 的第一级为一个 8 位输入寄存器和一个 4 位输入寄存器组成,第二级为一个 12 位 DAC 输入寄存器,这三个寄存器的锁存信号分别为 LE_1、LE_2、LE_3;DAC1210 可直接从 8 位、12 位或 16 位等 CPU 的数据总线上取数,其控制信号的状态如表 2.7 所示。

表 2.7 控制信号状态功能表

数据位数	$\overline{\text{CS}}$	$\overline{\text{WR}_1}$	$B_1/\overline{B_2}$	LE_1	LE_2	操作功能
8 位	0	0	1	1	0	读入高 8 位数据
	0	0	0	0	1	读入低 4 位数据
12/16 位	0	0	1	1	1	读入 12 位数据

2.5.4 模拟量输出通道接口设计

以 PC 工业控制机的总线方式为例来设计一个模拟量输出通道,设其主要技术指标为:

8 路模拟输出通道;

12 位分辨率;

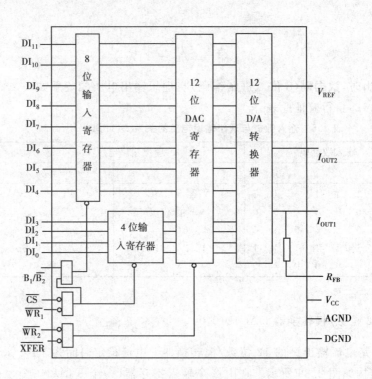

图 2.39 DAC1210 的结构原理图

8 位数据总线;

采用双极性输出;

采用一片 D/A 分时复用。

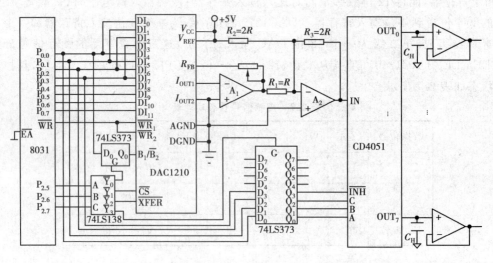

图 2.40 8 路模拟输出通道接口电路原理图

图 2.40 是一个 8031 单片机控制的 8 路模拟输出通道接口电路,该电路采用 12 位 D/A 转换芯片 DAC1210 双极性输出,由译码器的输出控制 DAC1210 的工作方式,用 74LS373 来控制多路模拟开关 CD4051 的使能端及地址信号。由于 CD4051 的输出端信号不是连续的,而送到实际对象的模拟信号一般要求是时间连续的,因此,每一模拟输出信号都加有保持器。

同时,CPU 也要不断地将它们进行刷新。

小　结

本章从通用的角度介绍了过程输入输出通道的结构、组成与实现方法。介绍侧重于过程通道的硬件方面,特别是模拟量输入输出通道部分。模拟输入通道的主要部件是模/数转换器,模拟输出通道的主要部件是数/模转换器,它们的接口连接是整个通道稳定可靠工作的保证。作为通道的完整设计,模拟输入通道和模拟输出通道的精度要求也是不容忽视的,这涉及方案的选择和器件的选择问题。对于数字通道方面,需要强调的是电隔离措施的使用,以减少微机系统所受的外界干扰。此外,通道的硬件设计与软件设计是密切相关的,在运行速度得到保证的前提下,应尽可能用软件实现某些功能,简化硬件电路。

习题与思考题

1.微型计算机对存储器和 I/O 接口是如何寻址的? 它们各用哪些控制信号线和地址信号线?

2.试用两个 CD4051 扩展成 16 路的多路开关,并说明其工作原理。

3.在微机控制系统中,保持电路有何意义? 是否在任何模拟输入通道中都要添加保持电路? 为什么?

4.试说明采样保持电路中的保持电容大小对数据采集系统的影响。

5.从逐次比较型 A/D 转换器 AD574 的引脚功能,说明它与微型计算机的接口主要要解决一些什么信号接口问题,怎样用程序控制它进行模拟信号的转换,如何读取转换后的数据。

6.A/D 转换器的结束信号有什么作用? 根据该信号在 I/O 控制中的连接方式,说明 A/D 转换有几种控制方式,它们各在接口电路和程序设计上有什么特点。

7.为什么高于 8 位的 D/A 转换器在与有 8 位 I/O 接口的微机连接时要采用双缓冲工作方式? 这种双缓冲工作方式与 DAC0832 的双缓冲工作方式在接口连接上有什么不同?

8.根据 T 形 R-$2R$ 电阻网络的 D/A 转换原理,试用两片 8 位 D/A 芯片组成 16 位 D/A 转换器的实现方案,画出其与 MCS-51 系列单片机的接口电路原理图。

9.键盘或拨码开关为什么要防止抖动? 在微机控制系统中如何实现防抖?

第 **3** 章
数据采集、处理和传送

在工业生产过程中，往往出现大量连续变化的工艺参数，这些参数中有些是独立的，有些是相互连续的。为了保证生产过程的正常进行，分析评价工艺过程的优劣，以便及时调整工艺和某些给定参数，尽量使生产过程优化，就必须重视各类数据的采集、处理和传送。

数据的采集、处理和传送是信息科学的重要分支之一，是以传感器、信号的测量与处理、微型计算机等高新技术为基础而形成的一门综合应用技术，微型计算机数据采集、处理和传送也是微机控制技术的一个重要组成部分。

这一章着重介绍微机数据采集系统的一般功能和结构，在此基础上还讲述工业过程控制系统中常用的数据采集、处理和传送的方法。

3.1 数据采集系统的功能和结构

3.1.1 数据采集系统的基本功能

数据采集系统一般应具有以下几个方面的功能：

1)对多个输入通道输入的生产现场信息能够按顺序逐个检测(巡回检测)，或按指令对某一通道进行检测(选择检测)。

2)能够对所采集的数据进行检查和处理，例如有效性检查、越限检查、数字滤波、线性化、数字量/工程量转换等。

3)当采集到的数据超出上限或下限值时，系统能够产生声光报警信号，提示操作人员处理。

4)在系统内部能存储采集数据。

5)能定时或按需随时以表格形式打印采集数据。

6)具有实时时钟。该时钟除了能保证系统定时中断、确定采集数据的周期外，还能为采集数据的显示打印提供当前的年、月、日、时、分、秒时间值，作为操作人员对采集结果分析的时间参考。

7)系统在运行过程中，可随时接受由键盘输入的命令，以达到随时选择采集、显示、打印的目的。

数据采集系统的功能由程序来实现。一个巡回检测系统的程序框图如图 3.1 所示。图 3.1(a)是主程序框图,包括系统初始化和键盘管理两大部分,图 3.1(b)是时间中断服务程序框图,它完成时间记数、巡回数据采集、数据处理、显示和定时打印的任务。键盘管理部分也可以采用键盘中断方式来处理。

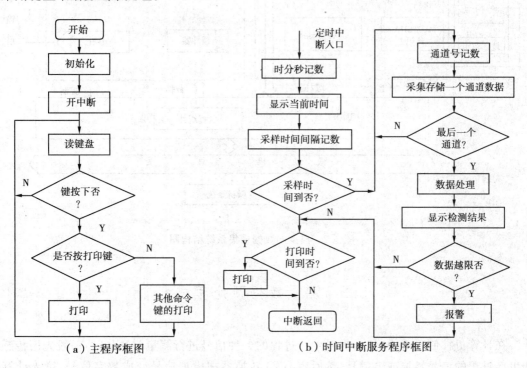

（a）主程序框图　　　　　（b）时间中断服务程序框图

图 3.1　数据采集系统基本程序流程图

3.1.2　数据采集系统的一般结构

图 3.2 所示为典型的数据采集系统结构,它由四部分组成:

(1)数据采集器

包括多路开关 MUX、测量放大器 IA、采样保持器 SHA、模数转换器 ADC 等。它的作用是将多个现场模拟信号按某种规则(即为某种采样顺序)逐个采集,再量化后送入微型计算机进行处理。

(2)微机接口电路

用来传送数据采集系统运行所需的数据、状态及控制信号。

(3)DAC 转换器

将计算机输出的数字信号转换为模拟信号,以实现系统要求的显示、记录与控制任务。

(4)应用软件

在众多的应用场合,多路开关 MUX 之前或之后还要配置滤波、前置放大等信号调理电路。

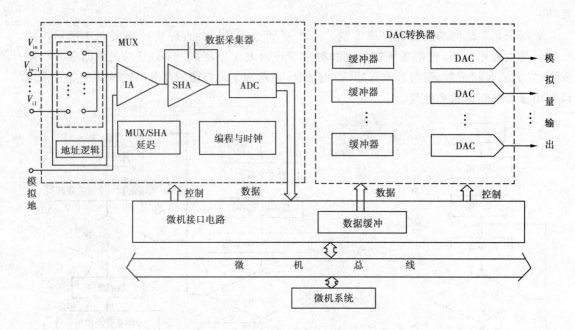

图 3.2　典型的数据采集系统结构图

3.2　测量数据预处理技术

在计算机控制系统中,经常需对生产过程的各种信号进行测量。测量时,一般先用传感器把生产过程的信号转换成电信号,然后用 A/D 转换器把模拟信号变成数字信号,读入计算机中。对于这样得到的数据,一般要进行一些预处理,其中最基本的是系统误差的自动校准、线性化处理和标度变换等。

3.2.1　系统误差的自动校准

系统误差是指在相同条件下,经过多次测量,误差的数值(包括大小、符号)保持恒定,或按某种已知的规律变化的误差。这种误差的特点是,在一定的测量条件下,其变化规律是可以掌握的,产生误差的原因一般也是知道的。因此,原则上讲,系统误差是可以通过适当的技术途径来确定并加以校正的。在系统的测量输入通道中,一般均存在零点偏移和温度漂移,产生放大电路的增益误差及器件参数的不稳定等现象,它们会影响测量数据的准确性,这些误差都属于系统误差。有时必须对这些系统误差进行自动校准。其中偏移校准在实际中应用最多,并且常采用程序来实现,称为数字调零。调零电路见图 3.3。

在测量时,先把多路输入接到所需测量的一组输入电压上进行测量,测出这时的输入值为 x_1,然后把多路开关的输入接地,测出零输入时 A/D 转换器的输出为 x_0,用 x_1 减去 x_0 即为实际输入电压 x。采用这种方法,可去掉输入电路、放大电路、A/D 转换器本身的偏移及随时间和温度而发生的各种漂移的影响,从而大大降低对这些电路器件的偏移值的要求,简化硬件成本。

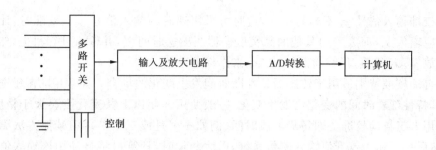

图 3.3　数字调零电路

除了数字调零外,还可以采用偏移和增益误差的自动校准。自动校准的基本思想是在系统开机后或每隔一定时间自动测量基准参数,如数字电压表中的基准参数为基准电压和零电压,然后计算误差模型,获得并存储误差补偿因子。在正式测量时,根据测量结果和误差补偿因子,计算校准方程,从而消除误差。自动校准技术各种各样,下面介绍两种比较常用的方法。

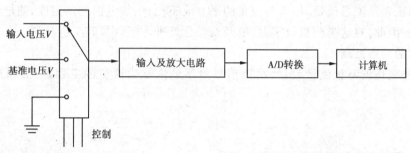

图 3.4　全自动校准电路

(1)全自动校准

全自动校准由系统自动完成,不需人的介入,其电路结构见图 3.4。该电路的输入部分加有一个多路开关。系统在刚上电时或每隔一定时间,自动进行一次校准。这时,先把开关接地,测出这时的输入值 x_0,然后把开关接基准电压 V_r,测出输入值 x_1,并存放 x_0、x_1,在正式测量时,如测出的输入值为 x,则这时的 V 可用下式计算得出:

$$V = (\frac{x - x_0}{x_1 - x_0}) \times V_r \tag{3.1}$$

采用这种方法测得的 V 与放大器的漂移和增益变化无关,与 V_r 的精度也无关。这样可大大提高测量精度,降低对电路器件的要求。

(2)人工自动校准

全自动校准只适于基准参数是电信号的场合,并且它不能校正由传感器引入的误差。为了克服这种缺点,可采用人工自动校准。

人工自动校准的原理与全自动校准差不多。只是不用自动定时进行校准,而是由人工在需要时接入标准的参数进行标准测量,把测得的数据存储起来,供以后使用。一般人工自动校准只测一个标准输入信号 y_r,零信号的补偿由数字调零来完成。设数字调零后测出的数据分别为 x_r(接校准输入 y_r 时)和 x(接被测输入 y 时),则可按下式来计算 y:

$$y = \frac{y_r}{x_r} \times x \tag{3.2}$$

如果在校准时,计算并存放 y_r/x_r 的值,则测量校准时,只需进行一次乘法运算即可。

有时校准输入信号 y_r 不容易得到,这时可采用现时的输入信号 y_i。校准时,计算机测出这时的对应输入 x_i,而人采用其他的高精度仪器测出这时的 y_i,并输入计算机中,然后计算机计算并存放 y_i/x_i 的值,代替前面的 y_r/x_r 来作标准系数。

人工自动校准特别适用于传感器特性随时间发生变化的场合。如常用的湿敏电容等湿度传感器,其特性随着时间的变化会发生变化,一般使用一年以上其变化度会大于精度容许值,这时可采用人工自动校准。即每隔一段时间(例如一个月或三个月),用其他方法测出这时的湿度值,然后把它作为校准值输入测量系统,以后测量时,计算机将自动用该输入值来校准以后的测量值。

3.2.2 线性化处理及非线性补偿

由于有些传感器具有非线性的转换特性,所得模拟电信号与被测量参数不是线性关系,不能直接通过工程量线性转换公式把数字量转换成工程量。在实际工程测量中,较典型的非线性测量有:用压差法测量流量,压差与流量的平方成正比;用热电偶测量温度,热电势与温度关系不成比例。因此,对这类测量数字量,要经线性化处理才能恢复其工程量值。

(1)开方的转换处理

利用压差变送器测量流量时,要将该信号数字量恢复为流量的工程量,必须进行开方处理,其关系是:

$$y = y_{\min} + (y_{\max} - y_{\min}) \times \sqrt{\frac{N_x - N_{\min}}{N_{\max} - N_{\min}}} \tag{3.3}$$

式中 y——相当于实际工程量值的转换结果;

$N_{\max}, N_{\min}, N_x$——数字量量程的最大、最小值和采样值(或数字滤波输出);

$y_{\max}, y_{\min}$——被测参数量程最大、最小值。

利用计算机进行数值开方有级数展开法、牛顿迭代法等方法,请参阅有关数值分析的文献资料。

(2)热电偶测量温度数据的线性化处理

用热电偶测量温度时,温度 T 与所得热电势 E 是不成比例的,为了获得成比例的测量值,应对这时的采样值进行线性化的处理。

非线性的线性化方法有多种,现介绍常用的两种。

1)用数学表达式换算

各种热电偶的温度与热电势的关系都可以用高次算式来表达,即温度 T_x 为:

$$T_x = a_0 + a_1 E_x + a_2 E_x^2 + \cdots + a_n E_x^n \tag{3.4}$$

式中 E_x——热电偶的测量热电势;

$a_0 \sim a_n$——各项系数。

计算时方程所取项数和各项系数取决于热电偶的类型和测量范围,一般取 $n \leqslant 4$。

例如镍铬-镍铝热电偶在 $400 \sim 1\,000\,℃$ 测温范围的 T-E 关系表达式为:

$$T_x = a_0 + a_1 E_x + a_2 E_x^2 + a_3 E_x^3 + a_4 E_x^4 \tag{3.5}$$

其中:

$a_0 = -2.470\,711\,2 \times 10, a_1 = 2.946\,563\,3 \times 10$

$a_2 = -3.133\,262 \times 10^{-1}, a_3 = 6.507\,571\,7 \times 10^{-3}$

$a_4 = -3.966\ 383\ 4 \times 10^{-5}$

为了便于编制程序,式(3.5)可改写成如下的形式:

$$T_x = (((a_4 E_x + a_3)E_x + a_2)E_x + a_1)E_x + a_0 \tag{3.6}$$

其他类型热电偶的 T-E 关系式可参阅有关文献或利用热电偶的分度表和回归分析的方法求得。

2)折线近似及线性插值

这种方法的原理是用折线来近似 T-E 的函数关系曲线,如图 3.5 所示,在折点处的 T-E 关系值是准确的,在两折点之间用直线拟合该段曲线,这部分的关系用直线方程来表示:

$$T_x = T_{n-1} + \frac{T_n - T_{n-1}}{E_n - E_{n-1}}(E_x - E_{n-1}) \tag{3.7}$$

式中　T_x——由 E_x 换算所得的温度;

　　　T_{n-1}, T_n——E_x 所在折线段两端的温度值;

　　　E_x——测量热电势;

　　　E_{n-1}, E_n——E_x 所在折线段两端的热电势值。

根据测量值 E_x 的大小,选择适用的折线段,由该线段两端的 T、E 值及 E_x 值,用上式算出相应的温度 T_x。

例 3.1　某系统用镍铬-镍铝热电偶测温,先将温度 400～1 000℃ 的范围按每 60℃ 一段划分为 10 段,各段用直线近似,折线上各折点的 T-E 值如表 3.1 所列。

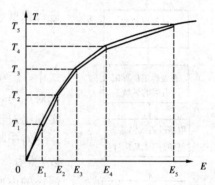

图 3.5　热电偶 T-E 关系的折线近似

表 3.1　EU—2 热电偶分段折点的 T-E 值

折点号 n	0	1	2	3	4	5	6	7	8	9	10
温度 $T/℃$	400	460	520	580	640	700	760	820	880	940	1 000
热电势 E/mV	16.40	18.94	21.50	24.05	26.60	29.13	31.64	34.10	36.53	38.93	41.27

某时刻测得热电势 $E_x = 34.66$ mV,由该热电偶的分度表可直接查出其相应温度 $T_x = 834$℃。

现用式(3.7)计算,先从表 3.1 查得所测热电势值处于 7～8 号折点的段内,将各有关数值代入式(3.7)得:

$$T_x = 820℃ + \frac{880 - 820}{36.53 - 34.10} \times (34.66 - 34.10)℃ = 833.827℃$$

其相对误差为:

$$\frac{833.827 - 834}{834} = -0.02\%$$

再用式(3.6)计算得:

$$T_x = (((-3.966 \times 10^{-5} \times 34.66 + 6.507 \times 10^{-3}) \times 34.66 - 3.133 \times 10^{-1}) \times$$
$$34.66 + 2.946 \times 10) \times 34.66℃ - 2.470 \times 10℃ = 833.887℃$$

51

其相对误差为：

$$\frac{833.887 - 834}{834} = -0.013\,6\%$$

很明显，不论用式(3.6)还是式(3.7)来完成线性化处理之前，都应将采样所得数字量先用工程量线性转换式转换成热电势的毫伏值，然后再来计算温度。

线性插值法线性化程序框图如图3.6所示。

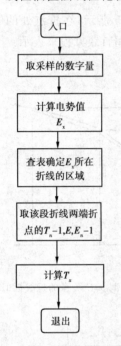

图 3.6　线性插值程序框图

（3）气体体积流量的非线性补偿

来自被控对象的某些检测信号，会与真实值存在偏差。例如，用孔板测量气体的体积流量，当被测气体的温度和压力与设计孔板的基准温度和基准压力不同时，必须对所计算出的流量 F 进行温度和压力补偿。一种简单的补偿公式为：

$$F_0 = F\sqrt{\frac{T_0 P_1}{T_1 P_0}} \tag{3.8}$$

式中 T_0 为设计孔板的基准绝对温度[K]，P_0 为设计孔板的基准绝对压力，T_1 为被测气体的实际绝对温度[K]，P_1 为被测气体的实际绝对压力。

对于某些无法直接测量的参数，必须首先检测与其有关的参数，然后依照某种计算公式，才能间接求出它的真实值。例如，精馏塔的内回流流量是可检测的外回流流量、塔顶气相温度与回流液温度之差的函数，即

$$F_1 = F_2\left(1 + \frac{C_P}{\lambda}\Delta T\right) \tag{3.9}$$

式中 F_1 为内回流流量，F_2 为外回流流量，C_P 为液体比热，λ 为液体汽化潜热，ΔT 为塔顶气相温度与回流液温度之差。

3.2.3　工程量线性转换

生产过程的非电参数首先由测量仪表转换成 4～20mA 或1～5V的模拟电信号，再经过A/D 转换后成为一定位数的数字量信号，才有可能被计算机采集，这数字量信号虽然与被测参数的大小有一定的联系，但毕竟不是被测量的工程量值，为了能直接显示或打印出被测的工程量值，应利用计算机进行计算，把数字量恢复为工程量，因而才有"工程量转换"之说，这种转换也可称为"标度变换"。

由于传感元件分为线性转换和非线性转换两大类，因此就有工程量的线性转换和非线性转换之分。工程量的线性转换比较常用，它的一般转换式为：

$$y = y_{\min} + \frac{(y_{\max} - y_{\min})(N_x - N_{\min})}{N_{\max} - N_{\min}} = y_{\min} + A(N_x - N_{\min}) \tag{3.10}$$

式中　y 相当于实际工程量值的转换结果；

$N_{\max}, N_{\min}, N_x$——数字量量程的最大、最小值和采样值（或数字滤波输出）；

$y_{\max}, y_{\min}$——被测参数量程最大、最小值；

$A = \dfrac{(y_{\max} - y_{\min})}{N_{\max} - N_{\min}}$ 是一个常数。

例 3.2 某烟厂用计算机数据采集系统采集烟叶发酵室的温度变化情况,该室温度测量范围是 20~80℃,所得模拟信号为 1~5V,采用铂热电阻(线性传感元件)测温,用 8 位 A/D 转换器转换为数字量,转换器输入 0~5V 时输出是 00H~0FFH。某一时刻,计算机采集到的数字量为 0B7H,由计算按式(3.10)作工程量线性转换。

由给定条件得 $y_{max}=80℃$、$y_{min}=20℃$、$N_{max}=0FFH=255$、$N_x=0B7H=183$。

在温度为 20℃时,因检测所得模拟电压是 1V,所以相应的数字量应为 $N_{min}=255×1/5=51$。

对测量数字量 0B7H 的工程量线性转换结果为:

$$y = 20℃ + (80-20)(183-51)/(255-51)℃ = 58.82℃$$

工程量线性转换的程序框图如图 3.7 所示。

3.2.4 越限报警处理

由采样读入的数据或计算机处理后的数据是否超出工艺参数的范围,计算机必须要加以判别,如果超越了规定数值,就需要通知操作人员采取相应的措施,确保生产的安全。

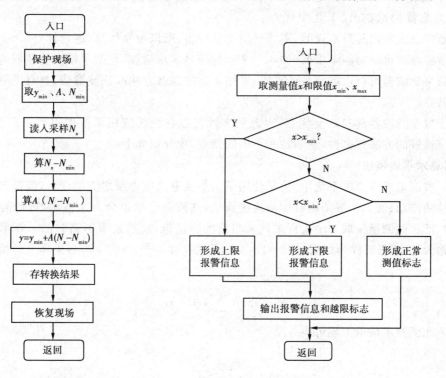

图 3.7 工程量线性转换程序框图　　图 3.8 上下双限检查程序框图

越限报警是工业控制过程常见而又实用的一种报警形式,它分为上限报警、下限报警及上下限报警。如果需要判断的报警参数是 x,该参数的上下限约束值分别是 x_{max} 和 x_{min},则上下限报警的物理意义如下:

①上限报警。若 $x>x_{max}$,则上限报警,否则继续执行原定操作。

②下限报警。若 $x<x_{min}$,则下限报警,否则继续执行原定操作。

③上下限报警。若 $x>x_{min}$,则上限报警;否则再判别是否 $x<x_{min}$?若是则下限报警,否则继续执行原定操作。

根据上述规定,程序可以实现对被控参数 x 进行上下限检查,上下限检查的程序框图如图 3.8 所示。

3.3 数字滤波技术

一般微机应用系统的模拟输入信号中,均含有种种噪音干扰,它们来自被测信号源本身、传感器、外界干扰等。为了进行准确测量和控制,必须消除被测信号中的噪音干扰。噪音干扰有两大类:一类为周期性的,另一类为不规则的。前者的典型代表为 50 Hz 的工频干扰,对这类信号,采用积分时间等于 20 ms 的整数倍的双积分 A/D 转换器,可有效地消除其影响。后者为随机信号,它不是周期信号。对于随机干扰,可以用数字滤波方法予以削弱或滤除。所谓数字滤波,就是通过一定的计算或判断程序,减少干扰在有用信号中的比重,故实质上它是一种程序滤波。数字滤波克服了模拟滤波器的不足,它与模拟滤波器相比,有以下几个优点:

· 数字滤波是用程序实现的,不需要增加硬设备,所以可靠性高,稳定性好。

· 数字滤波可以对频率很低(如 0.01 Hz)的信号实现滤波,克服了模拟滤波器的缺陷。

· 数字滤波器可以根据信号的不同,采用不同的滤波方法或滤波参数,具有灵活、方便、功能强的特点。

由于数字滤波器具有以上优点,因此数字滤波器在微机应用系统中得到了广泛的应用。常用数字滤波的方法有多种,它们各有不同的特点,现介绍如下:

(1)算术平均值法

在一些流量或压力的系统中,由于使用了诸如活塞式压力泵之类的设备,流量或压力会出现周期性的波动;又如储液罐因液体的流进流出,其液面自然也会产生波动,因此对这样的流量、压力、液位的测量仅取一个采样来代表当前的测量值,显然是很不精确的。算术平均值法是要以输入的 N 个采样为数据 $x_i(i=1\sim N)$,寻找这样一个 y,使 y 与各采样值的偏差的平方和为最小,使

$$E = \min\left[\sum_{i=1}^{N}(y-x_i)^2\right] \tag{3.11}$$

由一元函数求极值原理可得

$$y = \frac{1}{N}\sum_{i=1}^{N}x_i \tag{3.12}$$

这时,可满足式(3.11)。式(3.12)为算术平均值的算法。

设第二次测量的测量值包括信号成分 s_i 和噪音成分 C_i,则 N 次测量信号成分之和为

$$\sum_{i=1}^{N}s_i = N \cdot s \tag{3.13}$$

噪音的强度是用均方根来衡量的,当噪音为随机信号时,进行 N 次测量的噪音强度之和为

$$\sqrt{\sum_{i=1}^{N}C_i^2} = \sqrt{N} \cdot C \tag{3.14}$$

上二式中,s,C 分别表示进行 N 次测量后信号和噪音的平均幅度。

这样对 N 次测量进行算术平均后的信噪比为

$$\frac{N \cdot s}{\sqrt{N} \cdot C} = \sqrt{N} \cdot \frac{s}{C} \tag{3.15}$$

式中 s/C 是求算术平均值前的信噪比。因此采用算术平均值法后,使信噪比也提高了 $\sqrt{N}$ 倍。

算术平均值法适用于对一般的具有随机干扰信号的滤波。它特别适用于信号本身在某一数值范围附近作上下波动的情况,如流量、液平面等信号的测量。由式(3.14)可知,算术平均值法对信号的平滑滤波程度完全取决于 N。当 N 较大时,平滑度高,但灵敏度低,即外界信号的变化对测量计算结果 y 的影响小;当 N 较小时,平滑度较低,但灵敏度高。应用时需按具体情况选取 N,如一般流量测量,可取 $N=8\sim16$;压力等测量,可取 $N=4$。

(2)中位值滤波法

中位值滤波法的原理是对被测参数连续采样 m 次($m\geqslant3$ 且为奇数),并按大小顺序排列;再取中间值作为本次采样的有效数据。这一滤波方法可滤去偶然因素引起采样值波动的脉冲干扰,它特别适用于变化缓慢过程参数的采集,不适用于参数变化较快的情况。

中位值滤波法和算术平均值滤波法结合起来使用,滤波效果会更好。即在每个采样周期,先用中位值滤波法得到 n 个滤波值,再对这 n 个滤波值进行算术平均,得到可用的被测参数。

(3)限幅滤波法

为了防止由于大的随机干扰或采样器不稳定,使得采样数据 $y(n)$ 偏离实际值太远,为此采用上、下限限幅,即:

当 $y(n)\geqslant y_H$ 时,则取 $y(n)=y_H$(上限值);

当 $y(n)\leqslant y_L$ 时,则取 $y(n)=y_L$(下限值);

当 $y_L<y(n)<y_H$ 时,则取 $y(n)$。

而且采用限速(亦称限制变化率),即:

当 $|y(n)-y(n-1)|\leqslant\Delta y_0$ 时,则取 $y(n)$;

当 $|y(n)-y(n-1)|>\Delta y_0$ 时,则取 $y(n)=y(n-1)$。

其中 Δy_0 为两次相邻采样值之差的可能最大变化量。Δy_0 值的选取,取决于采样周期 T 及被测参数 y 应有的正常变化率。因此,一定要按照实际情况来确定 $\Delta y_0,y_H,y_L$,否则,达不到滤波效果。

(4)惯性滤波法

常用的 RC 滤波器的传递函数是

$$\frac{y(s)}{x(s)} = \frac{1}{1+T_f s} \tag{3.16}$$

其中 $T_f=RC$,它的滤波效果取决于滤波时间常数 T_f。由于 RC 滤波器不可能对极低频率的信号进行滤波,为此,可以模仿上式做成一阶惯性滤波器亦称低通滤波器,即将上式写成差分方程

$$T_f \frac{y(n)-y(n-1)}{T_s} + y(n) = x(n) \tag{3.17}$$

稍加整理得

$$y(n) = \frac{T_s}{T_f+T_s}x(n) + \frac{T_f}{T_f+T_s}y(n-1) = (1-\alpha)x(n) + \alpha y(n-1) \tag{3.18}$$

其中，$\alpha = \dfrac{T_s}{T_f + T_s}$ 称为滤波系数，且 $0 < \alpha < 1$，T_s 为采样周期，T_f 为滤波器时间常数。

根据惯性滤波器的频率特性，若滤波系数 α 越大，则带宽越窄，滤波频率也越低。因此，需要根据实际情况，适当选取 α 值，使得被测参数既不出现明显的纹波，反应又不太迟缓。

以上讨论了 4 种数字滤波方法，在实际应用中，究竟选取哪一种数字滤波方法，应视具体情况而定。平均值滤波法适用于周期性干扰，中位值滤波法和限幅滤波法适用于偶然的脉冲干扰，惯性滤波法适用于高频及低频的干扰信号，加权平均值滤波法适用于纯迟延较大的被控对象。如果同时采用几种滤波方法，一般先用中位值滤波法或限幅滤波法，然后再用平均值滤波法。如果应用不恰当，不但达不到滤波效果，反而会降低控制品质。

3.4 数据通信技术

不同系统和不同计算机之间的通信主要采用并行通信或串行通信两种方式。并行数据通信是指数据的各位同时传送，可以用字并行传送，也可以用字节并行传送，显然，并行传送的速度高，但传送的距离很短，通常小于 10m；串行数据通信是数据一位一位顺序传送，因此不同系统或计算机之间只用很少的几条信号即可完成数据交换，显然，串行传送的速度低，但传送的距离很长，通常可达几十米至几千米，甚至更远。

发展串行通信的目的是为了能长距离有效地传送数据，并可尽量减少通信线的条数。串行通信可分为异步和同步两种。

在数据传输中，数字信号是以串行方式传送的，即一条传输线上所传输的数字状态"1"或"0"是以单位时间内高电平和低电平来表示的，一段时间内传输线上高低电平的变换，在逻辑上即可表示所传输的一串数据，而在物理上则是一串不同宽度的脉冲，其传输速率是每秒内表示数字状态所用单位时间的数目，在通信中称为波特率。

对于传输数字信号来说，最普遍而最简单的方法是用两个不同的电压来表示数字位的两个状态(1 或 0)。例如，零电压表示 0，而恒定的正电压表示 1；或者用恒定的负电压表示 0，而恒定的正电压表示 1，如图 3.9 所示。该图用 4 种不同的脉冲代码来传输数字信号 10110010。

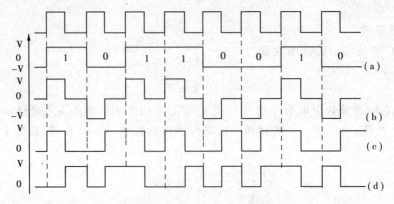

图 3.9 数据编码

图 3.9(a)属于不归零码 NRZ，在码元之间没有间隔，所以难以判断一位的结束和另一位

的开始,需要有某种方法来使发送端和接收端同步。

图 3.9(b)(c)属于归零码 RZ,它们的共同点是每一位的中间有一个跳变,位中间的跳变既作为同步时钟,也作为数据:从高到低的跳变表示 1,从低到高的跳变表示 0,接收端利用位中间跳变很容易分离出同步时钟脉冲。因此,这两种传输编码得到广泛应用。由于时钟数据包含于信号数据流中,因此这两种编码被人们称为同步编码。

通常把图 3.9(c)称为曼彻斯特(Manchester)编码,它的改进形式如图 3.9(d)所示。用每位开始有无跳变来表示 0 或 1,即只要有电压变化(不管其变化方向如何)就表示 0,无电压变化就表示 1。人们把这种编码称为差动曼彻斯特编码。在使用双绞线作传输介质的网络中,这种编码是非常方便的。由于变化的极性无关紧要,因此,当把设备接到通信网上时,完全可以不考虑哪条线应该接哪个端子。

3.4.1　异步传送与同步传送

(1)异步传送

异步传送又称异步通信。在异步通信中,发送的每一个数据字符串均带有起始位、停止位和可选择的奇偶位。数据之间没有特殊关系,也没有发送或接收时钟。异步通信的信息格式如图 3.10 所示。电平由高到低的起始位通知接收器接收信息,并在所期望的数据间隔期间启动时钟提供锁存脉冲。停止位表示该字符传送结束并返回到标志(连续的 1)状态,每个字符的位数可视使用的要求而改变。

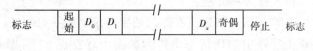

图 3.10　异步通信格式

(2)同步传送

同步传送又称同步通信。同步通信需要与数据一起传送时钟信息。数据流中每一个连续不断的数据位均要由一个基本数据时钟控制,并定时在某个特定的时间间隔上。时钟信息可以通过一根信号线进行传送,也可以通过将信息中的时钟代码化来实现,例如曼彻斯特编码方法,如图 3.11(a)、(b)所示。

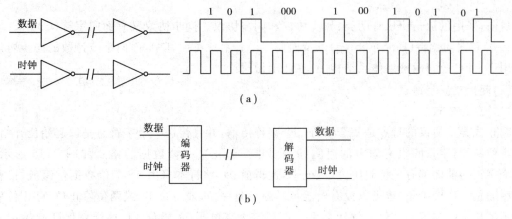

图 3.11　同步通信的实现方法

在同步通信方式的一帧信息中,可以将多个要传送的字符放在同步字符的后面,这样,每个字符的起始位和停止位就不需要了,因此,与异步通信相比较,信息中每个字符的开销可以大大减少。

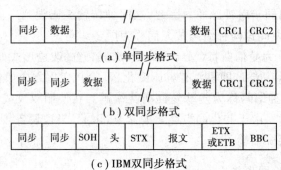

图 3.12　同步格式

由于每一位信息均要被同步时钟采样,这样就可以提高数据率和准确率。同步通讯的帧格式可有多种。单同步格式如图 3.12(a)所示。每一帧的开始需要一个同步字符。所发送的时钟保证在每一位的中间采样该位数据。由给定的数据所形成的帧来管理控制所需的信息传送。与异步传送的奇偶校验相类似,这里采用循环冗余码(CRC)来检测传输中的错误。

双同步格式如图 3.12(b)所示。在每一帧的数据前面需要两个同步字符。使用特殊字符进一步形成帧的字同步格式有多种方法。

图 3.12(c)所示为 IBM 双同步格式。有专门的字符定义帧头(SOH)、正文的头(STX)和正文的尾(ETX)。若以上字符中的任何一个作为数据出现在正文中,那是很容易识别的,并不会当作管理字符,显然,一旦出错,该帧要被重发才行。

3.4.2　串行通信协议

所谓通信协议是指通信双方的一种约定。约定中包括对数据格式、同步方式、传送速度、传送步骤、检纠错方式以及控制字符定义等问题作出统一规定,通信双方必须共同遵守。因此,它也叫做通信控制规程,或称传输控制规程,它属于 ISO′S OSI 七层参考模型中的数据链路层。

目前,采用的通信协议有两类:异步协议和同步协议。同步协议又有面向字符(Character-Oriented)和面向比特(Bit-Oriented)以及面向字节计数三种。其中,面向字节计数的同步协议主要用于 DEC 公司的网络体系结构中,在此不做讨论。

(1)起止式异步协议

1)特点与格式

起止式异步协议的特点是一个字符一个字符传输,并且传送一个字符总是以起始位开始,以停止位结束,字符间没有固定的时间间隔要求。起止式一帧数据的格式如图 3.13 所示。每一个字符的前面都有一位起始位(低电平,逻辑值 0),字符本身由 5~7 位数据位组成,接着字符后面是一位校验位(也可以没有校验位),最后是一位,或一位半,或两位停止位,停止位后面是不定长度的空闲位。停止位和空闲位都规定为高电平(逻辑值 1),这样就保证起始位开始处一定有一个下跳沿。

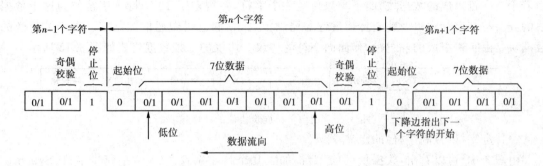

图 3.13 起止式异步协议的帧格式

从图 3.13 中可以看出,这种格式是靠起始位和停止位来实现字符的界定或同步的,故称为起止式协议。

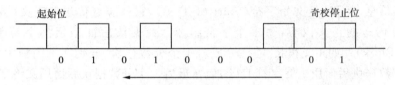

图 3.14 E 字符传送波形

传送时,数据的低位在前,高位在后。图 3.14 表示了传送一个字符 E 的 ASCII 码的波形 1010001。当把它的最低有效位写到右边时,就是 E 的 ASCII 码 1000101＝45H。

2)起/止位的作用

实际上,起始位是作为联络信号而附加进来的,当它变为低电平时,告诉收方传送开始,它的到来,表示下面接着是数据位的传送,要准备接收。而停止位标志一个字符的结束,它的出现,表示一个字符传送完毕。这样就为通信双方提供了何时开始收发,何时结束的标志。

传送开始前,发收双方把所采用的起止式格式(包括字符的数据位长度,停止位位数,有无校验位以及是奇校验还是偶校验等)和数据传输速率作统一约定。

传送开始后,接收设备不断地检测传输线,看是否有起始位到来。当收到一系列的"1"(停止位或空闲位)后,检测到一个下跳沿,说明起始位出现,起始位经确认后,就开始接收所规定的数据位、奇偶检验位以及停止位。经过处理将停止位去掉,把数据位拼装成一个并行字节,并且经校验后,无奇偶错才算正确地接收到一个字符。一个字符接收完毕,接收设备又继续测试传输线,监视"0"电平的到来和下一个字符的开始,直到全部数据传送完毕。

由上述工作过程可以看到,异步通信是按字符传输的,每传送一个字符,就用起始位来通知收方,以此来重新核对收发双方同步。若接收设备和发送设备两者的时钟频率略有偏差,也不会因偏差的累积而导致错位,加之字符之间的空闲位也为这种偏差提供一种缓冲,所以异步串行通信的可靠性高。但由于要在每个字符的前后加上起始位和停止位这样一些附加位,使得传输效率变低,只有约 80%。因此,起止式协议一般用在速率较慢的场合(小于19.2kbit/s)。在高速传送时,一般要采用同步协议。

(2)面向字符的同步协议

1)特点与格式

这种协议的典型代表是 IBM 公司的二进制同步通信协议(BSC)。它的特点是一次传送由若干个字符组成的数据块,而不是只传送一个字符,并规定了 10 个特殊字符作为这个数据块的开头与结束标志以及整个传输过程的控制信息,它们也叫做通信控制字。由于被传送的数据块是由字符组成的,故被称作面向字符的协议。协议的一帧数据格式如图 3.15 所示。

| SYN | SYN | SOH | 标题 | STX | 数据块 | ETB/ETX | 块校验 |

图 3.15　面向字符同步协议的帧格式

2)特定字符(控制字符)的定义

由图 3.15 可以看出,数据块的前、后都加了几个特定字符。SYN 是同步字符(Synchronous Character),每一帧开始处都有 SYN 的称单同步,加两个 SYN 的称双同步。设置同步字符是起联络作用,传送数据时,接收端不断检测,一旦出现同步字符,就知道是一帧开始了。接着的 SOH 是序始字符(Start of Header),它表示标题的开始。标题中包括原地址、目标地址和路由指示等信息。STX 是文始字符(Start of Text),它标志着传送的正文(数据块)开始。数据块就是被传送的正文内容,由多个字符组成。数据块后面是组终字符 ETB(End of Transmisson Block)。如正文很长,需要分成若干个分数据块、分别在不同帧中发送的场合,这时在每个分数据块后面用组终字符 ETB,而在最后一个分数据块后面用文终字符 ETX。一帧的最后是校验码,它对从 SOH 开始直到 ETB(或 ETX)字段进行校验,校验方式可以是纵横奇偶校验或 CRC。另外,在面向字符协议中还采用了一些其他通信控制字,它们的名称及其代码如表 3.2 所示。

表 3.2　通信控制字符

名　称	ASCII	EBCDIC
序始(SOH)	0000001	00000001
文始(STX)	0000010	00000010
组终(ETB)	0010111	00100110
文终(ETX)	0000011	00000011
同步(SYN)	0010110	00110010
送毕(EOT)	0000100	00110111
询问(ENQ)	0000101	00101101
确认(ACK)	0000110	00101110
否认(NAK)	0010101	00111101
转义(DLE)	0010000	00010000

3)数据透明的实现

面向字符的同步协议,不像异步起止协议那样,需在每个字符前后附加起始位和停止位,因此,传输效率提高了。同时,由于采用了一些通信控制字,故增强了通信控制能力和校验功能。但也存在一些问题,例如,怎样区别数据字符代码和特定字符代码的问题,因为在数据块中完全有可能出现与特定字符代码相同的数据字符,这就会发生误解。比如正文中正好有个与文终字符 ETX 的代码相同的数据字符,接收端就不会把它作数据字符处理,而误认为是正文结束,因而产生差错。因此,协议应具有将特定字符作为普通数据处理的能力,这种能力叫做"数据透明"。为此,协议中设置了转义字符 DLE(Data Link Escape)。当把一个特定字符看成数据时,在它前面要加一个 DLE,这样接收器收到一个 DLE 就可预知下一个字符是数据字符,而不会把它当成控制字符来处理了。DLE 本身也是特定字符,当它出现在数据块中时,也要在它前面再加上一个 DLE。这种方法叫字符填充。字符填充实现起来相当麻烦,且依赖于字符的编码。正是由于以上的缺点,故又产生了新的面向比特的同步协议。

(3)面向比特的同步协议

1)特点与格式

面向比特的协议中最具有代表性的是 IBM 的同步数据链路控制规程 SDLC(Synchronous Data Link Control)、国际标准化组织 ISO(International Standards Organization)的高级数据链路控制规程 HDLC(High Level Data Link Control)和美国国家标准协会(American National Standards Institute)的先进数据通信规程 ADCCP(Advanced Data Communications Control Procedure)。这些协议的特点是所传输的一帧数据可以是任意位,而且它是靠约定的位组合模式,而不是靠特定字符来标志帧的开始和结束,故称"面向比特的协议"。这种协议的一般帧格式如图 3.16 所示。

8位	8位	8位	≥0位	16位	8位
01111110	A	C	I	FC	01111110
开始标志	地址场	控制场	信息场	校验场	结束标志

图 3.16　面向比特同步协议的帧格式

2)帧信息的分段

由图 3.16 可见,SDLC/HDLC 的一帧信息包括以下几个场(Field),所有场都是从最低有效位开始传送。

①SDLC/HDLC 标志字符

SDLC/HDLC 协议规定,所有信息传输必须以一个标志字符开始,且以同一个字符结束。这个标志字符是 01111110,称标志场(F)。从开始标志到结束标志之间构成一个完整的信息单位,称为一帧(Frame)。所有的信息是以帧的形式传输的,而标志字符提供了每一帧的边界。接收端可以通过搜索"01111110"来探知帧的开头和结束,以此建立帧同步。

②地址场和控制场

在标志场之后,可以有一个地址场 A(Address)和一个控制场 C(Control)。地址场用来规定与之通信的次站的地址。控制场可规定若干个命令。SDLC 规定 A 场和 C 场的宽度为 8位。HDLC 则允许 A 场可为任意长度,C 场为 8 位或 16 位。接收方必须检查每个地址字节的第一位,如果为"0",则后边跟着另一个地址字节;若为"1",则该字节就是最后一个地址字节。同理,如果控制场第一个字节的第一位为"0",则还有第二个控制场字节,否则就只有一个字节。

③信息场

跟在控制场之后的是信息场 I(Information)。I 场包含有要传送的数据,并不是每一帧都必须有信息场。即数据场可以为 0,当它为 0 时,则这一帧主要是控制命令。

④帧校验场

紧跟在信息场之后的是两个字节的帧校验场,帧校验场称为 FC(Frame Check)场或称为帧校验序列 FCS(Frame Check Sequence)。SDLC/HDLC 均采用 16 位循环冗余校验码 CRC (Cyclic Redundancy Code),其生成多项式为 CCITT 多项式 $X^{16}+X^{12}+X^5+1$。除了标志场和自动插入的"0"位外,所有的信息都参加 CRC 计算。

3)实际应用时的两个技术问题

①"0"位插入/删除技术

如上所述,SDLC/HDLC 协议规定以 01111110 为标志字节,但在信息场中也完全有可能有同一种模式的字符,为了把它与标志字节区分开来,所以采用了"0"位插入和删除技术。具体做法是发送端在发送所有信息(除标志字节外)时,只要遇到连续 5 个"1",就自动插入一个"0";当接收端在接收数据(除标志字节外)时,如果连续接收到 5 个"1",就自动将其后的一个"0"删除,以恢复信息的原有形式。这种"0"位的插入和删除过程是由硬件自动完成的。

②SDLC/HDLC 异常结束

若在发送过程中出现错误,则 SDLC/HDLC 协议用异常结束(Abort)字符,或称失效序列使本帧作废。在 HDLC 规程中,7 个连续的"1"被作为失效字符,而在 SDLC 中失效字符是 8 个连续的"1",当然在失效序列中不使用"0"位插入/删除技术。

SDLC/HDLC 协议规定,在一帧之内不允许出现数据间隔。在两帧信息之间,发送器可以连续输出标志字符序列,也可以输出连续的高电平,它被称为空闲(Idle)信号。

小　结

数据采集、处理和传送是计算机控制系统的重要组成部分之一。本章着重介绍微机数据采集系统的一般功能和结构,并在此基础上还讲述工业过程控制系统中常用的数据采集、处理和传送的方法,如数字滤波技术、数据通信技术等。

随着多计算机技术、网络技术、通信技术和现场总线等微机控制网络技术的发展,数据采集、处理和传送就显得越来越重要,特别是数据通信显得尤为重要。本章只是介绍其最基础的部分,感兴趣的读者可进一步参阅其他教材。

习题与思考题

1. 计算机数据采集系统一般应具有哪些方面的功能?

2. 为什么要对采集数据进行数据滤波? 数据滤波与 RC 滤波能否互相代替?

3. 从现场采集到计算机的数据,为什么要经过处理? 一般要做哪些处理?

4. 限幅滤波是建立在什么基础上的?

5. 限速滤波与限幅滤波两种方法,有哪些共同点? 又有哪些区别?

6. 起止式通信协议的特点及帧数据格式如何?

7. 面向字符和面向比特通信协议有什么不同? 各自的帧数据格式是怎样的?

8. 有一温度系统,温度的最大测量范围是 $-20\sim+60℃$,现采用线性的铂热电阻测量温度,经变送器输出响应的模拟量电压信号为 1～5V,A/D 转换器允许输入模拟电压范围为 0～5V,输出的是 000H～0FFFH 的 12 位数字量,试列出其工程量转换式。设某时刻计算机在这通道采集到的温度数字量为 0E8EH,试计算其温度值。

9. 设某热电偶输出特性曲线的非线性补偿计算公式如下:

$$T = \begin{cases} 25V & V \geqslant 14 \\ 24V + 16 & 14 < V \leqslant 25 \end{cases}$$

式中,V 为热电偶的输出信号,单位为 mV。试根据该公式编写一非线性补偿程序。

第 **4** 章
数字 PID 控制器设计

自从 20 世纪 30 年代末期 PID 控制器出现以来,无论是在控制理论方面,还是在控制仪表、设备方面,都有很大的发展,至今,PID 控制器在控制领域中仍得到广泛的应用。在使用计算机来实现自动控制的系统中,PID 控制算法也是应用十分广泛的一种控制规律。这不仅是由于 PID 控制是连续系统理论中技术成熟、应用广泛的一种方法,而且也因为 PID 控制的参数整定方便,结构改变灵活,操作人员易于掌握,对于大多数控制对象都能获得满意的控制效果。在系统设计时,由于各种原因很难得到精确的数学模型,理论设计的控制器参数往往不得不依靠现场调试。PID 控制正具备了这种灵活性和适应性。

本章主要介绍工业上常用的模拟控制规律(PID)的数字化设计方法及其程序实现。其中包括:PID 数字化标准算法以及其改进算法,PID 数字控制器的参数整定,由 PID 数字控制器演变的几种变形数字控制器等。读者应熟练掌握这部分内容,为以后章节的学习打下良好的基础。

4.1 PID 三作用的控制作用

我们知道,自动控制系统主要是由被控对象、执行机构、检测变送器及控制器等完成一定任务的元部件构成的,这些元部件各自都有本身的动态和静态特性,当它们结合在一起,构成一个自动控制系统时,整个系统的控制质量便取决于它们的特性、控制方案以及干扰的形式和幅值。一般说来,被控对象、执行机构、检测变送器等元部件一旦选定,其特性就被固定下来了,成为系统中的不可变部分。所以,设计控制系统的主要任务就是要确定控制规律,合理地选择控制器的形式及其参数,以得到最佳的控制质量。

近年来虽然发展了许多类型的控制器,也出现了一些新型控制规律,但是最基本的、工业上用得最普遍的仍然是比例(P)、积分(I)及微分(D)3 种控制规律。由这 3 种规律可以组成比例(P)控制器,比例、积分(PI)控制器以及比例、积分、微分(PID)控制器等。它们都是线性控制器,其作用是将给定值 $r(t)$ 与被控参数的实际输出 $y(t)$ 之差 $e(t) = r(t) - y(t)$ 作为控制器的输入,控制器按偏差的比例、比例加积分、比例加积分加微分形成控制量。

4.1.1　比例(P)控制器

比例控制器是最简单的一种控制器,其控制规律为:

$$u(t) = K_P e(t) \tag{4.1}$$

式中　$u(t)$——控制器的输出;

　　　$e(t)$——控制器的输入,一般为偏差值,即 $e(t)=r(t)-y(t)$;

　　　K_P——比例系数。

由上式可以看出,控制器的输出 $u(t)$ 与输入偏差 $e(t)$ 成正比,因此,只要偏差 $e(t)$ 一出现,控制器立即产生控制作用,使被控参数朝着减少偏差的方向变化,具有控制及时的特点。控制作用的强弱取决于比例系数 K_P 的大小。

图 4.1 给出了比例控制器对于偏差阶跃变化的时间响应。

比例控制器虽然简单、快速,但是如用仅有比例控制作用的控制器构成系统时,会产生静态偏差(简称静差)。静差是指控制过程稳定时,给定值与被控制参数测量值之差,由式(4.1)可知,系统稳定时要使控制器仍维持一定的控制量输出,系统必然存在静差,加大比例系数 K_P

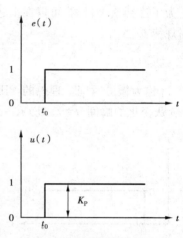

图 4.1　比例控制器阶跃响应

虽然可以减少静差,但当 K_P 过大时,会使系统的动态品质变坏,引起被控量振荡甚至导致系统不稳定。因此,K_P 的大小要根据被控对象特性来折中选取,使得系统静差既小,又要得到较好的系统过程品质。

4.1.2　比例、积分(PI)控制器

为了消除比例控制的静差,可在比例控制的基础上加上积分控制,形成比例、积分控制器,其控制规律为:

$$u(t) = K_P \left[e(t) + \frac{1}{T_I} \int_0^t e(t)\,\mathrm{d}t \right] \tag{4.2}$$

其中 T_I 称为积分时间。图 4.2 给出了比例、积分控制器对偏差阶跃变化的时间响应。

从图 4.2 可以看出,PI 控制器对于偏差的阶跃响应除有按比例变化的成分外,还带有累积的成分,即积分作用成分。只要偏差 $e(t)$ 不为零,它将通过累积作用影响控制量 $u(t)$,以求减小偏差,直至偏差为零,控制作用不再变化,系统达到稳态。因此,积分作用的加入可以消除系统静差。

显然,如果积分时间 T_I 大,则说明积分速度慢,积分作用弱。反之则说明积分速度快,积分作用强。

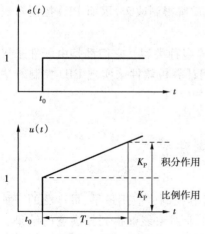

图 4.2　比例积分控制器阶跃响应

增大 T_I 将减慢消除静差的过程,但可减小超调,提高稳定性。T_I 必须根据对象特性来选定,对

于管道压力、流量等滞后不大的对象，T_1可选得小一些，对温度等滞后较大的对象，T_1可选得大一些。

4.1.3 比例、积分、微分(PID)控制器

积分控制作用的加入，虽然可以消除静差，但是是用降低响应速度作为代价的。为了加快控制过程，有必要在偏差出现或变化的瞬间，不但对偏差量做出即时反应(即比例控制作用)，而且还要对偏差量的变化做出反应，或者说按偏差变化的趋向进行控制，使偏差消灭在萌芽状态。为了达到这一目的，可以在上述 PI 控制的基础上加入微分控制作用，以得到如下的 PID 控制规律：

$$u(t) = K_P \Big[e(t) + \frac{1}{T_I} \int_0^t e(t)\,\mathrm{d}t + T_D \frac{\mathrm{d}e(t)}{\mathrm{d}t} \Big] \tag{4.3}$$

式中 T_D 称为微分时间。理想的 PID 控制器对偏差阶跃变化的响应如图 4.3 所示。它在偏差 $e(t)$ 阶跃变化的瞬间($t=t_0$ 处)有一冲击式瞬间响应，这是附加的微分环节引起的。

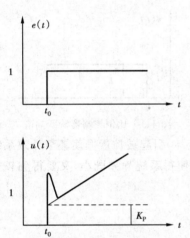

图 4.3 PID 控制器阶跃响应

加入微分环节后，在控制规律中附加了一个分量：

$$u_D(t) = K_P T_D \frac{\mathrm{d}e(t)}{\mathrm{d}t}$$

它与偏差信号的变化速度成正比。附加这一分量后，即使偏差很小，只要出现变化的趋势，便马上产生一种控制作用，以调整系统的输出，阻止偏差的变化，故微分控制作用也被称为"超前"控制作用。偏差变化越快，$u_D(t)$越大，反馈校正量就越大。故微分作用的加入将有助于减小超调、克服振荡，使系统趋于稳定。它加快了系统的动作速度，缩短调整时间，从而改善了系统的动态性能。

由图 4.3 可以看出，对于 PID 三作用控制器，在阶跃信号作用下，首先是比例和微分作用，使其控制作用加强，然后再进行积分，直到最后消除静差为止。因此，采用 PID 控制器，无论从静态还是动态的角度来说，控制品质都得到改善，因而 PID 控制器成为一种应用最为广泛的控制器。

在工业控制中，模拟 PID 控制器有电动、气动、液压等多种类型。它们都是由硬件来实现 PID 控制规律的。自从电子计算机进入控制领域以来，用计算机软件来实现 PID 控制算法不仅成为可能，而且提供了更大的灵活性，从而得到了广泛的应用。

4.2 PID 数字化标准算法算式

按偏差的比例、积分、微分控制(简称 PID 控制)是过程控制中应用最早、最广泛的一种控制规律。多年的实践表明，这种控制规律对于相当多的工业对象能够得到较满意的结果。由于计算机控制是一种采样控制，它只能根据采样时刻的偏差值计算控制量，因此式(4.3)中的积分和微分项不能直接使用，需要进行离散化处理。

在工业过程控制中,数字 PID 控制算法通常又分为位置式 PID 控制算法和增量式 PID 控制算法。

(1)位置式 PID 控制算法

按模拟 PID 控制算法的算式(4.3),以一系列的采样时刻点 kT 代表连续时间 t,以和式代替积分,以增量代替微分,作如下近似变换:

$$\begin{cases} t \approx kT \qquad k = 0,1,2,\cdots \\ \int_0^t e(t)\mathrm{d}t \approx T \sum_{j=0}^{k} e(jT) = T \sum_{j=0}^{k} e(j) \\ \dfrac{\mathrm{d}e(t)}{\mathrm{d}t} \approx \dfrac{e(kT) - e[(k-1)T]}{T} = \dfrac{e(k) - e(k-1)}{T} \end{cases} \tag{4.4}$$

上式中,T 为采样周期。为书写方便,以后将 $e(kT)$ 简化表示为 $e(k)$ 等,即省去 T。将式(4.4)代入式(4.3),可得离散的 PID 表达式:

$$u(k) = K_\mathrm{P} e(k) + K_\mathrm{I} \sum_{j=0}^{k} e(j) + K_\mathrm{D}[e(k) - e(k-1)] \tag{4.5}$$

或

$$u(k) = K_\mathrm{P}\left\{ e(k) + \frac{T}{T_\mathrm{I}} \sum_{j=0}^{k} e(j) + \frac{T_\mathrm{D}}{T}[e(k) - e(k-1)] \right\} \tag{4.6}$$

式中　k——采样序号,$k=0,1,2,\cdots$;

$u(k)$——第 k 次采样时刻的计算机输出值;

$e(k)$——第 k 次采样时刻输入的偏差值;

$e(k-1)$——第 $(k-1)$ 次采样时刻输入的偏差值;

$K_\mathrm{I} = \dfrac{K_\mathrm{P} T}{T_\mathrm{I}}$ ——积分系数;

$K_\mathrm{D} = \dfrac{K_\mathrm{P} T_\mathrm{D}}{T}$ ——微分系数。

由于计算机输出的 $u(k)$ 直接去控制执行机构(如阀门),$u(k)$ 的值和执行机构的位置(如阀门开度)是一一对应的,所以通常称式(4.5)或式(4.6)为位置式 PID 控制算法。图 4.4 给出了位置式 PID 控制的系统示意图。

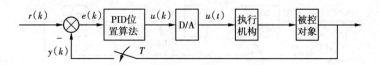

图 4.4　位置式 PID 控制系统

这种算法的缺点是:当前一次的输出与过去的状态有关,计算时要对 $e(k)$ 进行累加,计算机运算工作量大,而且,因为计算机输出的 $u(k)$ 对应的是执行机构的实际位置,如果计算机出现故障,$u(k)$ 的大幅度变化会引起执行机构位置的大幅度变化,这种情况往往是生产实践中不允许的,在某些场合,还可能造成重大的生产事故,因而产生了增量式 PID 控制的控制算法。所谓增量式 PID 是指数字控制器的输出只是控制量的增量 $\Delta u(k)$。

图 4.5 给出了位置式 PID 算法的程序框图。

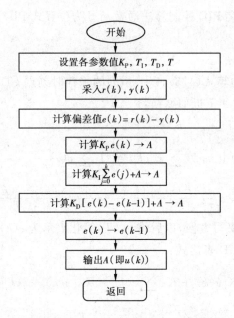

图 4.5 位置式 PID 控制算法程序框图

(2)增量式 PID 控制算法

当执行机构需要的不是控制量的绝对数值,而是其增量(例如去驱动步进电机)时,可由式(4.6)导出提供增量的 PID 控制算法:

$$\Delta u(k) = u(k) - u(k-1) =$$

$$K_P \left\{ [e(k) - e(k-1)] + \frac{T}{T_I} e(k) + \frac{T_D}{T} [e(k) - 2e(k-1) + e(k-2)] \right\} \quad (4.7)$$

$$\Delta u(k) = K_P [e(k) - e(k-1)] + K_I e(k) + K_D [e(k) - 2e(k-1) + e(k-2)] =$$

$$K_P \Delta e(k) + K_I e(k) + K_D [\Delta e(k) - \Delta e(k-1)] \quad (4.8)$$

式中 $\Delta e(k) = e(k) - e(k-1)$

式(4.7)或式(4.8)称为增量式 PID 控制算法。图 4.6 给出了增量式 PID 控制系统示意图。

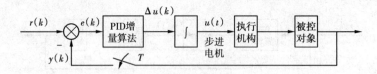

图 4.6 增量式 PID 控制系统

式(4.8)可以进一步改写为:

$$\Delta u(k) = Ae(k) - Be(k-1) + Ce(k-2) \quad (4.9)$$

式中 $A = K_P \left(1 + \frac{T}{T_I} + \frac{T_D}{T} \right)$

$B = K_P \left(1 + \frac{2T_D}{T} \right)$

$C = \frac{K_P T_D}{T}$

它们都是与采样周期、比例系数、积分时间、微分时间有关的系数。

可以看出,由于一般计算机控制系统采用恒定的采样周期 T,一旦确定了 K_P、K_I、K_D,只要使用前后 3 次测量值的偏差即可由式(4.8)或式(4.9)求出控制增量。

采用增量式算法时,计算机输出的控制增量 $\Delta u(k)$ 对应的是本次执行机构位置(例如阀门开度)的增量,对应阀门的实际位置的控制量,即控制量增量的积累 $u(k) = \sum_{j=0}^{k} \Delta u(j)$,需要采用一定的方法来解决,例如用有累积作用的元件(如步进电机)来实现;而目前较多的是利用算式 $u(k) = u(k-1) + \Delta u(k)$ 通过执行软件来完成。

由图 4.4、图 4.6 可以看出,就整个系统而言,位置式与增量式控制算法并无本质区别,或者仍然全部由计算机承担其计算,或者一部分由其他部件去完成。

增量式控制虽然只是算法上做了一点改进,却带来了不少优点:

1)由于计算机每次只输出控制增量,即对应执行机构位置的变化量,故机器发生故障时影响范围小,从而不会严重影响生产过程。

2)手动—自动切换时冲击小。控制从手动到自动切换时,可以做到无扰动切换。此外,当计算机发生故障时,由于输出通道或执行装置具有信号的锁存作用,故仍然能保持原值。

3)算式中不需要累加。控制增量 $\Delta u(k)$ 的确定仅与最近 k 次的采样值有关,较容易通过加权处理获得比较好的控制效果。

因此,在实际控制时,增量式算法比位置式算法应用更广泛。

图 4.7 给出增量式 PID 控制算法的程序框图。

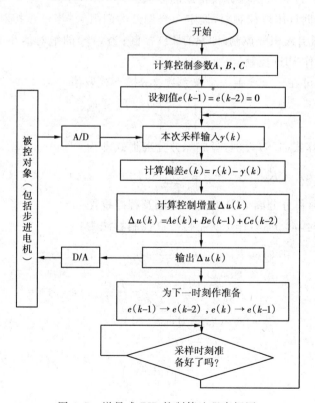

图 4.7　增量式 PID 控制算法程序框图

4.3 数字 PID 控制器算法的改进

在计算机控制系统中,PID 控制规律是用计算机程序来实现的,因而它的灵活性很大。一些原来在模拟 PID 控制器中无法实现的问题,在引入计算机以后就可以得到解决,于是产生了一系列的改进算法,以满足不同控制系统的需要。

4.3.1 积分分离 PID 算式

在普通的 PID 数字控制器中引入积分环节的目的,主要是为了消除静差、提高精度。但在过程的启动、结束或大幅度增减设定值时,短时间内系统输出有很大的偏差,造成 PID 运算的积分积累,致使算得的控制量超过执行机构可能最大动作范围对应的极限控制量,最终引起系统较大的超调,甚至引起系统的振荡,这是某些生产过程绝对不允许的。为了防止这种现象的发生,可采用积分分离 PID 算法解决。

该方法的实质是:当被控制量与设定值的偏差较大时,取消积分作用,以免积分作用使系统稳定性减弱,超调量加大。当被控量接近设定值时,加入积分作用,以便消除静差,提高控制精度。换言之,在系统启动、停止或大幅度改变设定值时,一开始先按比例或比例、微分控制,到偏差进入某个限值内时再加入积分控制作用。这样既有利于改善动态特性又有利于消除静差。所以积分分离 PID 算法是一种较常用的方法。

具体做法是:根据具体被控对象,设定一个偏差的门限 e_0,当过程控制中偏差 $e(k)$ 的绝对值大于 e_0 时,系统不引入积分控制,即只有 PD 控制;当 $e(k)$ 的绝对值小于或等于 e_0 时,才引入积分控制,即系统作 PID 控制。

写成计算公式,可在积分项乘一个权系数 β,β 按下式取值:

$$\beta = \begin{cases} 1 & \text{当} |e(k)| \leqslant e_0 \\ 0 & \text{当} |e(k)| > e_0 \end{cases} \tag{4.10}$$

以位置式 PID 算式(4.5)为例,写成积分分离形式即为:

$$u(k) = K_P \left\{ e(k) + \beta \frac{T}{T_I} \sum_{j=0}^{k} e(j) + \frac{T_D}{T}[e(k) - e(k-1)] \right\} \tag{4.11}$$

下面进一步推导积分分离 PID 的具体算法及程序框图。

当 $|e(k)| > e_0$ 时,取 $\beta = 0$,作 PD 控制,PD 控制算法为:

$$u(k) = K_P \left\{ e(k) + \frac{T_D}{T}[e(k) - e(k-1)] \right\} =$$

$$K_P \left(1 + \frac{T_D}{T}\right) e(k) - \frac{K_P K_D}{T} e(k-1) =$$

$$A' e(k) - B' e(k-1) =$$

$$A' e(k) - f(k-1) \tag{4.12}$$

式中

$$A' = K_P \left(1 + \frac{T_D}{T}\right)$$

$$B' = \frac{K_P T_D}{T}$$

$$f(k-1) = B'e(k-1) \text{ 或 } f(k) = B'e(k)$$

当$|e(k)| \leqslant e_0$ 时,取 $\beta=1$,作 PID 控制,PID 控制的算法采用增量算式(4.9),即:

$$u(k) - u(k-1) = Ae(k) - Be(k-1) + Ce(k-2)$$
$$u(k) = Ae(k) + u(k-1) - Be(k-1) + Ce(k-2) =$$
$$Ae(k) + g(k-1) \tag{4.13}$$

式中
$$\begin{cases} A = K_P\left(1 + \dfrac{T}{T_I} + \dfrac{T_D}{T}\right) \\[2mm] B = K_P\left(1 + \dfrac{2T_D}{T}\right) \\[2mm] C = \dfrac{K_P T_D}{T} \\[2mm] g(k-1) = u(k-1) - Be(k-1) + Ce(k-2) \end{cases} \tag{4.14}$$

或
$$g(k) = u(k) - Be(k) + Ce(k-1)$$

有了式(4.12)和式(4.13)便可编制出计算机的控制程序了,其程序框图如图 4.8 所示。

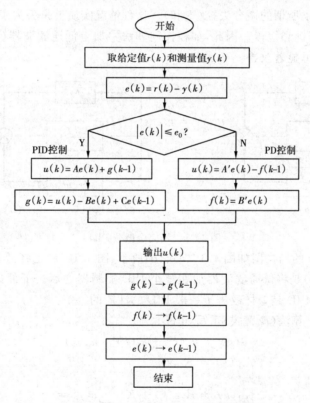

图 4.8　积分分离 PID 程序框图

采用积分分离 PID 算法后,控制效果如图 4.9 所示。图中,曲线 1 为普通 PID 控制,它的超调量较大,振荡次数也多;曲线 2 为积分分离式 PID 控制,它的控制性能有了较大的改善。注意,曲线 2 中,在偏差$|e(k)| \leqslant e_0$ 的范围内,采用 PID 控制,在该偏差域外采用的是 PD 控制。

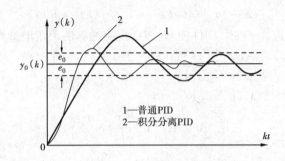

图 4.9　积分分离 PID 控制效果

4.3.2　不完全微分的 PID 控制算式

微分环节的引入改善了系统的动态特性,但对干扰特别敏感,有时,反而会降低控制效果。例如当被控变量突然变化,正比于偏差变化率的微分输出就很大;但由于持续时间很短,执行部件因惯性或动作范围的限制,其动作位置未达到控制量的要求值,因而限制了微分的正常校正作用,这样就产生了所谓的微分失控(饱和)。这种情况实质上是丢失了控制消息,其后果必然使过渡过程变得迟钝和缓慢。因此,如在控制算法中加上低通滤波器(一阶惯性环节)来抑制高频干扰,则性能可显著改善。

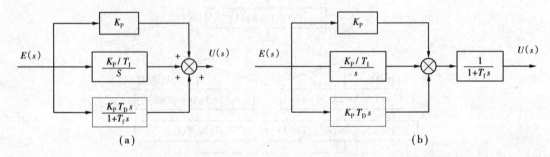

图 4.10　不完全微分 PID

不完全微分 PID 的结构图如图 4.10(a)、(b)所示,图 4.10(a)是将低通滤波器直接加在微分环节上,图 4.10(b)是将低通滤波器加在整个 PID 控制器之后。下面以图 4.10(a)结构为例,说明不完全微分 PID 是怎样改进了一般 PID 的性能的。

普通 PID 的数字算法(位置式)重写如下:

$$u(k) = u_P(k) + u_I(k) + u_D(k) \tag{4.15}$$

其中

$$\begin{cases} u_P(k) = K_P e(k) \\ u_I(k) = K_I e(k) + K_I \sum_{j=0}^{k-1} e(j) = \\ \quad K_I e(k) + u_I(k-1) \\ u_D(k) = K_D[e(k) - e(k-1)] \end{cases} \tag{4.16}$$

且

$$K_I = \frac{K_P T}{T_I}, \ K_D = \frac{K_P T_D}{T}$$

对于图 4.10(a)所示的不完全微分 PID 结构,它的传递函数为:

$$U(s) = \left(K_P + \frac{K_P/T_I}{s} + \frac{K_P T_D s}{1 + T_f s} \right) E(s) =$$
$$U_P(s) + U_I(s) + U_D(s) \tag{4.17}$$

上式的离散化形式为：

$$u(k) = u_P(k) + u_I(k) + u_D(k)$$

显然，$u_P(k)$ 和 $u_I(k)$ 与普通 PID 算式完全一样，只是 $u_D(k)$ 出现了不同，现将 $u_D(k)$ 推导如下：

$$U_D(s) = \frac{K_P T_D s}{1 + T_f s} E(s) \tag{4.18}$$

写成微分方程形式为：

$$u_D(t) + T_f \frac{du_D(t)}{dt} = K_P T_D \frac{de(t)}{dt}$$

对上式进行离散化处理可得：

$$u_D(k) + T_f \frac{u_D(k) - u_D(k-1)}{T} = K_P T_D \frac{e(k) - e(k-1)}{T}$$

经整理后,得：

$$u_D(k) = \frac{T_f}{T + T_f} u_D(k-1) + K_D \frac{T}{T + T_f} [e(k) - e(k-1)]$$

上式中,令 $\alpha = \dfrac{T_f}{T + T_f}$,则 $\dfrac{T}{T + T_f} = 1 - \alpha$,显然有 $\alpha < 1$,所以,$1 - \alpha < 1$ 成立。

上式可简写为：

$$u_D(k) = K_D(1-\alpha)[e(k) - e(k-1)] + \alpha u_D(k-1) \tag{4.19}$$

比较式(4.19)和式(4.16)中的 $u_D(k)$,可见不完全微分的 $u_D(k)$ 多了一项 $\alpha u_D(k-1)$,而且原微分系数也由 K_D 降低为 $K_D(1-\alpha)$。为编写程序方便,式(4.19)也可写成：

$$u_D(k) = K_D(1-\alpha)e(k) + \alpha u_D(k-1) - K_D(1-\alpha)e(k-1) =$$
$$K_D(1-\alpha)e(k) + H(k-1) \tag{4.20}$$

式中　$H(k-1) = \alpha u_D(k-1) - K_D(1-\alpha)e(k-1)$

图 4.11 为在单位阶跃输入下(即 $e(k) = 1, k = 0, 1, 2, \cdots$)的普通 PID 和不完全微分 PID 输出特性比较。

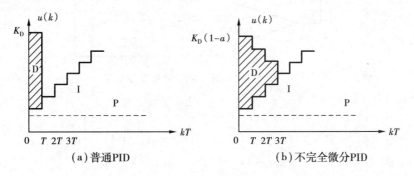

（a）普通PID　　　　　　　　　　（b）不完全微分PID

图 4.11　PID 输出控制作用的比较

图 4.11 中,两者的比例、积分部分(PI)输出是完全一样的。微分部分的差别如下：

设数字微分控制器的输入为阶跃序列 $e(k) = 1, k = 0, 1, 2, \cdots$。

对普通 PID：

由于 $\qquad u_D(k) = K_D[e(k) - e(k-1)]$

因此 $\qquad u_D(0) = K_D[e(0) - e(-1)] = K_D$

$$u_D(1) = K_D[e(1) - e(0)] = 0$$

$$u_D(2) = u_D(3) = \cdots = 0$$

也即普通的数字 PID 控制器中的微分作用,只有在第 1 个采样周期里起作用,以第 2 个周期开始,其作用骤然下降为 0,不能按照偏差变化趋势在整个调节过程中起作用,且微分作用在第 1 个采样周期里作用很强,控制系统很容易产生振荡,控制质量往往欠佳。

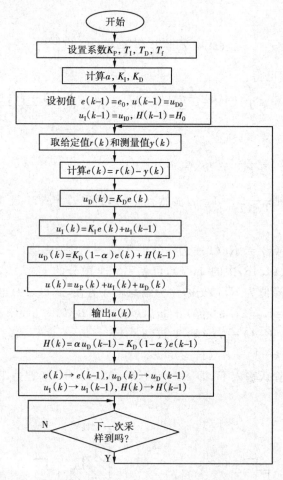

图 4.12 不完全微分 PID 算法程序框图

对不完全微分 PID:

由于 $\qquad u_D(k) = K_D(1-\alpha)[e(k) - e(k-1)] + \alpha u_D(k-1)$

因此 $\qquad u_D(0) = K_D(1-\alpha)[e(0) - e(-1)] + \alpha u_D(-1) = K_D(1-\alpha)$

$$u_D(1) = K_D(1-\alpha)[e(1) - e(0)] + \alpha u_D(0) = \alpha u_D(0)$$

$$u_D(2) = \alpha u_D(1) = \alpha^2 u_D(0)$$

$$\vdots$$

$$u_D(k) = \alpha u_D(k-1) = \alpha^k u_D(0)$$

由此可见,引入不完全微分后,微分输出在第 1 个采样周期内脉冲高度下降,此后又按

$\alpha^k u_D(0)$ 的规律($\alpha<1$)逐渐衰减,所以,微分部分能均匀输出,不会使系统产生振荡。

尽管不完全微分较之普通 PID 的算法复杂,但是,由于其良好的控制特性,因此使用越来越广泛,是今后发展的方向。

图 4.12 给出了不完全微分 PID 算法的程序框图。

4.3.3　微分先行 PID 算法

微分算法的另一种改进形式是图 4.13 所示的微分先行 PID 结构,它可由图 4.10(b)结构形式变换而来,因此同样能起到平滑微分的作用。它们的结构特点是只对输出量 $y(t)$ 进行微分,而对给定值 $r(t)$ 不作微分,这种输出量先行微分控制适用于给定值频繁升降的场合,可以避免给定值 $r(t)$ 升降时所引起的系统振荡,明显地改善了系统的动态特性。

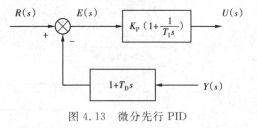

图 4.13　微分先行 PID

由图 4.13 可得微分先行的增量控制算式:

$$\Delta u(k) = K_P[e(k) - e(k-1)] + K_P\frac{T}{T_I}e(k) -$$

$$K_P\frac{T_D}{T}[y(k) - 2y(k-1) + y(k-2)] -$$

$$K_P\frac{T_D}{T_I}[y(k) - y(k-1)] \tag{4.21}$$

4.3.4　带有死区的 PID 控制

在微型计算机控制系统中,某些生产过程的控制精度要求不太高,不希望控制系统频繁动作,如中间容器的液面控制等,这时可采用带死区的 PID 算法。所谓带死区的 PID,是在计算机中人为地设置一个不灵敏区 e_0,当偏差的绝对值 $|e(k)|<e_0$ 时,其控制输出维持上次采样的输出;当 $|e(k)|\geqslant e_0$ 时,则进行正常的 PID 运算后输出。带死区的 PID 系统结构图如图4.14所示。

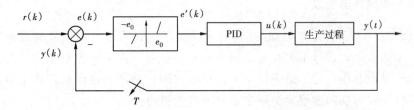

图 4.14　带死区的 PID 系统结构框图

图 4.14 中,死区的非线性表达式可写为:

$$e'(k) = \begin{cases} 0 & \text{当} |e(k)| \leqslant e_0 \text{ 时} \\ e(k) & \text{当} |e(k)| > e_0 \text{ 时} \end{cases}$$

式中,死区 e_0 是一个可调的参数。其具体数值可根据实际控制对象由实验确定。e_0 值太小,使控制动作过于频繁,达不到稳定被控对象的目的;若 e_0 值太大,则系统将产生较大的滞后;当 $e_0=0$ 时,则为 PID 控制。

该系统可称得上是一个非线性控制系统,但在概念上与典型不灵敏区非线性控制系统不同。其计算机程序框图如图 4.15 所示。

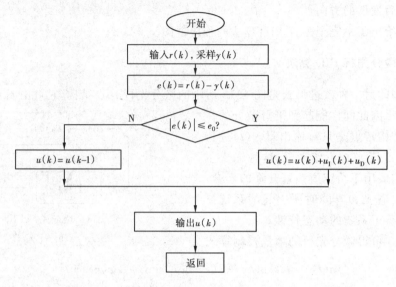

图 4.15　带死区 PID 的程序框图

4.4　数字 PID 控制器参数的整定

数字 PID 算式参数整定的任务主要是确定 K_P、K_1、K_D 和采样周期 T。对一个在结构和控制算式的形式已经确定的控制系统,控制质量的好坏主要取决于选择的参数是否合理。由于一般生产过程(如热工及化工过程)都具有较大的时间常数,而计算机控制系统的采样周期 T 很短,因此,数字 PID 控制器的参数整定,完全可以按照模拟控制器的各种参数整定方法进行分析和综合。

4.4.1　采样周期的选取

从香农(Shannon)采样定理可知,只有当采样频率达到系统有用信号最高频率的两倍或两倍以上时,才能使采样信号不失真地复现为原来的信号。由于被控对象的物理过程及参数变化比较复杂,系统有用信号的最高频率是很难确定的。采样定理仅从理论上给出了采样周期的上限,实际采样周期的选取要受到多方面因素的制约。

从系统控制质量的要求来看,希望采样周期取得小些,这样更接近于连续控制,使控制效果好些。

从执行机构的特性要求来看,由于过程控制中通常采用电动调节阀或气动调节阀,它们的响应速度较低。如果采样周期过短,那么执行机构来不及响应,仍然达不到控制的目的。所以,采样周期也不能过短。

从控制系统抗扰动和快速响应的要求出发,要求采样周期短些;从计算工作量来看,则又希望采样周期长些。这样可以控制更多的回路,保证每个回路有足够的时间来完成必要的运算。

因此,实际选用采样周期 T 时,必须综合考虑,一般应考虑下列几个因素:

1)采样周期应比对象的时间常数小得多,否则采样信号无法反映瞬变过程。

2)采样周期应远小于对象的扰动信号的周期。

3)考虑执行器的响应速度。如果执行器的响应速度比较慢,那么过短的采样周期将失去意义。

4)当系统纯滞后占主导地位时,应按纯滞后大小选取,并尽可能使纯滞后时间接近或等于采样周期的整数倍。

5)对象所要求的控制质量。一般来讲,控制精度要求越高,则采样周期越短,以减小系统的纯滞后。

由上述分析可知,采样周期受各种因素的影响,有些是相互矛盾的,必须视具体情况和主要的要求做出折中的选择。在具体选择采样周期时,可参照表 4.1 所示的经验数据,再通过现场实验,最后确定合适的采样周期。表 4.1 仅列出了几种经验采样周期 T 的上限,随着计算机技术的进步及成本的下降,一般可以选取较短的采样周期,使数字控制系统更接近连续控制系统。

表 4.1 常用被控参数的经验采样周期

被控参数	采样周期/s	备 注
流量	$1\sim5$	优先选用 $1\sim2s$
压力	$3\sim10$	优先选用 $6\sim8s$
液位	$6\sim8$	
温度	$15\sim20$	或取纯滞后时间
成分	$15\sim20$	

4.4.2 PID 控制参数的整定

上面说过,采样周期 T 一般应远小于系统的时间常数,因此,数字 PID 控制参数的整定可以按模拟 PID 控制参数整定的方法来选择,并考虑采样周期对整定参数的影响,然后再做适当的调整,最后在实践中加以检验和修正。

参数的整定有两种可用的方法,理论设计法及实验确定法。用理论设计法确定 PID 控制参数的前提是要有被控对象准确的数学模型,这在一般工业过程中是很难做到的。因此用实验确定法来选择 PID 控制参数的方法便成为经常采用而行之有效的办法。

(1)试凑法

试凑法是通过仿真或实际运行,观察系统对典型输入作用的响应曲线,根据各控制参数对系统的影响,反复调节试凑,直到满意为止,从而确定 PID 参数。

我们知道,PID 控制器各参数对系统响应的影响是:增大开环比例系数 K_P,一般将加快系统的响应速度,在有静差的情况下则有利于减小静差;但过大的比例系数又会加大系统超调,甚至产生振荡,使系统不稳定。

增大积分时间常数 T_I，有利于减小超调，使系统稳定性提高，但系统静差的消除将随之减慢。

增大微分时间常数 T_D 也有利于加速系统的响应，使超调量减小，提高稳定性，但系统抗干扰能力差。

在试凑时，可以参考以上的参数对控制过程的影响趋势，实行先比例，后积分，再微分的反复调整。其具体整定步骤如下：

1)整定比例部分

先置 PID 控制器中的 $T_I = \infty$、$T_D = 0$，使之成为比例控制器，再将比例系数 K_P 由小变大，观察相应的响应，使系统的过渡过程达到 4：1 的衰减振荡和较小的静差。如果系统静差已小到允许范围内，并且已达到 4：1 衰减的响应曲线，那么只需用比例控制器即可，最优比例度就由此确定。

2)加入积分环节

如果只用比例控制，系统的静差不能满足要求，则需加入积分环节。整定时，先将比例系数减小 $10\% \sim 20\%$，以补偿因加入积分作用引起的系统稳定性下降，然后由大到小调节 T_I，在保持系统良好动态性能的情况下消除静差。这一步可以反复进行，以期得到满意的效果。

3)加入微分环节

经上两步调整后，若系统动态过程不能令人满意，可加入微分环节，构成 PID 控制器。在整定时，先置 T_D 为零，然后，在第 2)步整定的基础上再增大 T_D，同时相应地改变比例系数 K_P 和积分时间 T_I，逐步试凑以获得满意的控制效果和控制参数。

应该指出，所谓满意的控制效果，是因不同的对象和控制要求而异的。此外，PID 控制器的参数对控制质量的影响并不十分敏感，因而整定中参数的选定并不是惟一的。在实际应用中，只要被控过程的主要指标达到设计要求，那么就可选定相应的控制器参数作为有效的控制参数。

表 4.2 给出了常见被控参数的控制器参数的选择范围。

表 4.2　常见被控参数的控制器参数选择范围表

被控参数	特　点	K_P	T_I/min	T_D/min
流量	对象时间常数小，并有噪声，故 K_P 较小，T_I 较小，不用微分	1～2.5	0.1～1	
温度	对象为容量系统，有较大滞后，常用微分	1.6～5	3～10	0.5～3
压力	对象为容量系统，滞后一般不大，不用微分	1.4～3.5	0.4～3	
液位	在允许有静差时，不必用积分和微分	1.25～5		

(2)PID 控制参数的实验确定法

在实验确定法中，有以下几种方法：

1)扩充临界比例度法

扩充临界比例度法是模拟控制器使用的临界比例度法的扩充,它用来整定数字 PID 控制器的参数。其整定步骤如下:

①选择一合适的采样周期。所谓合适是指采样周期足够小,一般应选它为对象的纯滞后时间的 1/10 以下,此采样周期用 $T_{\min}$ 表示。

②用上述的 $T_{\min}$,仅让控制器作纯比例控制,逐渐增大比例系数 K_P,直至使系统出现等幅振荡,记下此时的比例系数 K_r,再记下此时的振荡周期 T_r。

③选择控制度。控制度定义为数字控制系统误差平方的积分与对应的模拟控制系统误差平方的积分之比,即:

$$\text{控制度} = \frac{\int_0^\infty e^2(t)\,dt(\text{数字控制})}{\int_0^\infty e^2(t)\,dt(\text{模拟控制})}$$

对于模拟系统,其误差平方积分可由纪录仪上的图形直接计算。对于数字系统则可用计算机计算。通常,当控制度为 1.05 时,就认为数字控制与模拟控制效果相同;当控制度为 2 时,数字控制比模拟控制的质量差一倍。

④选择控制度后,按表 4.3 求得采样周期 T、比例系数 K_P、积分时间常数 T_I 和微分时间常数 T_D。

⑤按求得的参数运行,在运行中观察控制效果,用试凑法进一步寻求更为满意的数值。

表 4.3　扩充临界比例度法整定计算公式表

控制度	控制规律	T	K_P	T_I	T_D
1.05	PI	$0.03T_r$	$0.53K_r$	$0.88T_r$	
	PID	$0.014T_r$	$0.63K_r$	$0.49T_r$	$0.14T_r$
1.20	PI	$0.05T_r$	$0.49K_r$	$0.91T_r$	
	PID	$0.043T_r$	$0.47K_r$	$0.47T_r$	$0.16T_r$
1.50	PI	$0.14T_r$	$0.42K_r$	$0.99T_r$	
	PID	$0.09T_r$	$0.34K_r$	$0.43T_r$	$0.20T_r$
2.0	PI	$0.22T_r$	$0.36K_r$	$1.05T_r$	
	PID	$0.16T_r$	$0.27K_r$	$0.40T_r$	$0.22T_r$
模拟控制器	PI		$0.57K_r$	$0.83T_r$	
	PID		$0.70K_r$	$0.50T_r$	$0.13T_r$
临界比例度法	PI		$0.45K_r$	$0.83T_r$	
	PID		$0.60K_r$	$0.50T_r$	$0.125T_r$

例 4.1　有一直接数字控制系统(DDC 系统),已知被控对象纯延迟时间 τ 为 10s。试整定其参数。

解　首先选 $T_{\min} = \dfrac{1}{10}\tau = 1\text{s}$,并在数字控制器中去掉积分项和微分项,仅作纯比例调节,逐渐增大 K_P,使系统出现等幅振荡,记下振荡周期 $T_r = 10\text{s}$,此时的 $K_P = K_r = 10$。

选择控制度为 1.05,采用 PID 控制规律,按表 4.3,则可查得:

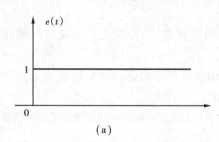

(a)

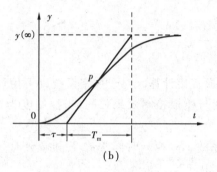

(b)

图 4.16　对象的阶跃响应

采样周期为:$T=0.014\times T_r=0.14$s

比例系数为:$K_P=0.63\times K_r=6.3$

积分时间常数为:$T_I=0.49\times T_r=4.9$s

微分时间常数为:$T_D=0.14\times T_r=1.4$s

2)扩充响应曲线法

扩充响应曲线法是将模拟控制器响应曲线法推广用来求数字 PID 控制器参数。这个方法首先要经过试验测定开环系统对阶跃输入信号的响应曲线,如图 4.16 所示。具体步骤如下:

①断开数字控制器,使系统在手动状态下工作,人为地改变手动信号,给被控对象一个阶跃输入信号,如图 4.16(a)所示。

②用仪表记录下被控参数在此阶跃输入作用下的变化过程曲线,即对象的阶跃响应曲线,如图 4.16(b)所示。

③在对象的响应曲线上,过拐点 p 作切线,求出等效纯滞后时间 τ 和等效时间常数 T_m,并算出它们的比值 T_m/τ。

④选择控制度。

⑤根据所求得的 τ、T_m 和 T_m/τ 的值,查表 4.4,即可求得控制器的 T、K_P、T_I 和 T_D。

⑥投入运行,观察控制效果,适当修正参数,直到满意为止。

以上两种实验确定法,适用于"纯滞后加一阶惯性"的对象,即:

$$G(s)=\frac{\mathrm{e}^{-\tau s}}{1+T_m s}$$

如果对象不能用"一阶惯性加纯滞后"来近似,最好采用其他方法来整定。

表 4.4　扩充响应曲线法整定计算公式表

控制度	控制规律	T	K_P	T_I	T_D
1.05	PI	0.1τ	$0.84T_m/\tau$	3.4τ	
	PID	0.05τ	$1.15T_m/\tau$	2.0τ	0.45τ
1.20	PI	0.2τ	$0.78T_m/\tau$	3.6τ	
	PID	0.16τ	$1.0T_m/\tau$	1.9τ	0.55τ
1.50	PI	0.5τ	$0.68T_m/\tau$	3.9τ	
	PID	0.34τ	$0.85T_m/\tau$	1.62τ	0.65τ
2.0	PI	0.8τ	$0.57T_m/\tau$	4.2τ	
	PID	0.6τ	$0.6T_m/\tau$	1.5τ	0.82τ

4.5 由数字 PID 控制器演变的变型控制器

单回路单参数控制系统是最简单最基本的控制系统,它在大多数情况下能满足生产工艺所提出的控制要求。但如果被控对象比较复杂,容量滞后较大,各种扰动因素较多,控制精度要求又高,这时单回路控制系统就难以满足要求,必须考虑一些新的控制方案,这些新的控制方案相对一般的单回路 PID 控制而言,在算式上、结构上、回路的相互关系上较为复杂。下面着重介绍几种典型的形式。

4.5.1 串级控制

(1)原理和算法

为了便于建立串级控制的概念,首先观察一个燃气加热炉的炉温自动控制系统。

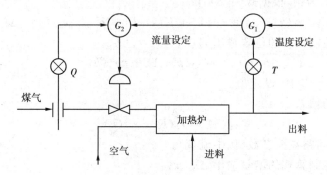

图 4.17 炉温和煤气流量的串级控制

图 4.17 表示上述炉温控制系统,目的是使炉温维持稳定。在图 4.17 中,如果煤气管道中压力是恒定的,为了维持炉子温度恒定,只需测量出料实际温度,用它与温度设定值比较,利用二者的偏差控制煤气管道上的阀门。当煤气总管压力恒定时,阀位与煤气流量保持一定的比例关系,一定的阀位对应一定的流量,在进出料数量保持稳定时,就对应一定的炉子温度。但实际上煤气总管同时向许多炉子供应煤气,煤气压力将随负荷的变化而变化,此时煤气管道阀门位置与煤气流量不再呈单值关系。在采用单回路控制时,煤气压力的变化引起流量的变化,随之引起炉子温度的变化,只有在炉温发生偏离后才会引起调整。由于控制时间的滞后,上述系统若仅靠一个主控回路不能获得满意的控制效果。解决的方法是增加一个控制煤气流量的副回路,副回路管道短,滞后时间小,由它直接控制阀门开度,控制很及时。为了使阀门受到温度的控制,使温度控制器的输出成为流量控制器的给定值,这样不论是流量的变化或者是其他原因引起温度的变化,都通过流量控制器对阀门进行控制,这样结构的系统称为串级控制系统。

典型的串级控制系统方框图如图 4.18 所示。

图 4.18 中主对象相当于加热炉的温度,副对象相当于流过阀门的煤气流量,PID1 对应温度控制器,PID2 对应流量控制器。主对象与 PID1 组成系统的主回路,副对象与 PID2 组成副回路,由图可知,主回路控制器的输出是副回路的给定值。在一般情况下,串级控制系统的算

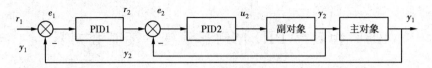

图 4.18　串级控制系统方框图

法是从外面的回路向内依次进行计算,其计算步骤如下:

1)计算主回路的偏差 $e_1(k)$

$$e_1(k) = r_1(k) - y_1(k)$$

式中　$r_1(k)$——主回路的设定值,上面例子中为出料温度的设定值;

　　　$y_1(k)$——主回路的被控参数(例中为温度 T);

　　　k——本次采样序号;

　　　$k-1$——上次采样序号。

2)计算主回路控制算式的增量输出 $\Delta r_2(k)$

以一般 PID 算式为例,根据式(4.8)有

$$\Delta r_2(k) = K_{P1}[e_1(k) - e_1(k-1)] + K_{I1}e_1(k) + K_{D1}[\Delta e_1(k) - \Delta e_1(k-1)]$$

3)计算主回路控制算式的位置输出 $r_2(k)$

$$r_2(k) = r_2(k-1) + \Delta r_2(k)$$

$r_2(k)$也就是副回路(流量)的设定值。

4)计算副回路的偏差 $e_2(k)$

$$e_2(k) = r_2(k) - y_2(k)$$

式中　$y_2(k)$——副回路被控参数(例中流量)。

5)计算副回路控制算式的增量输出 $\Delta u_2(k)$

$$\Delta u_2(k) = K_{P2}[e_2(k) - e_2(k-1)] + K_{I2}e_2(k) + K_{D2}[\Delta e_2(k) - \Delta e_2(k-1)]$$

式中　$\Delta u_2(k)$为作用于煤气阀的控制增量。

在上述步骤 3),计算主控制器的位置输出(即副回路的设定)也可采用下列的改进的算法。即:

$$r_2(k) = r_2(k-1) + \begin{cases} \delta \cdot \Delta r_2(k), & \text{当}|\Delta r_2(k)| > \varepsilon \\ \Delta r_2(k), & \text{当}|\Delta r_2(k)| \leqslant \varepsilon \end{cases}$$

上式中,δ 与 ε 都是根据具体的对象确定的系数。δ 总是选择小于 1,它们在控制过程中可随时按要求加以更换。引入这两个系数的目的是使副回路设定值的变化不要过于激烈,即当主回路输出过大时,引入 δ 值以抑制系统的变化幅度,防止因激励过大而使系统工作不正常。

上述算法每个采样周期计算一次,并由副回路控制算法的增量输出控制信号 $\Delta u_2(k)$,经D/A 转换器去控制执行元件和被控参数,以上串级控制系统的算法程序框图如图 4.19 所示。

对于主副对象惯性较大的系统,还可以在副回路中采用微分先行的算法,即在副被控参数采样输出后,先进行不完全微分运算,然后再引至副回路的输入端。图 4.20 表示副回路微分先行的串级控制系统结构方框图。

其计算步骤与一般的串级控制系统的前 3 步完全相同。只是在计算第 4 步副回路的偏差量时,应对副回路采样值进行不完全微分。微分先行部分的传递函数为:

$$\frac{Z_2(s)}{Y_2(s)} = \frac{T_2s + 1}{\nu T_2 s + 1}$$

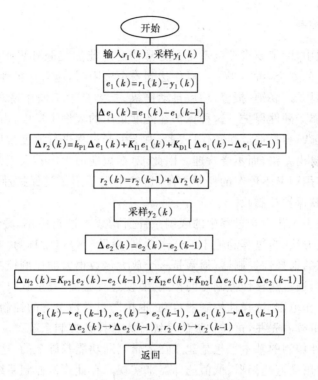

图 4.19　串级控制的算法程序流程图

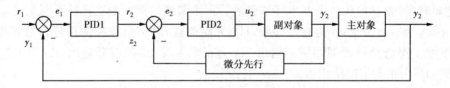

图 4.20　副回路具有微分先行的串级控制系统方框图

将上式进行离散化处理,其相应的差分方程为:

$$z_2(k) = z_2(k-1) + \frac{1}{\nu}[y_2(k) - y_2(k-1)] + \frac{T}{\nu T_2 + T}[y_2(k) - z_2(k-1)]$$

然后以 $z_2(k)$ 代替 $y_2(k)$ 再按第 4 步计算,即:

$$e_2(k) = r_2(k) - z_2(k)$$

以下步骤与不带微分先行环节的计算步骤相同。

(2)串级控制的参数整定

因串级控制系统应用比较成熟,参数整定的方法也很多。不管用哪种方法,一般都是先副回路后主回路,由内层向外层逐层进行,现以两步整定法为例说明整定步骤。

1)在主回路闭合的情况下,将主控制器的比例系数 K_P 设置为 1,积分时间 $T_I \rightarrow \infty$,微分时间 $T_D \rightarrow 0$,按 4.4 节介绍的方法整定副回路参数。

2)把副回路视为控制系统的一个组成部分,用同样的方法整定主控制参数,使主控制量达到工艺要求。

4.5.2　选择性控制

在生产过程控制中,除了要求控制系统在正常情况下能够克服外界干扰、平稳操作外,还必须考虑事故状态下的安全生产,当生产操作达到安全极限时,应有保护性措施。属于保护性措施的有两类,一类是采用联锁、报警,然后自动停机;二类是手工操作使之停止生产,以保护局部装置的安全,这属于硬性保护。这种保护在高度集中的大型工厂中,由于各种限制条件的逻辑关系往往比较复杂,容易造成误动作;或者,由于生产过程进行速度太快,操作人员的反应跟不上速度的变化,易出差错,而不受欢迎。因此,对在短期内生产不太正常的情况,要求有一种既能自动起保护作用而又不停车的控制方法,这就出现了第 2 类保护性措施——选择性控制(又称取代控制或软保护控制)。

选择性控制是把由工艺生产过程中的限制条件所构成的逻辑关系,叠加在正常自动控制系统上去的一种控制方法,当过程趋近于但还未达到"危险"区域(常称为"安全软限")时,一个用来控制不安全状态的选择性控制器(通常是一个放大倍数很大的比例控制器)自动取代正常情况下工作的控制器,通过选择性控制器的作用,驱使过程脱离"安全软限",回复到安全范围。一旦过程进入安全工作范围,选择性控制器自动"退出",正常情况下的控制器又恢复它对系统的作用,自动排除了事故的先兆,这样构成的系统称为选择性控制系统。

不难看出,选择性控制的基本思想是建立在逻辑判断功能基础上的,这种逻辑判断在常规仪表控制系统中通常用高值选择器、低值选择器来实现。在计算机控制系统中,由于计算机具有很高的逻辑判断功能,且不增添任何设备,实现选择性控制极为方便。选择性控制一般由预测事故、逻辑判断、自动取代 3 个基本环节组成。一个典型的两参数选择性控制系统如图4.21所示。图中,A 为事故变量;B 为被控参数;HS 为高值选择器,也可按需用低值选择器 LS 代替;u_A 为事故工况选择性控制器 $P_选$ 输出;u_B 为正常工况 PI 控制器输出;A_i 为工艺给定的"安全软限";B_i 为正常工况给定值。

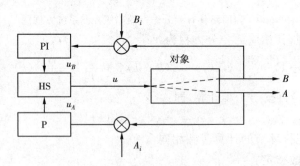

图 4.21　选择性控制方框图

系统是这样工作的(以高值选择为例说明):

1)正常工况时,$A \leqslant A_i$,$u_A < u_B$,此时,$u = u_B$,进行正常的 PI 控制。

2)事故工况时,$A > A_i$,P 控制器的比例作用很强,$u_A > u_B$,此时 $u = u_A$,即 P 控制器经 HS 自动取代 PI 控制器工作,进行事故校正控制。

3)系统恢复。由于 P 控制器的校正作用,系统趋于正常,A 值减小,当 $u_A < u_B$ 时,PI 控制器又恢复正常工作。

图 4.21 相应的计算机控制程序框图如图 4.22 所示。

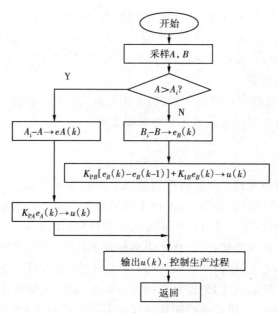

图 4.22　选择性控制系统程序框图

目前选择性控制已从安全操作发展到按生产工况实现被控参量、控制规律、控制算式系数的自动选择,已成为一种具有逻辑适应性的选择性控制。下面列举一个其工程应用实例。

例 4.2　大型合成氨辅助锅炉燃烧系统的选择性控制。

辅助锅炉燃烧用天然气,锅炉的蒸汽压力与燃用的天然气流量直接相关。当蒸汽压力升高时,应减少天然气流量。因此,在正常情况下,锅炉燃烧的控制系统,应用改变天然气流量来维持锅炉蒸汽压力 p_G 的恒定。

在燃烧过程中,燃气压力 p 过高会造成"脱火"事故(天然气压力过高而使火焰脱离正常燃烧区);而天然气流量 Q 过少,又会造成"回火"事故(天然气流量过小而使燃烧区进入喷嘴,甚至进入进气管道)。因此,在正常工况的压力控制系统上添置一个选择性控制系统,以防止"脱火"事故的发生,用一个天然气低流量的联锁装置来防止"回火"事故,如图 4.23 所示。

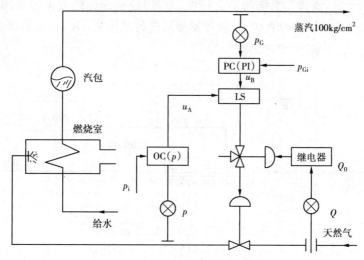

图 4.23　辅助锅炉燃烧系统的选择性控制

图 4.23 中，p_i 为天然气压力的"安全软限"，Q_0 为回火极限流量。动作过程如下：

当 $p \leq p_i$ 时，则 $u_A > u_B$，低值选择器 LS 输出 $u = u_B$，蒸汽压力控制器工作，这是正常工况。

当 $p > p_i$ 时，则 $u_A < u_B$，所以 $u = u_A$，则蒸汽压力控制器"让位"于天然气压力的选择性控制器 OC，进行事故状态控制。

当 $Q < Q_0$ 时，则通过继电器切断天然气，人工处理，以防止"回火"事故的发生。

计算机控制时可按此逻辑关系编制程序加以实现。

4.5.3 前馈控制

前面介绍的控制规律其特点都是被控制量在干扰的作用下必须先偏离设定值，然后通过对偏差的测量，产生相应的控制作用，去抵消干扰的影响。显然，控制作用往往落后于干扰的作用。如果干扰不断出现，则系统总是被动地跟在干扰作用的后面。此外，一般工业控制对象总存在一定的容量滞后或纯滞后，从干扰产生到被控参数发生变化需要一定的时间，而从控制量的改变到被控参数的变化，也需一定的时间，所以，干扰产生以后，要使被控参数回复到给定值需要相当长的时间。滞后越大，被控参数的波动幅度也越大，偏差持续的时间也越大。对于有大幅度干扰出现的对象，一般反馈控制往往满足不了生产的要求。

所谓前馈控制，实质上是一种直接按照扰动量而不是按偏差进行校正的控制方式，即当影响被控参数的干扰一出现，控制器就直接根据所测得的扰动的大小和方向按一定规律去控制，以抵消该扰动对被控参数的影响。在控制算式及参数选择恰当时，可以使被控参数不会因干扰而产生偏差，所以它比反馈控制要及时得多。

(1)基本原理及控制算法

图 4.24 所示为一热交换器，加热蒸汽通过热交换器与排管内的被加热液料进行热交换，要求使液料出口温度 T 维持某一定值。采用温度调节器通过安装在蒸汽管道上的调节阀是可以加以控制的，但这种控制效果不太理想。因为引起温度改变的因素(扰动)很多，假设其中最主要的扰动是被加热液料的流量 Q，如果排管很长，热交换器容量很大，滞后现象严重，导致控制很不及时，效果就不好。如果对主要干扰流量 Q 采用前馈控制，如图 4.24 所示，就能及时补偿流量 Q 的干扰，改善了系统的动态特性。前馈控制部分的方框图如图 4.25 所示。图中，$G_D(s)$ 为干扰通道的传递函数；$G(s)$ 为控制通道的传递函数；$G_M(s)$ 为前馈控制补偿器的传递函数。

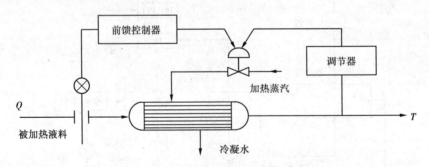

图 4.24 热交换器前馈控制示意图

被控变量 $Y(s)$ 对应于图 4.24 中出口液料温度 T 的变化量，干扰量 $V(s)$ 对应于入口液料流量 Q 的变化量，$M(s)$ 为前馈控制补偿器的输出。

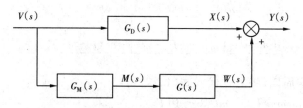

图 4.25　前馈控制方框图

假设扰动变量 V 及控制变量 M 对被控变量 Y 的作用可以线性叠加(一般工业对象可以认为符合这一假设),获得系统对扰动 V 完全补偿的前馈算式 $G_M(s)$,可由下列方程求得:

$$Y(s) = G_D(s)V(s) + G_M(s)G(s)V(s) = [G_D(s) + G_M(s)G(s)] \cdot V(s) \quad (4.22)$$

完全补偿的条件是:

$$V(s) \neq 0 \text{ 时}, Y(s) = 0$$

则

$$G_D(s) + G_M(s)G(s) = 0$$

前馈控制补偿器的传递函数应为:

$$G_M(s) = -\frac{G_D(s)}{G(s)} \quad (4.23)$$

式(4.23)就是理想的前馈控制算式,它是扰动通道和控制通道的脉冲传递函数之商,式中负号表示控制作用方向与干扰作用方向相反。

在应用前馈控制时,关键是必须了解对象各个通道的动态特性。通常它们需要用高阶微分方程或差分方程来描述,处理起来较复杂。目前工程上结合其他措施大都采用一个具有纯滞后的一阶或二阶惯性环节来近似描述被控对象各个通道的动态特性。实践证明,这种近似处理的方法是可行的。

设对象的干扰通道和控制通道的传递函数分别为:

$$G_D(s) = \frac{K_1}{T_1 s + 1} e^{-\tau_1 s} \quad (4.24)$$

$$G(s) = \frac{K_2}{T_2 s + 1} e^{-\tau_2 s} \quad (4.25)$$

式中　τ_1、τ_2 为相应通道的滞后时间。

将式(4.24)、(4.25)代入式(4.23)得:

$$G_M(s) = \frac{M(s)}{V(s)} = -\frac{K_1}{K_2} \cdot \frac{T_2 s + 1}{T_1 s + 1} \cdot e^{-(\tau_1 - \tau_2)s} = K_f \cdot \frac{T_2 s + 1}{T_1 s + 1} \cdot e^{-\tau_f s} \quad (4.26)$$

式中

$$K_f = -\frac{K_1}{K_2}, \qquad \tau_f = \tau_1 - \tau_2$$

由式(4.26)可求出对应的微分方程如下:

$$T_1 \frac{dm(t)}{dt} + m(t) = K_f \left[T_2 \frac{dv(t - \tau_f)}{dt} + v(t - \tau_f) \right] \quad (4.27)$$

其中 $v(t)$ 和 $m(t)$ 分别为补偿器的输入和输出变量,$v(t)$ 为扰动信号。

式(4.27)中

$$\frac{\mathrm{d}m(t)}{\mathrm{d}t} = \frac{m(kT) - m[(k-1)T]}{T}$$

$$\frac{\mathrm{d}v(t - \tau_\mathrm{f})}{\mathrm{d}t} = \frac{v(kT - \tau_\mathrm{f}) - v[(k-1)T - \tau_\mathrm{f}]}{T}$$

上式中 T 为采样周期,将上式代入式(4.27)得:

$$T_1 \frac{m(kT) - m[(k-1)T]}{T} + m(kT) =$$

$$K_\mathrm{f}\left[T_2 \frac{v(kT - \tau_\mathrm{f}) - v[(k-1)T - \tau_\mathrm{f}]}{T} + v(kT - \tau_\mathrm{f})\right] \tag{4.28}$$

将式(4.28)整理可得相应的差分方程为:

$$m(kT) - a_1 m[(k-1)T] = H \cdot v(kT - \tau_\mathrm{f}) - a_2 v[(k-1)T - \tau_\mathrm{f}] \tag{4.29}$$

式中　　$H = K_\mathrm{f}\dfrac{T_2 + T}{T_1 + T}$

$a_1 = \dfrac{T}{T_1 + T}$

$a_2 = H\dfrac{T_2}{T_2 + T}$

k——$0, 1, 2, \cdots$,采样序号。

在实际使用中,单纯的前馈控制是不能满足生产要求的,这主要有以下原因:

首先,按式(4.23)实行完全补偿,在很多情况下只有理论意义,实际是做不到的。一方面是因为要完全补偿必须有对象的精确的数学模型,实际上只能得到近似的模型;另一方面,如果控制通道传递函数中包含的滞后时间比干扰通道的滞后时间长,那就没有实现完全补偿的可能。

其次,在实际工业对象中,总存在不少的干扰,如果要对每一个干扰实行前馈控制,这样做将使系统过于复杂,难以获得使用价值,而且有的干扰可以测量,有些干扰(如成分等)目前还缺乏连续测量仪表,或者虽能测量,但测量滞后很大,无实用价值。因此,这些干扰就无法实行前馈控制。这样一来,若只对个别干扰进行前馈控制,那就无法消除其他干扰对被控参数的影响。

为了获得满意的效果,工程上广泛将前馈控制与反馈控制结合起来使用,构成前馈-反馈控制系统。这样,既发挥了前馈控制对特定扰动有强烈抑制的特点,又保留了反馈控制能克服各种干扰和对控制效果最终检验的长处,相应的结构见图 4.26。

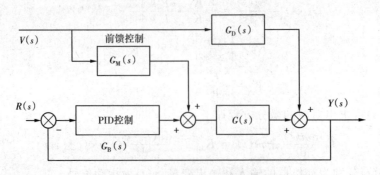

图 4.26　前馈-反馈控制系统框图

根据这个框图,可以写出被控参数 $Y(s)$ 对干扰 $V(s)$ 的闭环传递函数($R(s)=0$):

$$Y(s) = V(s)G_D(s) + [V(s)G_M(s) - Y(s)G_B(s)]G(s) =$$
$$V(s)G_D(s) + V(s)G_M(s)G(s) - Y(s)G_B(s)G(s) \tag{4.30}$$

式中　$V(s)G_D(s)$——干扰对被控参数的影响;

　　　$V(s)G_M(s)G(s)$——前馈通道的控制作用;

　　　$Y(s)G_B(s)G(s)$——反馈通道的控制作用。

将式(4.30)化简可得干扰作用下的闭环传递函数:

$$\frac{Y(s)}{V(s)} = \frac{G_D(s) + G_M(s) \cdot G(s)}{1 + G_B(s)G(s)} \tag{4.31}$$

在完全补偿情况下,应有 $\dfrac{Y(s)}{V(s)} = 0$,即:

$$G_D(s) + G_M(s)G(s) = 0$$

或

$$G_M(s) = -\frac{G_D(s)}{G(s)} \tag{4.32}$$

　　式(4.32)与式(4.23)完全相同,由此可得出结论:把单纯的前馈控制与反馈控制结合起来时,对于主要干扰,原来的前馈控制算式不变。

　　归纳起来,前馈-反馈控制的优点在于:

　　1)在前馈控制的基础上设置反馈控制,可以大大简化前馈控制系统,只须对影响被控参数最显著的干扰进行补偿,而对其他许多次要的干扰,可依靠反馈予以克服,这样既保证了精度,又简化了系统。

　　2)由于反馈回路的存在,降低了对前馈控制算式精度的要求。通过对式(4.22)和式(4.31)的比较可知,如果前馈控制不是很理想,不能做到完全补偿干扰对被控参数的影响时,则前馈-反馈控制系统与单纯的前馈系统相比,被控参数的影响要小得多,前者仅为后者的

$\dfrac{1}{1 + G_B(s)G(s)}$。由于对前馈控制的精度要求降低,为工程上实现较简单的前馈控制创造了条件。

　　3)在反馈系统中提高反馈控制的精度与系统稳定性有矛盾,往往为了保证系统的稳定性,而不能实现高精度的控制。而前馈-反馈控制则可实现控制精度高、稳定性好和控制及时的作用。

　　4)由于反馈控制的存在,提高了前馈控制模型的适应性。

　　在实际工作中,如果对象的主要干扰频繁而又剧烈,而产生过程对被控参数的控制精度要

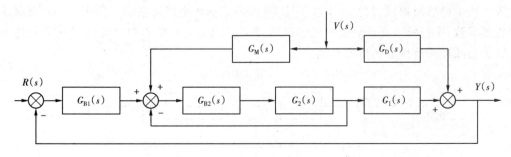

图 4.27　前馈-串级控制系统框图

求又很高,这时可采用前馈-串级控制,图 4.27 示出了这种系统的方框图。由于串级系统的副回路对进入它的干扰有较强的克服能力,同时前馈控制作用又及时,因此,这种系统的优点是能同时克服进入前馈回路和进入串级副回路的干扰对被控参数的影响,此外,还由于前馈算式的输出不直接加在调节阀上,而作为副控制器的给定值,这样便降低了对阀门特性的要求,实践证明,这种前馈-串级控制系统可以获得很高的控制精度,在计算机控制系统中常被采用。

(2)前馈控制的应用场合

下列几种情况采用前馈控制比较有利:

1)当系统中存在的干扰幅度大、频率高且可测而不可控时,由于干扰对被控参数的影响显著,反馈控制难以克服,而工艺上对被控参数又要求十分严格,可引入前馈控制来改善系统的质量。

2)当主要干扰无法用串级控制使其包围在副回路时,采用前馈控制比串级控制获得更好的效果。

3)当对象干扰通道和控制通道的时间常数相差不大时,引入前馈控制可以很好地改善系统的控制质量。

但是,当干扰通道的时间常数比控制通道的时间常数大得多时,反馈控制已可以获得良好的控制效果,只有对控制质量要求很高时,才有必要引入前馈控制。如果干扰通道的时间常数比控制通道的时间常数小得多,由于干扰对被控参数的影响十分迅速,以致即使前馈控制器的输出迅速达到最小或最大(这时调节阀全开或全关),也无法完全补偿干扰的影响,这时使用前馈控制效果不佳。

4.5.4 史密斯(Smith)大纯滞后预估计控制

在许多生产过程中,不少工业对象存在着纯滞后时间,这种纯滞后时间或者是由于物料或能量传输过程所引起的,或者是由于对象的多容积所引起的,或者是高阶对象低阶近似后所形成的等效滞后。

从自动控制理论可知,对象纯滞后的存在对系统的稳定性极为不利,特别是当 $\tau/T_0 \geqslant 0.5$ 时(τ 为纯滞后时间,T_0 为对象的时间常数),若采用常规 PID 控制,很难获得良好的控制质量。随着质量分析仪表在线控制的推广应用,克服纯滞后已经成为提高过程控制自动化水平,改进控制质量的一个迫切需要解决的问题。Smith 预估计控制已经成为克服大纯滞后的主要方法之一。

(1)Smith 预估计的模型补偿控制原理

为了便于说明问题,先假设一个如图 4.28 所示的单回路控制系统。图中 $G_B(s)$ 表示控制器的传递函数,$G_0(s)e^{-\tau s}$ 表示对象的传递函数,其中 $G_0(s)$ 为对象不包含纯滞后部分的传递函数,$e^{-\tau s}$ 为对象纯滞后部分的传递函数。

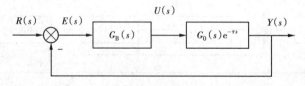

图 4.28 有纯延迟的单回路反馈控制系统

系统的闭环传递函数为：

$$\Phi(s) = \frac{Y(s)}{R(s)} = \frac{G_B(s) \cdot G_0(s)\mathrm{e}^{-\tau s}}{1 + G_B(s) \cdot G_0(s)\mathrm{e}^{-\tau s}} \tag{4.33}$$

由于在 $\Phi(s)$ 分母中包含纯滞后环节 $\mathrm{e}^{-\tau s}$，因此它降低了系统的稳定性。如果 τ 足够大的话，系统将是不稳定的，这就是大纯滞后过程难以控制的本质。为了改善这类大纯滞后对象的控制质量，引入一个与对象并联的补偿器，该补偿器被称为 Smith 预估器，其传递函数为 $G_\tau(s)$。有 Smith 预估器的系统如图 4.29 所示。

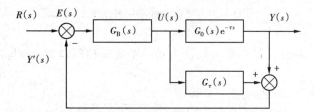

图 4.29　带有 Smith 预估器的系统

由图 4.29 可知，经补偿后控制量 $U(s)$ 与反馈量 $Y'(s)$ 之间的传递函数为：

$$\frac{Y'(s)}{U(s)} = G_0(s)\mathrm{e}^{-\tau s} + G_\tau(s) \tag{4.34}$$

为了用补偿器完全补偿对象的纯滞后，则要求：

$$\frac{Y'(s)}{U(s)} = G_0(s)\mathrm{e}^{-\tau s} + G_\tau(s) = G_0(s) \tag{4.35}$$

于是，可得补偿器的传递函数为：

$$G_\tau(s) = G_0(s)(1 - \mathrm{e}^{-\tau s}) \tag{4.36}$$

这样，引入 Smith 补偿器后，系统中等效对象的传递函数就不含纯滞后环节 $\mathrm{e}^{-\tau s}$ 部分，式 (4.36) 相应的框图如图 4.30 所示。

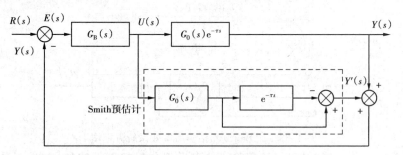

图 4.30　Smith 预估器原理图

实际上补偿器（或 Smith 预估器）并不是并联在对象上的，而是反向并在控制器上的，因而实际的大纯滞后补偿控制系统如图 4.31 所示。

图 4.31 中，虚线框为 Smith 预估器，它与 $G_B(s)$ 共同构成带纯滞后补偿的控制器，对应的传递函数为：

$$\frac{U(s)}{E(s)} = G'_B(s) = \frac{G_B(s)}{1 + G_B(s)G_0(s)(1 - \mathrm{e}^{-\tau s})} =$$
$$\frac{1}{1 + G'_0(s)(1 - \mathrm{e}^{-\tau s})} \cdot G_B(s) \tag{4.37}$$

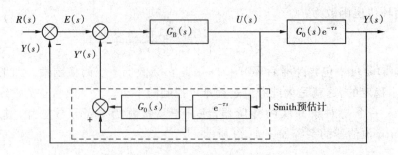

图 4.31 实际大纯滞后补偿系统

式中
$$G'_0(s) = G_B(s)G_0(s)$$

于是,带大纯滞后补偿的控制器可以认为是一个普通控制器 $G_B(s)$ 与补偿器 $G'_\tau(s)$ 相串联组成。其中:

$$G'_\tau(s) = \frac{1}{1 + G'_0(s)(1 - e^{-\tau s})} \tag{4.38}$$

这样,大纯滞后补偿控制系统的方框图可简化成图 4.32 所示。

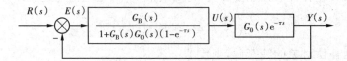

图 4.32 图 4.31 的等效方框图

于是,大纯滞后补偿控制系统的传递函数为:

$$\Phi_\tau(s) = \frac{Y(s)}{R(s)} = \frac{\dfrac{G_B(s)G_0(s)e^{-\tau s}}{1 + G_B(s)G_0(s)(1 - e^{-\tau s})}}{1 + \dfrac{G_B(s)G_0(s)e^{-\tau s}}{1 + G_B(s)G_0(s)(1 - e^{-\tau s})}} =$$

$$\frac{G_B(s)G_0(s)}{1 + G_B(s)G_0(s)}e^{-\tau s} \tag{4.39}$$

相应的等效方框图如图 4.33 所示。

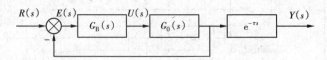

图 4.33 加 Smith 预估器后等效系统方框图

显然,经 Smith 预估器补偿后,已消除了纯滞后部分对控制系统的影响,而受控对象的纯滞后 $e^{-\tau s}$ 部分在等效系统的闭环控制回路之外,不影响系统的稳定性。由拉氏变换的位移定理可知,它仅将控制过程在时间坐标上推移一个时间 τ,其过渡过程曲线的形状及其他所有性能指标均与对象特性为 $G_0(s)$(不存在纯滞后部分)时完全相同,如图 4.34 所示。所以,对任何大纯滞后时间 τ,系统都是稳定的。

此外,将式(4.39)稍加变化,还可以将纯滞后补偿理解为超前控制作用。

若令
$$G(s) = G_0(s)e^{-\tau s}$$

则
$$G_0(s) = G(s)e^{\tau s} \tag{4.40}$$

将式(4.40)代入式(4.39)得:

$$\Phi_{\tau}(s) = \frac{G_{\mathrm{B}}(s)G(s)}{1 + G_{\mathrm{B}}(s)G(s)\mathrm{e}^{\tau s}} \tag{4.41}$$

由式(4.41)可以看出,带纯滞后补偿的控制系统就相当于控制器为 $G_{\mathrm{B}}(s)$,被控对象为 $G(s)$,反馈回路串上一个 $\mathrm{e}^{\tau s}$ 的反馈控制系统,即检测信号通过超前环节 $\mathrm{e}^{\tau s}$ 后才进入控制器里,这个进入控制器里的信号 $y'_{\tau}(t)$ 比实际检测到的信号 $y(t)$ 提早 τ 时间,即,$y'_{\tau}(t)=y(t+\tau)$;从相位上可以认为进入控制器的信号比实际测得的信号超前 $\tau\omega$ 弧度。因此,从形式上可把纯滞后补偿视为具有超前控制作用,而实质上都是对被控参数 $y(t)$ 的预估。O. J. M. Smith 称纯滞后补偿器为时间预估器(简称 Smith 预估器)也正是这个道理。要指出的是,这里所指的超前的性质同一般 PID 中微分作用的超前在概念上是不同的,因为 PID 的微分是一阶微分超前,而且在纯滞后时间 τ 内是不起作用的,而纯滞后补偿超前是多阶微分超前。这只需将 $\mathrm{e}^{\tau s}$ 展开:

$$\mathrm{e}^{\tau s} = 1 + \tau s + \frac{1}{2!}(\tau s)^2 + \frac{1}{3!}(\tau s)^3 + \cdots \tag{4.42}$$

由式(4.42)可知,纯滞后补偿器的相位超前角是随纯滞后时间 τ 的增加而增加,而且恰好补偿由纯滞后时间 τ 所产生的相位滞后角。因此,从理论上讲它是完全可以克服纯滞后时间所产生的影响的。

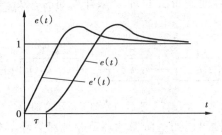

图 4.34　等效系统的阶跃响应曲线

(2)数字 Smith 预估控制系统

对受控对象纯滞后比较显著的数字控制系统,采用数字 Smith 预估器进行补偿,是一种既简单又经济的方法。

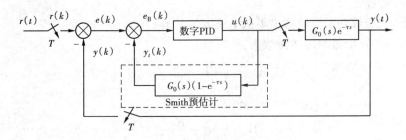

图 4.35　数字 Smith 预估控制系统方框图

根据图 4.31 所示大纯滞后补偿的控制系统框图,很容易画出数字 Smith 预估控制系统的框图,如图 4.35 所示。

图 4.35 中,虚线框内的数字 Smith 预估器及数字 PID 控制器都由计算机实现,所以,这时计算机应完成以下几步计算任务。

1)计算反馈回路的偏差

$$e(k) = r(k) - y(k) \tag{4.43}$$

2)计算补偿器的输出

为了推导算法,将 Smith 预估器部分的方框图改画成图 4.36 的形式。

由图 4.36 可以看出,补偿器的输出为:

$$y_\tau(k) = z(k) - z(k - k_0) \tag{4.44}$$

式中 $k_0=\tau/T$(取整数);

τ——对象的纯滞后时间;

T——采样周期。

u(k)
G0(s)
z(k)
e−τs
z(k−k0)
yτ(t)
−
+

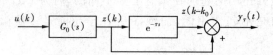

图 4.36　数字 Smith 预估器方框图

要计算补偿器的输出,就要解决纯滞后信号的形成问题。为此,需要在计算机的内存单元中专门开设 k_0+1 个单元,用来存储信号 $z(k)$的历史数据。每采样一次,把 $z(k)$记入 0 单元,同时把 0 单元原存数据移至 1 单元,1 单元的原存数据移至 2 单元,……,其他依次类推。这样,从第 k_0 个单元输出的信号就是滞后了 k_0 个采样周期的 $z(k-k_0)$信号。此过程如图 4.37 所示。

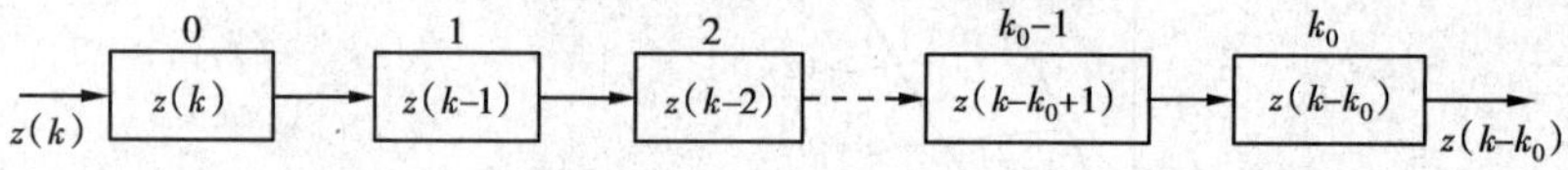

0
1
2
k0−1
k0
z(k)
z(k)
z(k−1)
z(k−2)
z(k−k0+1)
z(k−k0)
z(k−k0)

图 4.37　滞后信号的形成示意图

许多工业对象的动态特性可以用一阶惯性环节和纯滞后环节相串联来表示,即:

$$G(s) = G_0(s)e^{-\tau s} = \frac{K}{T_0 s + 1}e^{-\tau s} \tag{4.45}$$

式中 K——对象的放大系数;

T_0——对象的时间常数;

τ——纯滞后时间。

在这种情况下,纯滞后补偿器的输出可按下述方法计算:

根据式(4.36)补偿器的传递函数为:

$$G_\tau(s) = \frac{K}{T_0 s + 1}(1 - e^{-\tau s}) \tag{4.46}$$

即

$$G_0(s) = \frac{K}{T_0 s + 1}$$

相应的微分方程为:

$$T_0 \frac{dz(t)}{dt} + z(t) = Ku(t)$$

相应的差分方程为:

$$z(k) = az(k-1) + bu(k) \tag{4.47}$$

式中
$$a = \frac{T_0}{T + T_0}$$
$$b = K(1 - a)$$

而 Smith 预估器的输出为：
$$y_\tau(k) = z(k) - z(k - k_0) \qquad (4.48)$$

式(4.47)和式(4.48)两式就是数字 Smith 预估控制算式。

在实际应用中,被控对象应加上零阶保持器(其传递函数为 $\frac{1 - e^{-Ts}}{s}$)而构成广义对象 $G'_\tau(s)$。即：
$$G'(s) = \frac{1 - e^{-Ts}}{s} \cdot \frac{K}{T_0 s + 1} \cdot e^{-Ts}$$

此时
$$G_0(s) = \frac{1 - e^{-Ts}}{s} \cdot \frac{K}{T_0 s + 1}$$

可以用上述同样的方法求出对象的数字预估器控制算式。读者可自行推导。

3)进行 PID 运算

按图 4.35 中的偏差信号 $e_B(k)$ 进行 PID 增量输出计算,设控制器输出的增量为 $\Delta u(k)$,则有：
$$\Delta u(k) = K_P \Delta e_B(k) + K_I e_B(k) + K_D [\Delta e_B(k) - \Delta e_B(k - 1)] \qquad (4.49)$$

式中　K_P——放大系数；

　　　K_I—— $\frac{K_P T}{T_I}$(积分系数)；

　　　K_D—— $\frac{K_P T_D}{T}$(微分系数)。

当然,PID 控制器也可根据需要采用 4.2 节介绍的各种算法,硬件上不要做任何改动,只是用程序实现不同的控制算法而已,这一点也体现了微机控制的优点。对具有大纯滞后的系统,用具有数字 Smith 预估器的 PID 控制器,会使系统的性能大幅度地提高。

例 4.3　已知系统中对象的传递函数为：
$$G(s) = \frac{1}{60s + 1} e^{-60s}$$

纯滞后时间和时间常数都是 1min,采样周期选为 $T = \frac{1}{3}$s,在零时刻对给定值加 10% 的扰动。图 4.38 是对上述对象进行数字控制的计算机仿真结果。

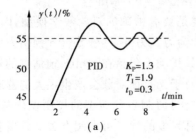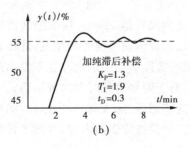

图 4.38　例 4.3 的系统响应曲线

图 4.38(a)表示只有最佳参数整定而无纯滞后补偿的情况,图 4.38(b)表示既有最佳参数整定又有纯滞后补偿的情况。它显示出了加纯滞后补偿后的显著效果,与图(a)比较,放大系数 K_P 增大一倍,积分时间减少近一半,使控制回路反应更加灵敏。由此可知,加入纯滞后补偿后,控制器增益可以取得比较大,补偿效果很显著。

(3)Smith 预估器的应用实例

一个精馏塔借助控制再沸器的加热蒸汽量来保持其提馏段温度的恒定。由于再沸器的传热和精馏塔的传质过程,使对象的等效纯滞后时间 τ 很长。

现选用提馏段温度 y 与蒸汽流量串级控制。由于纯滞后时间长,故辅以 Smith 预估控制,构成图 4.39 所示的控制方案。相应的方框图如图 4.40 所示。其计算机程序框图见图 4.41。需要指出,应用这一方法必须很好地了解控制通道的对象特性。

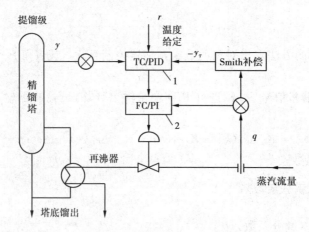

图 4.39　精馏塔的 Smith 控制系统
1—PID 温度控制器　2—PI 流量控制器

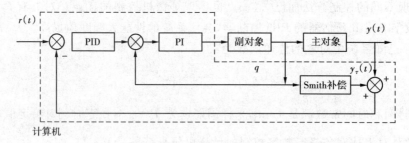

图 4.40　带 Smith 补偿的精馏塔控制方框图

这里需要指出的是:Smith 预估控制器的关键是要有精确的对象数学模型,因此,对于一些复杂而难以用数学模型描述的系统,此法则无能为力。另外,尽管 Smith 预估方法在物理上可以实现,但在实际应用中仍然存在不少的问题,如扰动不包括在 Smith 预估器的环路内时控制效果较差,对于时变对象时常出现不稳定现象,对于无自衡对象会产生很大的静态控制偏差等。正因为这些原因,深入研究各种有效的控制方法,研制各种新型的控制仪表与装置,就显得十分重要。有关这方面的内容,在此不再赘述,有兴趣的读者可参阅有关文献资料。

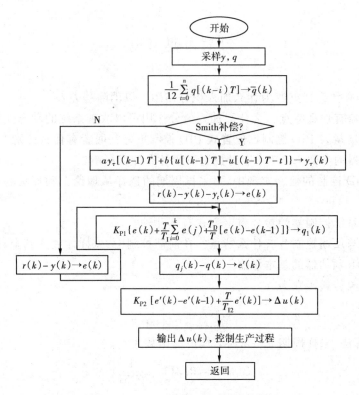

图 4.41 带 Smith 补偿的精馏塔控制程序框图

小 结

本章主要讨论 PID 数字控制算法及其改进算法,数字 PID 控制器的参数整定,并介绍了几种由 PID 数字控制器演变的变形控制器。

目前,在工业过程控制中,PID 控制仍然是应用最广泛的控制算法。数字 PID 控制器是模拟 PID 控制器离散后得到的,它正日益广泛地取代模拟 PID 进入过程控制系统。由于计算机引入控制后,它强大的计算功能和逻辑判断能力使得常规的 PID 算法得到了许多的改进,比较重要的有积分分离 PID 算法和微分先行 PID 算法等。这些改进算法可以有效地提高控制质量。

由于被控过程往往比较复杂,如影响被控参数的因素比较多,被控对象本身存在大的滞后等,这时采用单回路 PID 控制,难以获得满意效果。为此,在常规连续的控制系统中,就已经出现过在单回路 PID 控制基础上发展起来的串级控制、前馈控制等较为复杂的控制规律。在计算机控制系统中,这些方法不仅可以使用,而且由于计算机参与控制,使控制器的构成更加灵活多样,更能满足生产过程提出的各式各样要求。

习题与思考题

1. PI 控制器有什么特点？为什么加入积分作用可以消除静差？

2. PID 控制器有什么特点？为什么加入微分作用可以改善系统的动态性能？

3. 为什么说增量式 PID 控制比位置式 PID 控制更好？两者有什么区别？

4. PID 控制器的参数 K_P、T_I、T_D 对控制质量各有什么影响？

5. 在模拟 PID 控制的数字实现中，对采样周期的选择从理论上和算法的具体实现上各应考虑哪些因素？

6. 串级控制系统控制器的参数整定方式有哪几种？

7. 前馈控制与反馈控制各有什么特点？在前馈控制中，怎样才能达到全补偿？

8. 简述 Smith 预估器的基本思想。

9. 设被控对象传递函数为：

$$G(s) = \frac{e^{-s}}{0.4s + 1}$$

控制器采用 PI 算法，采样周期 $T = 0.5\text{s}$，其传递函数为：

$$G_B(s) = 0.3(1 + \frac{1}{0.5s})$$

(1) 试设计数字式 Smith 预估控制器。

(2) 画出数字式 Smith 预估控制系统结构图和微机实现程序框图。

第 5 章
顺序控制和数字程序控制

顺序控制和数字程序控制是计算机控制系统中最常见的控制方式。它广泛地应用于生产自动线控制、机床控制、运输机械控制等许多工业自动控制系统中。

顺序控制系统主要有下列几种类型：

1)按顺序执行的继电-接触器控制系统。

2)无触点逻辑控制系统(包括各种可编程的逻辑阵列组成的顺序控制系统)。

3)可编程序控制器。

4)以微型计算机为核心的顺序控制系统。

数字程序控制系统主要有两种类型：

1)硬件数控系统。由集成电路构成的专用数字控制器,用于实现数字程序控制功能。

2)软件数控系统。采用微型计算机来实现数字程序控制,其主要功能如逻辑判断、算术运算等都是由软件实现的系统。

无论是顺序控制还是数字程序控制都既可以采用硬件控制系统也可以采用软件控制系统来实现。近年来,由于电子技术、计算机硬、软件技术的飞速发展,种类繁多、功能强大的硬件接口板卡、模块不断推出,例如 PC 总线和 STD 总线系列的多路开关量输入/输出板、继电器接口板、带光电隔离的计数器板(或模块)、热电阻/热电偶信号调理放大接口板、步进电机控制和伺服电机控制单元等等,它们具有组成系统方便、灵活性大、可靠性高、系统功能全面、体积小等显著的特点。在软件方面,出现了各类工业控制软件、组态软件及专用工业控制系统操作平台,它们具有使用简单、维护方便、功能强大等诸多优点,使得在构成顺序控制和数字程序控制系统时,越来越多地采用硬、软件结合的微型计算机控制系统。

"顺序控制"和"数字程序控制"是两个不同的概念。对于顺序控制而言,控制计算机只能控制各种加工动作的先后顺序,而对运动部件的位移量不能进行控制,位移量是靠预先调整好尺寸的挡块等方式实现的。数字程序控制过程是一个自动化过程,使设备进行自动控制的指令经过控制计算机的处理后,对各种动作的顺序、位移量以及速度实现自动控制。

本章主要介绍由微型计算机来实现的顺序控制和数字程序控制系统。

5.1 计算机顺序控制

5.1.1 什么叫顺序控制

所谓顺序控制,就是根据生产工艺按预先规定的顺序,在各个输入信号的作用下,使生产过程的各个执行机构自动地按顺序动作。在工业控制方面顺序控制的应用极为广泛。例如,在某种条件下,继电器接通与断开,电磁阀打开或关闭,电动机的起动或停止,定时器预定时间是否到达,计数器预定计数值是否计满等,用开关量按一定的时间或条件顺序地进行操作,都属于顺序控制。

在现代化的工厂里,如运输、加工、检验、装配、包装等许多工序都要求顺序控制。就是一个复杂的大型计算机控制的高度自动化的系统中,也是不可缺少的控制装置。如某些生产机械要求在现场输入信号(行程开关、按钮、光电开关、各种继电器等等)作用下,按一定的转换条件而实现有顺序的开关动作;某些生产机械则要求按一定的时间先后次序而实现有顺序的开关动作。下面举两个顺序控制的实际例子。

例 5.1 冷加工自动线中钻孔动力头的自动控制。

动力头的动作过程如图 5.1 所示。动力头在原位时行程开关 SQ1 被压动。按下起动按钮 SB1,电磁阀 YA1 通电,动力头快进。快进到位时压动行程开关 SQ2,电磁阀 YA1、YA2 同时通电,动力头由快进转为工进,即一边加工一边进给。工进到位时压动行程开关 SQ3 后开始延时(继续工进),延时时间到 YA1、YA2 断电,YA3 通电,动力头快退。退至原位行程开关 SQ1 再次被压动时 YA3 断电,动力头停止。

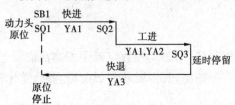

图 5.1 钻孔动力头工步图

完成一个周期的循环动作之后,又返回到第一步,开始下一个循环动作。

在加工过程中,钻孔动力头有快进、工进、工进延时、快退、停止 5 个工作状态,各工作状态的顺序转换是根据现场输入信号(由按钮、行程开关、延时继电器发出)进行的。

根据钻孔动力头的动作过程可画出其控制流程图,如图 5.2 所示。机器启动后,判断 SQ1和 SB1 是否为"1",即动力头是否在原位和启动按钮是否按下,为"0"则在原位等待,为"1"则开始第 1 工步,使电磁阀 YA1 得电,动力头快进。在快进过程中判断 SQ2 是否为"1","否"则继续快进,"是"则停止快进,转至第 2 步,使电磁阀 YA2 也通电,动力头工进。工进过程中判断 SQ3 是否为"1","否"则继续工进,"是"则停止工进,使 YA1、YA2 断电,动力头在原位延时停留,转至第 3 步。待延时时间到,使电磁阀 YA3 通电,动力头快速返回,待检测到 SQ1 再次被压动时,使 YA3 断电,动力头再停止在原位。

例 5.2 机械手。

本例中的机械手实际上是一台水平/垂直位移的机械设备。例如,要将工件从左工作台搬移到右工作台,机械手的工作顺序为:机械手移到左工作台,夹住工件,提起工件送到右工作台上,松开工件,使工件留在右工作台上,一个工件搬送过程结束。重复上述过程,就能连续地把进入左工作台上的工件一个一个地搬到右工作台上。

机械手的上升/下降和左移/右移的运动是由双线圈的两位电磁阀驱动汽缸来完成的。一旦某一线圈通电，机械装置就一直保持当时的位置，直到相反动作的线圈得电为止。机械手的夹紧/放松动作用单线圈两位电磁阀完成，线圈得电夹紧，线圈失电则放松。为确保安全，当汽缸在右工作台下降时，可用光电开关来检测右工作台上有无工件。机械手从一个工作状态转入下一个工作状态，是根据相应的限位开关是否动作来确定的。

机械手搬动工件取放动作示意图如图 5.3 所示。图中限位开关用来检测上升、下降、左移、右移的终点位置，执行装置由下降、夹紧、上升、右移、左移 5 个电磁阀组成。机械手的动作顺序为：下降→夹紧→上升→右移→下降→放松→上升→左移。机械手每搬送完一个工件，就回到原点，等待下一次重复动作。

5.1.2　顺序控制系统的组成

一个典型的顺序控制系统由系统控制器、输入电路、输入接口、输出电路、输出接口、信号检测、显示电路、报警电路以及操作台等组成，见图 5.4。

一般地，顺序控制系统的输入和输出都是开关信号，顺序控制系统控制生产机械按照次序或时序动作，动作的转换是根据对现场输入信号的逻辑判断或时序判断来决定的，因此顺序控制系统应具有较完善的输入、输出功能和各种接口电路，应具有逻辑记忆以及时序产生和时序判断的功能，这些功能均由系统控制器完成，控制器是组成顺序控制系统的核心部分。

此外，为了保证系统工作可靠，有的系统中需对执行机构或控制对象的实际状态进行检查或测量，将结果即时反馈回控制器，这就需要增加信号检测电路。显示与报警单元用于实时显示被控对象的工况以及故障时的报警。

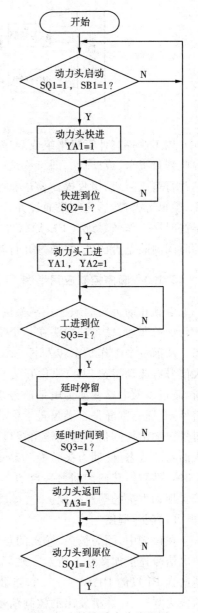

图 5.2　钻孔动力头流程图

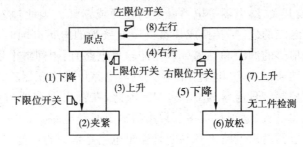

图 5.3　机械手取放动作示意图

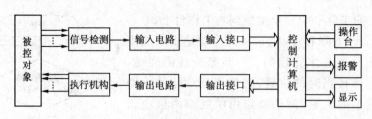

图 5.4 顺序控制系统组成框图

用工业控制计算机来组成顺序控制系统是很方便的。在计算机基本配置的基础上,增加一些接口板卡(或模块),即可构成一个顺序控制系统。对于按事件顺序工作的系统,CPU 通过并行输入接口,接收操作台或被控对象的输入信号,按工作要求对有关的输入信号进行判断、逻辑运算,然后将结果通过并行输出接口向执行机构发出开关量控制信号,实现控制。对于按时序工作的系统,CPU 用软件或硬件定时器产生所需的时序信号,判断按工艺要求规定的时间间隔是否已到,并通过并行输出接口向执行机构发出开关量控制信号,实现顺序控制。

5.1.3 顺序控制应用举例

以钻孔动力头的顺序控制为例。

如前所述,钻孔动力头在一个工作循环中有快进、工进、工进延时、快退和停止 5 个工作状态。从前一个工作状态转入下一个工作状态,是根据来自现场的输入信号的逻辑判断,现场输入信号有起动按钮 SB1、原位开关 SQ1、行程开关 SQ2 和 SQ3 及延时信号,这些电器触点的通断,通过输入电路变换为电平信号送到输入接口的输入端,CPU 按一定的逻辑顺序读取这些信号,并逐一判断是否满足各工作状态转换条件。若满足,则发出相应的转换工作状态的控制信号。输出控制信号通过输出接口经过输出电路驱动相应的电磁阀吸合或释放,从而改变液压油路的状态,使动力头转换为新的工作状态。若不满足,则等待(当 CPU 只控制一台动力头时)或跳过,转向询问另一台动力头(当 CPU 控制多台动力头时)。下面介绍采用 8031 单片机实现动力头的顺序控制。

(1)硬件框图

在该例中,因为输入、输出的点数不多,故用单片机内的 P1 口作为输入输出端口。输入、输出信号连接如图 5.5 所示。现场的输入信号 SB1、SQ1、SQ2、SQ3 经过输入电路处理后分别送到 P1 口的 P1.0 ～ P1.3,当触点闭合时,P1 口对应的位为"1",当触点断开时,P1 口对应的位为"0"。计算机发出的控制信号经 P1 口的 P1.5 ～ P1.7 输出至输出电路放大后驱动执行机构完成相应的动作。

一般地,计算机只能接受电平为 0 ～ 5V 的开关信号或数字信号,而反映现场工作状态的是按钮、行程开关、转换开关、继电器等电器触点的接通或断开。因此输入电路必须完成电平转换的任务,即将电器触点的通、断转换成计算机所能接受的电平。同时,为了保证系统工作安全可靠,还必须考虑信号的滤波和隔离。常用的输入电路有:中间继电器隔离的电平转换电路,晶体管隔离及电平转换电路,光电耦合器输入隔离电路以及变压器输入隔离电路等等。同样,计算机接口输出的控制信号通常为 0 ～ 5V。因此,在输出锁存器与负载之间,通常要加驱动电路,以获得必要的电流、电压和功率。常用的输出驱动电路有:中间继电器输出电路,晶体管输出电路,固态继电器输出电路以及晶闸管输出电路等等。近年来,国内外众多生产厂商开发、研制出了许多功能强大,使用灵活方便的输入、输出接口板和模块,如:台湾研华的 PCL

系列的各种通用输入输出接口板,ADAM 系列的各种输入输出模块,使得系统组成方便快捷,大大缩短了开发周期。

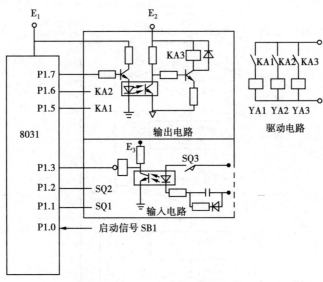

图 5.5　钻孔动力头顺序控制硬件图

(2)控制程序流程图及控制程序

控制程序流程图如图 5.6 所示。从程序流程图可以看出,控制程序按一定的逻辑顺序读入被控设备的状态信号,按预定的逻辑算式进行与、或、非等逻辑运算;按运算结果判别是否发出某种控制信号。根据程序流程图,输入、输出信号排列,用 8031 汇编语言编写的控制程序如下:

```
BEGIN:MOV     A,P1              ;读入现场信号
      ANL     A,#0FCH
      CJNE    A,#03H,BEGIN      ;SQ1 SB1=1?
STEP1:SETB    P1.5             ;是,动力头快进
      MOV     A,P1              ;读入现场信号
      ANL     A,#04H
      CJNE    A,#04H,STEP1      ;判断 SQ2=1?
STEP2:SETB    A,P1.6           ;是,转入工进
      MOV     A,P1              ;读入现场信号
      ANL     A,#08H
      CJNE    A,#08H,STEP2      ;判断 SQ3=1?
      CALL    DELAY             ;是,延时停留
SETP3:MOV     A,#80H
      MOV     P1,A              ;YA3=1,YA1,YA2=0
      MOV     A,P1
      ANL     A,#02H
      CJNE    A,#02H,SETP3      ;判断 SQ3=1?
```

```
CLR     P1.7                    ;是,YA3=0
AJMP    BEGIN                   ;返回,转下次循环
```

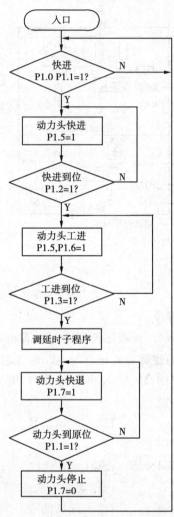

图 5.6　钻孔动力头控制程序流程图

在程序中,在某一工步读入现场信号后,判断相应的行程开关是否被压动,若是则转下一工步,若不是,则反复输出本步的控制信号。在实际应用中,这样安排程序能够有效地提高系统的抗干扰能力。

5.2　数字程序控制

所谓数字程序控制,就是能够根据数据和预先编制好的程序,控制生产机械按规定的工作顺序、运动轨迹、运动距离和运动速度等规律而自动完成工作的自动控制称为数字程序控制。

数字程序控制主要应用于机床中机械运动的轨迹控制,如用于铣床、车床、加工中心、线切割机床以及焊接机、气割机、工业机器人等的自动控制系统中。采用数字形式信息控制的机床

称为数字控制机床,简称数控机床。数控机床在机械制造业中得到日益广泛的应用,是因为它有效地解决了复杂、精密、小批多变的零件加工问题,能适应各种机械产品迅速更新换代的需要,经济效益显著。

数字程序控制系统一般由输入输出设备,计算机数控装置、伺服单元、驱动装置(或称执行机构)、可编程控制器及电气控制装置等组成。最初的数字控制系统是由数字逻辑电路构成的,因而称为硬件数字控制系统,随着计算机技术的发展,硬件数控系统已逐渐被淘汰,取而代之的是计算机数字控制(CNC,Computer Numerical Control)系统。

数字程序控制系统中的轨迹控制策略是插补和位置控制,它们要解决的问题就是要用一种简单快速的算法计算出刀具运动的轨迹信息。在 CNC 系统中,插补是指根据给定的数学函数,诸如线性函数、圆函数或高次函数,在理想的轨迹或轮廓上的已知点之间确定中间点的方法。插补计算由计算机的系统程序来实现。直线和圆弧是构成工件轮廓的基本线条,一般数字程序控制系统都具有直线和圆弧插补功能,在某些要求高的系统中,还具有抛物线、螺旋线插补功能。

最常用的插补计算方法有逐点比较插补计算法(简称逐点比较法)、数字积分器插补计算法(简称数字积分法)、数据采样插补计算法(也称时间分割法)和样条插补计算法等等。近年来,又出现一些新的插补计算方法,如曲面直接插补计算方法等。

本节主要介绍逐点比较法、数字积分插补法和数据采样插补计算法的基本原理以及直线和圆弧插补器的程序实现方法。

5.2.1　数字程序控制的基本原理

先看看图 5.7 所示的平面图形,如何用计算机在绘图仪或加工装置上重现。

首先,将此曲线分成若干线段,这些线段可以是直线,也可以是曲线。图中将该曲线分割为三段,即直线 $\overline{ab}$、$\overline{bc}$ 和圆弧 $\overline{cd}$,把 a、b、c、d 四点坐标记下来并送给计算机。图形分割的原则应保证线段所连接成的曲线(或折线)与原图形的误差在允许范围之内。由图可见,显然采用 $\overline{ab}$、$\overline{bc}$ 和 $\overline{cd}$ 比 $\overline{ab}$、$\overline{bc}$、$\overline{cd}$ 要精确得多。

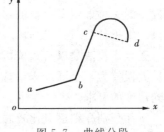

图 5.7　曲线分段

其次,当给定 a、b、c、d 各点坐标 x 和 y 值之后,如何确定各坐标值之间的中间值呢？求得这些中间值的过程即为插补过程。插补计算的宗旨是通过给定的基点坐标,以一定的速度连续地定出一系列中间点,而这些中间点的坐标值以一定的精度逼近给定的线段。

从理论上说,插补的形式可以用任意函数形式,但为了简化插补运算过程和加快插补速度,通常用的是直线插补和二次曲线插补两种形式。所谓直线插补是指在给定的两个基点之间用一条近似直线来逼近,也就是由此定出中间点连接起来的折线近似于一条直线,并不是真正的直线。所谓二次曲线插补是指在给定的两个基点之间用一条近似曲线来逼近,也就是实际的中间点连线近似于曲线的折线段。常用的二次曲线有圆弧、抛物线和双曲线等。对图5.7所示的图

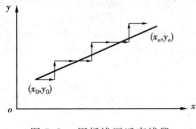

图 5.8　用折线逼近直线段

形来说,显然 ab 和 bc 线用直线插补,曲线 cd 用圆弧插补是合理的。

再次,把插补运算过程中定出的各中间点,以脉冲信号形式去控制 x、y 方向上的步进电机,带动画笔、刀具或线电极运动,从而绘出图形或加工出符合要求的轮廓来。这里的每一个脉冲信号代表步进电机走一步,即画笔或刀具在 x 方向或 y 方向移动一个距离。每个脉冲移动的相对距离称为脉冲当量,又称步长,常用 Δx 和 Δy 来表示,并且总是取 $\Delta x = \Delta y$。

图 5.8 是一段用折线逼近直线的直线插补线段,其中 (x_0, y_0) 代表该线段的起点坐标值,(x_e, y_e) 代表终点坐标值,则 x 方向和 y 方向应移动的总步数 N_x 和 N_y 为

$$N_x = \frac{x_e - x_0}{\Delta x}$$

$$N_y = \frac{y_e - y_0}{\Delta y}$$

如果把 Δx 和 Δy 定为坐标增量值,即 x_0、y_0、x_e、y_e 均是以脉冲当量定义的坐标值,则

$$N_x = x_e - x_0$$

$$N_y = y_e - y_0$$

插补运算就是如何分配这两个方向上的脉冲数,使实际的中间点轨迹尽可能地逼近理想轨迹。由图 5.8 可见,实际的中间点连接线是一条由 Δx 和 Δy 增量值组成的折线,只是由于实际的 Δx 和 Δy 的值很小,眼睛分辨不出来,看起来似乎和直线一样而已。显然,Δx 和 Δy 的增量值越小,就越逼近于理想的直线段,图中均以"→"代表 Δx 或 Δy。

5.2.2 逐点比较法插补原理

逐点比较法插补原理就是:每当画笔或刀具向某一方向移动一步,就进行一次偏差计算和偏差判别,也就是到达的新位置和理想线型上对应点的理想位置坐标之间的偏离程度,然后根据偏差的大小确定下一步的移动方向,使画笔或刀具始终紧靠理想线型运动,起到步步逼近的效果。由于是"一点一比较,一步步逼近"的,因此称为逐点比较法。

逐点比较法是以直线或折线(阶梯状的)来逼近直线或圆弧等曲线的,它与给定轨迹之间的最大误差为一个脉冲当量,因此只要把运动步距取得足够小,便可精确地跟随给定轨迹,以达到精度的要求。

下面分别介绍逐点比较法直线和圆弧插补原理、插补计算及其程序实现方法。

(1)逐点比较法直线插补

1)直线插补计算原理

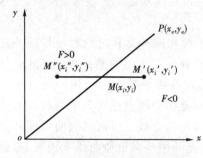

图 5.9　直线插补判别函数区域图

设如图 5.9 所示直线 oP,将加工起点预先调整到坐标原点,以不超过一步(一个脉冲当量)的误差,沿直线 oP 进给到终点 $P(x_e, y_e)$。直线上任一加工点 $M(x_i, y_i)$ 满足关系:

$$\frac{y_i}{x_i} = \frac{y_e}{x_e}$$

即

$$x_e y_i - x_i y_e = 0 \tag{5.1}$$

若 M' 点在直线 oP 的下方,即直线与 x 轴所夹区域内,则

$$x_e y_i - x_i y_e < 0 \qquad (5.2)$$

若 M'' 点在直线 oP 的上方,即直线与 y 轴所夹区域内,则

$$x_e y_i - x_i y_e > 0 \qquad (5.3)$$

取直线加工的偏差函数 F_M 为

$$F_M = x_e y_i - x_i y_e \qquad (5.4)$$

于是有如下结论

$$F_M = x_e y_i - x_i y_e \begin{cases} = 0 & (\text{加工点 } M \text{ 在直线上}) \\ > 0 & (\text{加工点 } M \text{ 在直线上方}) \\ < 0 & (\text{加工点 } M \text{ 在直线下方}) \end{cases} \qquad (5.5)$$

以后为方便起见,将 F_M 记为 F。当 $F>0$ 时,加工点落在 oP 上方,为了逼近理想直线 oP,必须沿 $+x$ 方向走一步;当 $F<0$ 时,加工点落在 oP 下方,为了逼近理想直线 oP,必须沿 $+y$ 方向走一步;如果偏差函数 $F=0$,则说明加工点正好落在理想直线 oP 上,规定按 $F>0$ 来处理。

由于偏差函数是求两组乘积之差,而且对每一点都进行这样的运算,因此,这种偏差计算将直接影响插补速度。为了简化偏差计算方法,需要对该式进一步简化。

当加工点落在 oP 上方时,显然 $F>0$,下一步应向 $+x$ 方向进给一步而到达 $M'(x_i+1, y_i)$ 点,令 M' 点的新偏差为 F',由式(5.4)可得

$$F' = x_e y_i - y_e(x_i+1) = (x_e y_i - y_e x_i) - y_e = F - y_e$$

式中,F 代表进给前的老偏差,y_e 为已知终点的坐标值。所以,当 $F>0$,下一步应向 $+x$ 方向进给一步而到达新的一点,而该点的新偏差 F' 等于前一点的老偏差减去终点坐标值 y_e。

同理,当加工点落在 oP 下方时,显然 $F<0$,下一步应向 $+y$ 方向进给一步而到达 $M'(x_i, y_i+1)$ 点,则 M' 点的新偏差 F' 为

$$F' = x_e(y_i+1) - y_e x_i = (x_e y_i - y_e x_i) + x_e = F + x_e$$

即到达 M' 点时的新偏差 F' 等于前一点的老偏差加上终点坐标值 x_e。

可见,利用进给前的偏差值 F 和终点坐标 (x_e, y_e) 之一进行加/减运算求得进给一步后的新偏差 F',作为确定下一步进给方向的判别依据,显然,偏差运算过程大大简化了。并且,对于新偏差的点仍然有:

当 $F' \geq 0$ 时,加工点沿 $+x$ 方向进给一步;

当 $F' < 0$ 时,加工点沿 $+y$ 方向进给一步。

当进给完成以后,F' 就是下一步的 F 值。

2)终点判别方法

加工点到达终点 (x_e, y_e) 时必须自动停止进给。因此,在插补过程中,每走一步就要和终点坐标比较一下,如果没有到达终点,就继续插补运算,如果已到达终点就必须自动停止插补运算。判断是否到达终点常用的方法有多种。

①在加工过程中利用终点坐标值 (x_e, y_e) 与动点坐标值 (x_i, y_i) 每走一步比较一次直至两者相等为止。

②在加工过程中取终点坐标 x_e 和 y_e 中的较大者作为终点判别的依据,称此较大者为长轴,另一为短轴。在插补过程中,只要沿长轴方向上有进给脉冲,终判计数器就减 1,而短轴方

向的进给不影响终判计数器。由于插补过程中长轴的进给脉冲数一定多于短轴的进给脉冲数,长轴总是最后到达终点值,所以,这种终点判断方法是正确的。

③用一个终点判别计数器,存放 x 和 y 两个坐标的总步数($x_e + y_e$),x 或 y 坐标每进给一步,总步数计数器减 1,当该计数器为零时即到达终点。

3)其他象限中的偏差判别及进给方向

不同象限直线插补的偏差符号及进给方向如图 5.10 所示。由图可知,第二象限的直线 oP'',其终点坐标为($-x_e$,y_e),它和第一象限的直线 oP 关于 y 轴对称,当从 o 点出发,按第一象限直线 oP 进行插补时,若把沿 x 轴正向进给改为 x 轴负向进给,这时实际插补所得的就是第二象限直线 oP'',亦即第二象限直线 oP'' 插补时的偏差计算公式与第一象限直线 oP 的偏差计算公式相同,差别在于 x 轴的进给反向。同理,插补第三象限的直线($-x_e$,$-y_e$),只要插补终点值为(x_e,y_e)的第一象限的直线,而将输出的进给脉冲由 $+x$ 变为 $-x$、$+y$ 变为 $-y$ 方向即可,余类推。注意,为了把其他象限的直线插补作为第一象限的直线插补来处理,插补计算时总是取终点坐标的绝对值来进行插补运算,求得偏差。

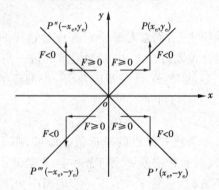

图 5.10　四个象限直线的偏差符号和进给方向

4)直线插补程序流程图

综上所述,逐点比较法直线插补工作过程可归纳为以下四步:

①偏差判别　判断上一步进给后的偏差值 $F \geqslant 0$ 还是 $F < 0$,根据判别结果来决定下一步作哪个方向的进给。

②坐标进给　根据偏差判别的结果和所在象限决定在哪个坐标轴上以及在哪个方向上进给一步。

③偏差计算　计算出进给一步后的新偏差值,作为下一步进给的判别依据。

④终点判别　终点判别计数器减 1,判断是否到达终点,若已到达终点就停止插补,若未到达终点,则返回到第一步,如此不断循环直至到达终点为止。

第一象限直线插补计算流程图如图 5.11 所示。

用 8031 单片机汇编语言编写的程序如下:

```
ORG     2000H
MOV     R0,xe
MOV     R1,ye
MOV     R2,xe+ye
CLR     R3          ;初始化
```

```
F1：MOV     A,R3         ;A←F
    JB      7,F2         ;判断 F≥0? 否,转移至 F2
    SUB     A,R1         ;计算新的偏差 F′＝F－y_e
    MOV     R3,A         ;保存新的偏差值
    CALL    FEEDX        ;X 方向进给一步
    SJMP    F3
F2：ADD     A,R0         ;计算新的偏差 F′＝F＋x_e
    MOV     R3,A         ;保存新的偏差值
    CALL    FEEDY        ;Y 方向进给一步
F3：DEC     R2           ;终点判别计数器减 1
    CJNE    R2,♯00H,F1   ;已达终点? 否,继续插补
    RET                  ;是,结束
```

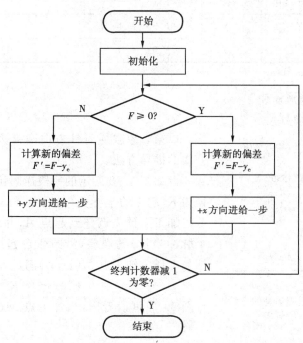

图 5.11　第一象限直线插补计算程序流程图

FEEDX、FEEDY 分别是方向的进给子程序。调用一次 FEEDX,可使 X 轴步进电机走一步,调用 FEEDY可使 Y 轴步进电机走一步。

例 5.3　设给定的加工轨迹为第一象限的直线 oP,起点为坐标原点,终点坐标为(6,4),试进行插补计算并作出走步轨迹图。

计算过程如表 5.1 所示。表中的终点判断采用上述的第 2 种方法,即以两终点坐标值中较大者 x_e 作为终点判别的依据。插补轨迹图如图 5.12 所示。

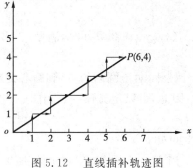

图 5.12　直线插补轨迹图

表 5.1　直线插补过程

步数	偏差判别	坐标进给	偏差计算	终点判别
起点				$x_e = 6$
1	$F = 0$	$+x$	$F' = F - y_e = 0 - 4 = -4$	$x_e - 1 = 5 \neq 0$
2	$F < 0$	$+y$	$F' = F + x_e = -4 + 6 = 2$	
3	$F > 0$	$+x$	$F' = F - y_e = 2 - 4 = -2$	$5 - 1 = 4 \neq 0$
4	$F < 0$	$+y$	$F' = F + x_e = 4$	
5	$F > 0$	$+x$	$F' = F - y_e = 0$	$4 - 1 = 3 \neq 0$
6	$F = 0$	$+x$	$F' = F - y_e = -4$	$3 - 1 = 2 \neq 0$
7	$F < 0$	$+y$	$F' = F + x_e = 2$	
8	$F > 0$	$+x$	$F' = F - y_e = -2$	$2 - 1 = 1 \neq 0$
9	$F < 0$	$+y$	$F' = F + x_e = 4$	
10	$F > 0$	$+x$	$F' = F - y_e = 0$	$1 - 1 = 0$

(2)逐点比较法圆弧插补

1)圆弧插补计算原理

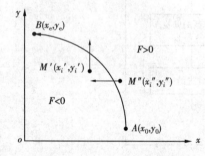

图 5.13　第一象限逆圆插补的进给

以第一象限逆时针方向圆弧为例来讨论偏差计算公式的推导方法。

设如图 5.13 所示的一段逆圆弧 $\overset{\frown}{AB}$，圆心在原点，半径为 R，起点的坐标为 (x_0, y_0)，终点的坐标为 (x_e, y_e)。若将加工点预先调整到起点 A，并以不超过一步（即一个脉冲当量）的误差，沿圆弧自起点 A 进给到终点 B。圆弧上任一加工点 $M(x_i, y_i)$ 满足方程：

$$x_i^2 + y_i^2 = R^2$$

从图 5.13 可以看出：当加工点 $M(x_i, y_i)$ 在圆弧上时，满足：

$$x_i^2 + y_i^2 - R^2 = 0$$

当 $M(x_i, y_i)$ 在圆弧内时，满足：

$$x_i^2 + y_i^2 - R^2 < 0$$

当 $M(x_i, y_i)$ 在圆弧外时，满足：

$$x_i^2 + y_i^2 - R^2 > 0$$

显然，对于圆内的点，到圆心的距离小于半径 R；而对于圆外的点，到圆心的距离大于半径 R。因此，可以定义任一点到圆心的距离与半径之差作为偏差判别函数：

$$F = x_i^2 + y_i^2 - R^2 \tag{5.6}$$

由此可知：

当 $F = x_i^2 + y_i^2 - R^2 = 0$ 时，加工点在圆弧上；

当 $F = x_i^2 + y_i^2 - R^2 > 0$ 时，加工点在圆弧外；

当 $F=x_i^2+y_i^2-R^2<0$ 时,加工点在圆弧内。

为了使加工点逼近理想圆弧,当 $F>0$ 时,下一步应沿 $-x$ 方向进给一步;当 $F<0$ 时,下一步应沿 $+y$ 方向进给一步;当 $F=0$ 时,规定按 $F>0$ 来处理。

为避免平方计算,下面推导简便的偏差计算公式。

如图 5.13 所示,当加工点落在 $\overset{\frown}{AB}$ 外时,显然 $F>0$,下一步应向 $-x$ 方向进给一步而到达新的一点 $M'(x_i-1,y_i)$ 点,令 M' 点的新偏差为 F',由式(5.6)可得

$$F'=(x_i-1)^2+y_i^2-R^2=x_i^2+y_i^2-R^2-2x_i+1=F-2x_i+1$$

当加工点落在 $\overset{\frown}{AB}$ 内时,显然 $F<0$,下一步应向 $+y$ 方向进给一步而到达新的一点 $M'(x_i,y_i+1)$ 点,所以在 M' 点处的新偏差 F' 为

$$F'=x_i^2+(y_i+1)^2-R^2=x_i^2+y_i^2-R^2+2y_i+1=F+2y_i+1$$

根据这两个式子来计算偏差判别函数的值,不需要进行平方运算,因而计算大大简化。同时,计算某一点的偏差判别函数值,不仅要利用原来点的判别函数值,而且还要用到进给前那点的坐标 x_i 和 y_i。同时,还应当注意及时地修正中间点的坐标值(即 $x_i'=x_i-1$ 和 $y_i'=y_i+1$),供计算下一点偏差值时使用,即本步的 F'、x'、y',依次作为下一步的 F、x、y。

2)终点判别方法

圆弧插补的终点判断方法和直线插补相同。可将 x、y 轴走步步数的总和存入一个计数器,每走一步总的步数计数器减 1,减至 0 时发出终点到信号。这里 x、y 轴走步步数是圆弧终点坐标值(对圆心的坐标值)与圆弧起点坐标值之差的绝对值。也可以用动点坐标值与终点坐标值的比较得到,如果 x 方向到终点,则 $x_i'=x_e$ 即 $x_e-x_i'=0$,如果 y 方向到终点则 $y_e-y_i'=0$,鉴别两个值 (x_e-x_i') 和 (y_e-y_i') 是否等于零,可以进行终点判断。

3)四个象限的圆弧插补计算公式

在实际应用中,所要加工的圆弧可以在不同的象限中,可以按逆时针的方向加工,也可以按顺时针的方向来加工。为了便于表示圆弧所在的象限及加工方向,用 SR1、SR2、SR3、SR4 依次表示第一、二、三、四象限中的顺圆弧,用 NR1、NR2、NR3、NR4 分别表示第一、二、三、四象限中的逆圆弧。

前面以第一象限逆圆弧为例推导出圆弧偏差计算公式,并指出了根据偏差符号来确定进给方向。其他三个象限的逆、顺圆的偏差计算公式可通过与第一象限的逆圆、顺圆相比较而得到。

下面推导第二象限顺圆的偏差计算公式。

如图 5.14 所示的一段顺圆弧 $\overset{\frown}{CD}$,起点 C,终点 D,设加工点现处于 $M(x_i,y_i)$。从图中可以看出,若 $F\geqslant0$ 时,下一步应沿 $+x$ 方向进给一步,新的加工点坐标将是 (x_i+1,y_i),可求出新的偏差为

$$F'=F+2x_i+1$$

若 $F<0$ 时,下一步应沿 $+y$ 方向进给一步,新的加工点坐标将是 (x_i,y_i+1),可求出新的偏差为

$$F'=F+2y_i+1$$

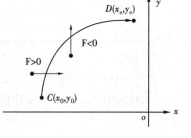

图 5.14　第二象限的顺圆

对于图 5.15(a),SR4 与 NR1 对称于 x 轴,SR2 与 NR1 对称于 y 轴,NR3 与 SR2 对称于 x 轴,NR3 与 SR4 对称于 y 轴。

对于图 5.15(b), SR1 与 NR2 对称于 y 轴, SR1 与 NR4 对称于 x 轴, SR3 与 NR2 对称于 x 轴, SR3 与 NR4 对称于 y 轴。

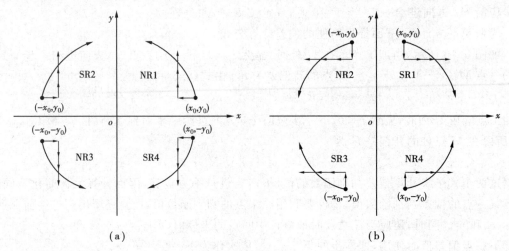

图 5.15　四个象限中圆弧的对称性

显然,对称于 x 轴的一对圆弧沿 x 轴的进给方向相同,而沿 y 轴的进给方向相反;对称于 y 轴的一对圆弧沿 y 轴的进给方向相同,而沿 x 轴的进给方向相反。所以在圆弧插补中,沿对称轴的进给方向相同,沿非对称轴的进给方向相反,其次,所有对称圆弧的偏差计算公式,只要取起点坐标的绝对值,就与第一象限中 NR1 或 SR1 的偏差计算公式相同。八种圆弧的插补计算公式及进给方向如表 5.2 所示。

表 5.2　八种圆弧插补的计算公式和进给方向

圆弧类型	$F \geqslant 0$ 时的进给	$F < 0$ 时的进给	计算公式
SR1	$-\Delta y$	$+\Delta x$	当 $F \geqslant 0$ 时,计算 $F' = F - 2y_i + 1$
SR3	$+\Delta y$	$-\Delta x$	和 $y_i' = y_i - 1$
NR2	$-\Delta y$	$+\Delta x$	当 $F < 0$ 时,计算 $F' = F + 2x_i + 1$
NR4	$+\Delta y$	$-\Delta x$	和 $x_i' = x_i + 1$
NR1	$-\Delta x$	$+\Delta y$	当 $F \geqslant 0$ 时,计算 $F' = F - 2x_i + 1$
NR3	$+\Delta x$	$-\Delta y$	和 $x_i' = x_i - 1$
SR2	$+\Delta x$	$+\Delta y$	当 $F < 0$ 时,计算 $F' = F + 2y_i + 1$
SR4	$-\Delta x$	$-\Delta y$	和 $y_i' = y_i + 1$

4)圆弧插补程序流程图

根据逐点比较法的特点和圆弧插补规律,可概括出圆弧插补程序的流程图如图 5.16 所示。

用 8031 单片机汇编语言编制的第一象限逆圆插补计算程序如下:

```
ORG      2000H
MOV      R0,x₀
MOV      R1,y₀
```

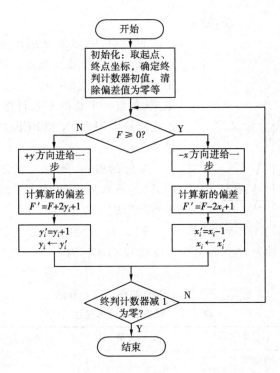

图 5.16　第一象限逆圆插补计算程序流程图

```
        MOV     R2,L        ;R2←总步数 L＝|xₑ－x₀|＋|yₑ－y₀|
        CLR     R3          ;初始时,偏差 F＝0
B1: MOV     A,R3
        JB      A.7,B2      ;F≥0? 否转 B2
        ACALL   FEEDX       ;是,向－x 方向进给一步
        INC     A
        MOV     R4,R0
        RL      R4
        SUB     A,R4
        MOV     R3,A        ;计算出新的偏差 F′＝F－2xᵢ＋1
        DEC     R0          ;计算动点坐标 x′ᵢ＝xᵢ－1
        SJMP    B3
B2: ACALL   FEEDY       ;向＋y 方向进给一步
        INC     A
        MOV     R5,R1
        RL      R5
        ADD     A,R5
        MOV     R3,A        ;计算出新的偏差 F′＝F＋2yᵢ＋1
        INC     R1          ;计算动点坐标 y′ᵢ＝yᵢ＋1
B3: DEC     R2
        CJNE    R2,♯00H,B1  ;总步数计数器减 1 为 0? 否,继续插补
```

113

RET   ;是,结束

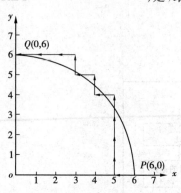

图 5.17 第一象限逆圆弧插补走步轨迹图

程序中,R0,R1 分别作为动点坐标 x_i',y_i' 的寄存器;R2 为总步数计数器。终点判别采用以 x、y 轴走步步数的总和 $L = |x_e - x_0| + |y_e - \dot{y}_0|$ 作为判断依据,每走一步总的步数计数器减 1,减至 0 时插补过程结束。FEEDX 和 FEEDY 分别是 $-x$,$+y$ 的步进子程序。

实际的程序,随着处理方法的不同可能有较大的差别,但总是以处理方便、结构简单、程序执行速度快等原则来考虑的。

例 5.4   设给定的加工轨迹为第一象限的逆圆弧 $\overset{\frown}{PQ}$,已知起点 P 的坐标为 $x_0 = 6$,$y_0 = 0$,终点 Q 的坐标为 $x_0 = 0$,$y_0 = 6$,试进行插补计算并作出走步轨迹图。

插补计算过程如表 5.3 所示。走步轨迹图如图 5.17 所示。

表 5.3   圆弧插补计算过程

步数	偏差判别	坐标进给	偏差计算	坐标计算	终点判别
起点			$F = 0$	$x_0 = 6$, $y_0 = 0$	$L = 6 + 6 = 12$
1	$F = 0$	$-x$	$F' = F - 2x_i + 1 =$ $0 - 2 \times 6 + 1 = -11$	$x_1 = 6 - 1 = 5$ $y_1 = 0$	$L = 12 - 1 = 11$
2	$F < 0$	$+y$	$F' = F + 2y_i + 1 =$ $-11 + 2 \times 0 + 1 = -10$	$x_2 = 5$ $y_2 = y_1 + 1 = 1$	$L = 11 - 1 = 10$
3	$F < 0$	$+y$	$F' = F + 2y_i + 1 =$ $-10 + 2 \times 1 + 1 = -7$	$x_3 = 5$ $y_3 = y_2 + 1 = 2$	$L = 10 - 1 = 9$
4	$F < 0$	$+y$	$F' = F + 2y_i + 1 = -2$	$x_4 = 5$ $y_4 = 3$	$L = 9 - 1 = 8$
5	$F < 0$	$+y$	$F' = F + 2y_i + 1 = 5$	$x_5 = 5$ $y_5 = 4$	$L = 8 - 1 = 7$
6	$F > 0$	$-x$	$F' = F - 2x_i + 1 = -4$	$x_6 = 4$ $y_6 = 4$	$L = 7 - 1 = 6$
7	$F < 0$	$+y$	$F' = F + 2y_i + 1 = 5$	$x_7 = 4$ $y_7 = 5$	$L = 6 - 1 = 5$
8	$F > 0$	$-x$	$F' = F - 2x_i + 1 = -2$	$x_8 = 3$ $y_8 = 5$	$L = 5 - 1 = 4$
9	$F < 0$	$+y$	$F' = F + 2y_i + 1 = 9$	$x_9 = 3$ $y_9 = 6$	$L = 4 - 1 = 3$
10	$F > 0$	$-x$	$F' = F - 2x_i + 1 = 4$	$x_{10} = 2$ $y_{10} = 6$	$L = 3 - 1 = 2$
11	$F > 0$	$-x$	$F' = F - 2x_i + 1 = 1$	$x_{11} = 1$ $y_{11} = 6$	$L = 2 - 1 = 1$
12	$F > 0$	$-x$	$F' = F - 2x_i + 1 = 0$	$x_{12} = 0$ $y_{12} = 6$	$L = 1 - 1 = 0$

5.2.3   数字积分插补法

数字积分插补法又称数字微分分析法,是在数字积分器的基础上建立起来的一种插补法。数字积分法具有运算速度快、脉冲分配均匀、容易实现多坐标联动等优点,应用较广泛。下面先介绍数字积分的工作原理,然后再介绍应用数字积分器构成的直线插补计算法和圆弧插补

计算法。

(1)数字积分器的工作原理

设有一函数 $y = f(t)$，如图 5.18 所示，要求出曲线下面 $t_0 \sim t_n$ 区间的面积，一般应用如下的积分公式

$$S = \int_{t_0}^{t_n} y \mathrm{d}t$$

若将 Δt_i 取得足够小，曲线下面的面积可以近似地看成是许多小长方形面积之和，即

$$S = \sum_{i=0}^{n-1} y_i \Delta t_i$$

如果将 Δt_i 取为一个单位时间（如等于一个脉冲周期的时间），则有

$$S = \sum_{i=0}^{n-1} y_i$$

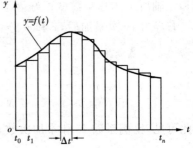

图 5.18　函数 $y = f(t)$ 的积分

因此，在求积分运算时，可以转化为函数值的累加运算，如果所取的 Δt_i 足够小，则用求和运算代替积分运算所引起的误差，可以不超过容许值。如果设置一个累加器实现这种相加运算，而且令累加器的容量为一个单位面积，累加过程中超过一个单位面积时必然产生溢出，那么，累加过程中所产生的溢出脉冲总数就是要求的面积近似值，或者说是要求的积分近似值。

(2)数字积分法直线插补

1)直线插补原理

设在 x、y 平面中有一直线 $\overline{OA}$，其起点为坐标原点，终点为 $A(x_\mathrm{e}, y_\mathrm{e})$，则该直线的方程为

$$y = \frac{y_\mathrm{e}}{x_\mathrm{e}} x \tag{5.7}$$

将上式化为对时间 t 的参数方程

$$x = Kx_\mathrm{e}t$$
$$y = Ky_\mathrm{e}t \tag{5.8}$$

式中　K——比例系数。

式(5.8)对参数 t 求导并进行积分得

$$x = \int \mathrm{d}x = K \int x_\mathrm{e} \mathrm{d}t$$
$$y = \int \mathrm{d}y = K \int y_\mathrm{e} \mathrm{d}t \tag{5.9}$$

上式积分用累加的形式表达可近似为

$$x = \sum_{i=1}^{n} Kx_\mathrm{e} \Delta t$$
$$y = \sum_{i=1}^{n} Ky_\mathrm{e} \Delta t \tag{5.10}$$

取 $\Delta t = 1$，并写成 x、y 的近似微分形式为

$$\Delta x = Kx_\mathrm{e} \Delta t$$
$$\Delta y = Ky_\mathrm{e} \Delta t \tag{5.11}$$

动点从原点出发走向终点的过程,可以看做是各坐标轴每隔一个单位时间,分别以增量 Kx_e 及 Ky_e 对两个累加器累加的过程。当累加值超过一个坐标单位(脉冲当量)时累加器产生溢出,溢出脉冲驱动伺服系统进给一个脉冲当量,从而走出给定直线。当积分到终点时,x 轴和 y 轴所走的总步数就正好等于各轴的终点坐标 x_e 和 y_e。

若经过 m 次累加后,x 和 y 分别到达终点 (x_e,y_e),即下式成立

$$x = \sum_{i=1}^{m} Kx_e = Kx_e m = x_e$$

$$y = \sum_{i=1}^{m} Ky_e = Ky_e m = y_e$$

(5.12)

由此可见,比例系数 K 和累加次数 m 之间有如下的关系:

$$Km = 1, 即 \ m = \frac{1}{K}$$

选择 K 时主要考虑每次增量 Δx 和 Δy 不大于1,即

$$\begin{cases} \Delta x = Kx_e < 1 \\ \Delta y = Ky_e < 1 \end{cases}$$

(5.13)

设函数值寄存器有 N 位,则得最大寄存容量为 $2^N - 1$,为满足式(5.13),应有

$$Kx_e = K(2^N - 1) < 1$$
$$Ky_e = K(2^N - 1) < 1$$

则

$$K < \frac{1}{2^N - 1}$$

一般取

$$K = \frac{1}{2^N}$$

则累加次数

$$m = \frac{1}{K} = 2^N$$

上述关系表明,若累加器的位数为 N,则整个插补过程要进行 2^N 次累加才能到达直线的终点。

因为 $K = 1/2^N$,N 为寄存器的位数,对于存放在寄存器中的二进制数来说,Kx_e(或 Ky_e)与 x_e(或 y_e)是相同的,可以看做前者小数点在最高位之前,而后者的小数点在最低位之后。所以,可以用 x_e 直接对 x 轴的累加器累加,用 y_e 直接对 y 轴的累加器累加。

为了保证每次累加最多只溢出一个脉冲,累加器的位数应取得和 x_e,y_e 寄存器的位数相同,其位长取决于最大加工尺寸和精度。

图 5.19 为直线的插补运算框图。它由 x,y 两个坐标轴的数字积分器组成,每个积分器由各自的累加器和函数值寄存器组成。函数值寄存器存放终点坐标值。每隔一个时间间隔 Δt,将函数值寄存器中的函数值送往累加器累加一次。x 轴累加器溢出的脉冲驱动 x 方向走步,y 轴累加器溢出的脉冲驱动 y 方向走步。

当寄存器和累加器的位数较长而加工尺寸较短时,就会出现累加很多次才能溢出一个脉冲,这样进给速度就会很慢。为此,可在插补累加之前将 x_e 和 y_e 同时放大 2^m 倍以提高进给速度。一般将 x 轴和 y 轴函数值寄存器同时左移,直到其中之一的最高位为1为止。这一过

程称为左移规格化。这样做实际上是放大了 K 值,从直线参数方程可知,K 变大后方程仍然成立,但却加快了插补速度。但必须注意,这时到达终点的累加次数不再是 2^N,不能用此来判别终点。可以采用与逐点比较法相同的办法来进行终点判别。即设一个终判计数器,其初值为各坐标轴走步步数之和,每当累加器(x 方向或 y 方向中之一)溢出一个脉冲,终判计数器减 1,终判计数器减为 0 时,加工过程结束。也可以采用各轴分别设置一个终判计数器的方法,其初值为该轴的走步步数,每当该轴进给一步,相应方向的计数器减 1,减至 0 时该方向停止进给。所有的终判计数器减到 0 时,加工过程结束。

与逐点比较法类似,如果把符号与数据分开,取数据的绝对值作被积函数,而把符号作为进给方向控制信号处理,便可对所有不同象限的直线进行插补。

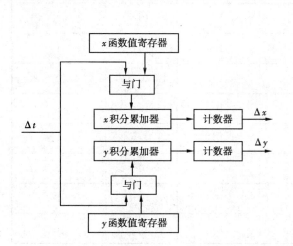

图 5.19　直线插补运算硬件原理框图　　　图 5.20　数字积分法直线插补走步轨迹图

2)直线插补举例

设要加工一直线 $\overline{oP}$,其起点为坐标原点,终点为(8,10),累加器和寄存器的位数为 4 位。试用数字积分法进行插补计算并作出走步轨迹图。

插补计算过程见表 5.4。走步轨迹图如图 5.20 所示。

表 5.4　数字积分法直线插补计算过程

累加次数	x 轴数字积分器			y 轴数字积分器		
	x 函数值寄存器	x 累加器	x 累加器溢出脉冲	y 函数值寄存器	y 累加器	y 累加器溢出脉冲
0	8	0	0	10	0	0
1	8	0+8=8	0	10	0+10=10	0
2	8	8+8=(0)	1	10	10+10=4	1
3	8	0+8=0	0	10	4+10=14	0
4	8	8+8=(0)	1	10	14+10=(8)	1
5	8	0+8=8	0	10	8+10=2	1

续表

累加次数	x 轴数字积分器			y 轴数字积分器		
	x 函数值寄存器	x 累加器	x 累加器溢出脉冲	y 函数值寄存器	y 累加器	y 累加器溢出脉冲
6	8	8+8=(0)	1	10	2+10=12	0
7	8	0+8=8	0	10	12+10=(6)	1
8	8	8+8=(0)	1	10	6+10=(0)	1
9	8	0+8=8	0	10	0+10=10	0
10	8	8+8=(0)	1	10	10+10=(4)	1
11	8	0+8=8	0	10	4+10=14	0
12	8	8+8=(0)	1	10	14+10=(8)	1
13	8	0+8=8	0	10	8+10=(2)	1
14	8	8+8=(0)	1	10	2+10=12	0
15	8	0+8=8	0	10	12+10=(6)	1
16	8	8+8=(0)	1	10	6+10=(0)	1

插补计算过程中,由于寄存器为4位,所以每当寄存器值为16便产生溢出,寄存器的值为取模16后的余数。

3)直线插补的程序实现

数字积分法直线插补流程图如图5.21所示。进给速度可由调用插补子程序的时间间隔来控制。完成插补计算要预先给定终点坐标 x_e 及 y_e,这里终点坐标都以绝对值计算,四个象限直线插补方法相同。进给方向的正负由数据处理程序模块直接以标志的形式传递给驱动程序。累加器的被积函数寄存器的长度一般为 3 ~ 4 个字节。已知数据预先存放在内存单元中:

XA 区存放 x 轴的终点坐标值 x_e(已规格化);

YA 区存放 y 轴的终点坐标值 y_e(已规格化);

SX 区为 x 轴累加器;

SY 区为 y 轴累加器。

(3)数字积分法圆弧插补

1)圆弧插补原理

以第一象限逆圆为例来讨论圆弧插补原理。

如图 5.22 所示。设要加工的圆弧 $\overparen{PQ}$ 的圆心在原点,其起点坐标为 $P(x_0,y_0)$,终点为 $Q(x_e,y_e)$,半径为 R 的圆的参数方程为

$$x = R\cos t$$
$$y = R\sin t \qquad (5.14)$$

对时间 t 求微分得 x、y 方向上的速度分量

$$V_x = \frac{\mathrm{d}x}{\mathrm{d}t} = -R\sin t = -y \qquad (5.15)$$

$$V_y = \frac{\mathrm{d}y}{\mathrm{d}t} = R\cos t = x$$

写成微分形式

$$\mathrm{d}x = -y\mathrm{d}t$$
$$\mathrm{d}y = x\mathrm{d}t$$

用累加和来近似积分

$$x = \sum_{i=1}^{n}(-y\Delta t) \qquad (5.16)$$
$$y = \sum_{i=1}^{n}x\Delta t$$

上式表明圆弧插补时,x 轴的被积函数值等于动点 y 的瞬时值,y 轴的被积函数值等于动点 x 的瞬时值。与直线插补方法比较可知:

①直线插补时为常数累加,而圆弧插补时为变量累加。

②圆弧插补时,x 轴动点坐标值累加的溢出脉冲作为 y 轴的进给脉冲,y 轴动点坐标值累加的溢出脉冲作为 x 轴的进给脉冲。

③直线插补过程中,被积函数值 x_e 及 y_e 不变。圆弧插补中,被积函数值寄存器初始存入圆弧起点坐标值 y_0 和 x_0,它们必须由累加器的溢出来修改。即,y(或 x)累加器产生一个溢出脉冲时,x 函数值寄存器的坐标值就"加 1"(或减 1)。

④进行圆弧插补时两轴不一定同时到达终点,故两个坐标方向均需进行终点判断。两终判计数器的初值分别为:

$$L_x = |x_e - x_0| \qquad (5.17)$$
$$L_y = |y_e - y_0|$$

每进给一步相应方向终判计数器减 1,终判计数器减为 0 该轴停止进给,两坐标都达到终点时停止插补计算。

数字积分法圆弧插补计算过程采用坐标的绝对值,对于不同象限、不同走向的圆弧计算方法都是相同的,只是溢出脉冲的进给方向不同(为正或为负),以及被积函数 y 和 x 是进行"加 1"修正或"减 1"修正有所不同。圆弧插补的坐标修改及进给方向归纳于表 5.5。

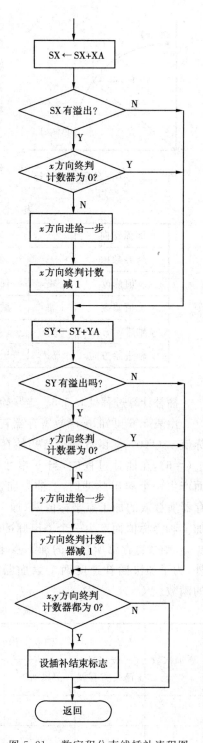

图 5.21　数字积分直线插补流程图

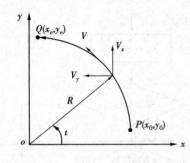

图 5.22　第一象限圆弧插补

在实际插补计算过程中,累加进位的速度和连减借位的速度是相同的,所以 x 轴被积函数的负号可以忽略,两个轴的插补计算都采用累加来进行。为了加快插补速度,通常累加器初值置为累加器容量的一半(有时也采用满数),这样二者的差别可以完全消除,并可改善插补质量。

2)圆弧插补计算举例

设第一象限的逆圆,其圆心在原点,起点 P 坐标(6,0),终点 Q 坐标(0,6),累加器为 3 位,试用数字积分法进行插补计算,并作出走步轨迹图。

表 5.5　圆弧插补坐标修改及进给方向

圆弧走向	顺圆				逆圆			
所在象限	1	2	3	4	1	2	3	4
y 值修改	减	加	减	加	加	减	加	减
x 值修改	加	减	加	减	减	加	减	加
y 轴进给方向	$-y$	$+y$	$+y$	$-y$	$+y$	$-y$	$-y$	$+y$
x 轴进给方向	$+x$	$+x$	$-x$	$-x$	$-x$	$-x$	$+x$	$+x$

插补计算过程见表 5.6。走步轨迹如图 5.23 所示。

由表 5.6 可知,x 函数寄存器初始存入圆弧起点坐标值 $y_0(=0)$,y 函数寄存器初始存入圆弧起点坐标值 $x_0(=6)$,在插补过程中,当 y 累加器累加 x 轴坐标值而产生一个溢出脉冲时,y 轴方向进给一步,x 函数寄存器所存放的加工点坐标值就"加1";而当 x 累加器累加 y 轴坐标值而产生一个溢出脉冲时,x 轴方向进给一步,y 函数寄存器所存放的加工点坐标值就"减1"。另外,为了加快插补速度两个累加器的初值置为其容量的满数。

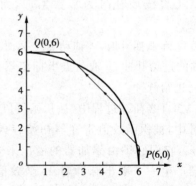

图 5.23　数字积分圆弧插补走步轨迹图

表 5.6　数字积分法圆弧插补计算过程

累加次数	x 轴数字积分器			y 轴数字积分器		
	x 函数寄存器	x 累加器	x 累加器溢出脉冲	y 函数寄存器	y 累加器	y 累加器溢出脉冲
0	0	7	0	6	7	0
1	0	7+0=7	0	6	7+6=(5)	1
2	1	7+1=(0)	1	6	5+6=(3)	1
3	2	0+2=2	0	5	3+5=(0)	1

累加次数	x 轴数字积分器			y 轴数字积分器		
	x 函数寄存器	x 累加器	x 累加器溢出脉冲	y 函数寄存器	y 累加器	y 累加器溢出脉冲
4	3	2＋3＝5	0	5	0＋5＝5	0
5	3	5＋3＝(0)	1	5	5＋5＝(2)	1
6	4	0＋4＝4	0	4	2＋4＝6	0
7	4	4＋4＝(0)	1	4	6＋4＝(2)	1
8	5	0＋5＝0	0	3	2＋3＝5	0
9	5	5＋5＝(2)	1	3	5＋3＝(0)	1
10	6	2＋6＝(0)	1	2	0＋2＝2	0
11	6	0＋6＝6	0	1	2＋1＝3	0
12	6	6＋6＝(4)	1	1	3＋1＝4	0
13	6	4＋6＝(2)	1	0	4	0

3）数字积分法圆弧插补的程序实现

圆弧插补流程图如图 5.24 所示。

一般进给方向的正负直接由进给驱动模块处理,数据初始化(包括左移规格化)由数据处理模块完成。并定义:

XX 为 y 轴被积函数寄存器,其初值为圆弧起点的 x 轴坐标 x_0(已规格化);

YY 为 x 轴被积函数寄存器,其初值为圆弧起点的 y 轴坐标 y_0(已规格化);

SX 为 x 轴累加器;

SY 为 y 轴累加器;

CXY 为被积函数修改量寄存器。

5.2.4　数据采样插补法

数据采样插补也称时间分割插补,适用于闭环和半闭环以直流或交流电机为执行机构的位置采样控制系统。时间分割法是把被加工的一段直线或圆弧的整段分为许多相等的时间间隔,称为单位时间间隔(即插补采样周期)。每经过一个单位时间间隔就进行一次插补计算,算出在这一间隔内各坐标轴的进给量,边计算边加工,直到加工终点。与逐点比较法和数字积分不同,由数据采样插补算法得出的不是进给脉冲,而是用二进制表示的轮廓曲线上的进给段在各坐标轴上的位置增量,即是下一插补采样周期内,各坐标轴计算机位置闭环控制系统的增量进给指令。插补程序的周期可以和系统的位置采样周期相同,也可能是采样周期的整数倍。

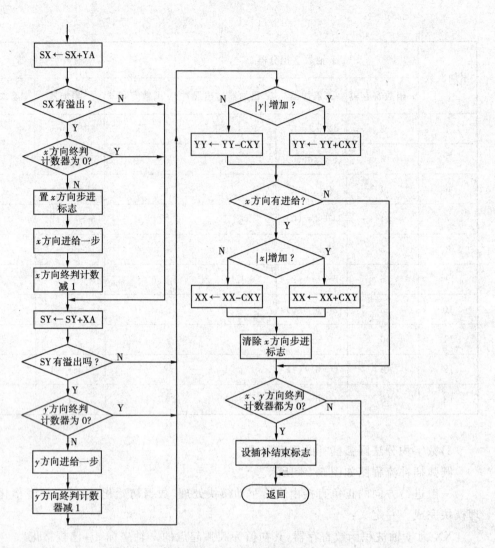

图 5.24　数字积分法圆弧插补流程图

(1)数据采样插补法原理

数据采样插补法根据用户程序的进给速度,将给定轮廓曲线分割成为每一插补周期的进给段,即轮廓步长。每个插补周期执行一次插补运算,计算出下一个插补点坐标,获得下一周期各个坐标的进给量,如 Δx、Δy 等,从而得出下一插补点的指令位置。对于直线插补,插补所

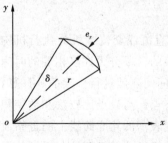

图 5.25　弦线逼近圆弧

形成的每个小直线段与给定的直线重合,不会造成轨迹误差。在圆弧插补时,一般采用以弦线(或切线、割线)逼近圆弧的办法。

圆弧插补常用弦线逼近的方法,如图 5.25 所示。用弦线逼近圆弧,会产生逼近误差 e_r。设 δ 为在一个插补周期内逼近弦所对应的圆心角,r 为圆弧半径,则

$$e_r = r(1 - \cos\frac{\delta}{2})$$

用幂级数展开,得

$$e_r = r(1 - \cos \frac{\delta}{2}) =$$

$$r\{1 - [1 - \frac{(\delta/2)^2}{2!} + \frac{(\delta/2)^4}{4!} - \cdots]\}$$

由于

$$\frac{(\delta/2)^4}{4!} = \frac{\delta^4}{384} \ll 1$$

$$\delta = \frac{f}{r}$$

$$f = vT$$

因此

$$e_r = \frac{\delta^2}{8}r = \frac{f^2}{8} \cdot \frac{1}{r} = \frac{(vT)^2}{8} \cdot \frac{1}{r} \tag{5.18}$$

式中,T 是插补周期;v 为加工进给速度;f 是轮廓步长,即弦的长度。由式(5.18)可以看出,逼近误差与速度、插补周期的平方成正比,与圆弧半径成反比。一般地,允许的插补误差是一定的,在进给速度、圆弧半径一定的条件下,插补周期越短,逼近误差就越小。但插补周期的选择要受计算机运算速度的限制。插补周期确定后,一定的半径应有与之对应的最大进给速度限定,以保证逼近误差 e_r 不超过允许值。

(2)时间分割法直线插补

如图 5.26 所示,设要加工的直线 $\overline{oA}$,起点为坐标原点 o,终点为 $A(x_e, y_e)$,使刀具沿直线 $\overline{oA}$ 从 o 点移动到 A 点,则要求 x 轴和 y 轴的速度必须保持一定的比例关系,这个比例关系由终点坐标值 x_e 和 y_e 的比值决定。

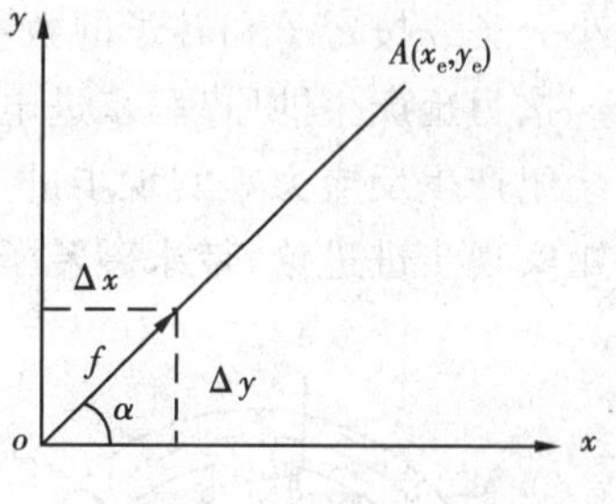

设加工方向与 x 轴的夹角为 α,已计算出的一次插补进给量,即插补周期内的合成插补进度为 f。于是有

图 5.26　时间分割法直线插补

$$\Delta x = f\cos\alpha$$

$$\Delta y = \Delta x\tan\alpha$$

式中　Δx——x 轴插补进给量;

Δy——y 轴插补进给量。

且

$$\cos\alpha = \frac{x_e}{\sqrt{x_e^2 + y_e^2}} = \frac{1}{\sqrt{1 + \tan^2\alpha}}$$

按时间分割法插补计算的要求,就是要把每个时间间隔内各轴的插补进给量计算出来,因此,完成直线插补计算要进行下列几步运算:

①根据指令给定的进给速度 v,计算一次插补进给量 f。

②根据终点坐标 x_e 和 y_e 计算 $\tan\alpha$ 和 $\cos\alpha$。

③计算 Δx、Δy。

由于直线的斜率是固定的,在进给速度不变的情况下,各个插补周期内的 Δx 和 Δy 是一样的,因此只需要第一个插补周期计算一次 Δx 和 Δy 值,以后各个周期可直接取第一次的计算结果,速度是很快的。但在加减速的过程中 Δx 和 Δy 显然是要变化的,即每个周期都需要进行插补计算。

时间分隔法圆弧插补,也必须根据加工指令中的进给速度 f,先计算出轮廓步长,然后进行插补计算。圆弧插补计算,就是以轮廓步长为圆弧上相邻两个点之间弦长,由前一个插补点的坐标和圆弧半径,计算由前一插补点到后一插补点两个坐标轴的进给量 Δx、Δy。由于篇幅所限,不再一一细述。

5.3 步进电机控制

步进电机是典型的开环驱动装置,它将插补输出的进给脉冲转换为具有一定方向、大小和速度的机械转角位移(一个脉冲控制步进电机走一个脉冲当量),并带动机械部件运动。它作为控制执行部件,广泛应用于自动控制和精密机械等领域,例如在仪器仪表、机床设备以及计算机的外围设备中(如打印机和绘图仪等)。在机床设备中,开环伺服系统的精度主要由步进电机决定,速度也受步进电机性能的限制。但它的结构和控制简单,容易调整,在速度和精度要求不太高的场合,仍有一定的使用价值。

5.3.1 步进电机

步进电机是一种利用电磁铁的作用原理将电脉冲信号转换为线位移或角位移的电机。步进电机的结构形式很多,其分类方式也很多,常见的有按产生力矩的原理分类、按输出力矩的大小分类或按定子和转子的数量分类等。

按力矩产生的原理,步进电机可分为反应式和励磁式。反应式转子无绕组,由被励磁的定子绕组产生反应力矩实现步进进给;励磁式转子、定子均有绕组(或转子用永久磁钢),由电磁力矩实现步进进给,带永磁转子的步进电机叫混合式步进电机。

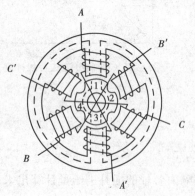

图 5.27 是反应式步进电动机,它的定子具有均匀分布的 6 个磁极,每个磁极上绕有励磁绕组,两个相对的磁极组成一相,分成 A、B、C 三相,转子上没有绕组,是由带齿的铁心做成的。假定转子具有均匀分布的 4 个齿。

步进电机可工作于单相通电方式,也可工作于双相通电方式以及单相、双相交叉通电方式,选用不同的工作方式,可使步进电机具有不同的工作性能,诸如减小步距,提高定位精度和工作稳定性等。下面以三相步进电机为例,说明步进电机的工作原理。

图 5.27 反应式步进电动机结构原理图

设 A 相首先通电(B、C 两相不通电),产生 A-A' 轴线方向的磁通,并通过转子形成闭合回路。这时 A、A' 极就成为电磁铁的 N、S 极。在磁场的作用下,转子总是力图转到磁阻最小的位置,也就是要转到转子的齿对齐 A、A' 极的位置(图 5.28(a))。接着 B 相通电(A、C 两相不通电),转子便顺时针方向转过 $30°$,它的齿和 B、B' 对齐(图 5.28(b))。随后 C 相通电(A、B 两相不通电),转子又顺时针方向转过 $30°$,它的齿和 C、C' 对齐(图 5.28(c))。不难理解,当脉冲信号一个一个发来,如果按 $A \rightarrow B \rightarrow C \rightarrow A \rightarrow \cdots$ 的顺序轮流通电,则电机转子便顺时针方向一步一步地转动。每一步的转角为 30°(称为步距角)。电流换接三次,磁场旋转一周,转子前进了一个齿距角(转子四个齿为 90°)。如果按 $A \to C \to B \to A \to \cdots$ 的顺序通电,则电机转子便逆时针方向转动。这种通电方式称为单三拍方式。

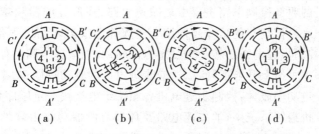

图 5.28　步进电机工作原理

单三拍方式下,由于每次只有一相绕组通电,在切换瞬间失去自锁转矩,电机容易失步,因此在实际应用中常采用双三拍方式,即通电方式为 $AB \to BC \to CA \to AB \to \cdots$(顺时针方向转动)或 $AC \to CB \to BA \to AC \to \cdots$(逆时针方向转动),由于每次有两相绕组通电,在切换瞬间总保持一相绕组通电,所以工作稳定。如果通电顺序为 $A \to AB \to B \to BC \to C \to CA \to \cdots$(顺时针方向转动)或 $A \to AC \to C \to CB \to B \to BA \to A \cdots$(逆时针方向转动),就是三相六拍工作方式,此时转子每次转过 15°。步距角 θ 可用下式计算:

$$\theta = \frac{360°}{Z_r m}$$

式中 Z_r 是转子齿数;m 是运行拍数,通常等于相数或相数的整数倍,即

$$m = KN$$

式中,N 为电动机相数;$K = 1, 2, 4$。

目前步进电机定子绕组大多数为三、四、五和六相,使用时通电方式以多相绕组同时通电控制为多见。

由于步进电机的转子有一定的惯性以及所带负载的惯性,步进电机在工作过程中不能立即启动和立即停止。在启动时应慢慢地加速到一个预定速度,在停止时应提前减速,否则将产生失步现象。其次,步进电机的工作频率也有一定的限制,否则会因速度跟不上而产生失步现象。

空载时,步进电机由静止突然启动,并不失步地进入稳速运行,所允许的启动频率的最高值称为最高启动频率。启动频率大于此值时步进电机便不能正常运行。最高启动频率 f_g 与步进电机的惯性负载 J 有关,J 增大则 f_g 将下降。国产步进电机 f_g 最大为 1 000～2 000 Hz。功率步进电机连续运行时所能接受的最高频率称为最高工作频率,它与步矩角一起决定执行部件的最大运动速度,也和 f_g 一样决定于负载惯量 J,还与定子相数、通电方式、控制电路的功率放大级等因素有关。

5.3.2　步进电机控制

步进电机的控制方法可归结为以下几点:

①按预定的工作方式分配各个绕组的通电脉冲;

②定子绕组通电状态改变速度越快,其转子旋转的速度越快,即通电状态的变化频率越高,转子的转速越高;

③改变定子绕组的通电顺序,将改变转子旋转方向;

④控制步进电机的速度,使它给终遵循加速→匀速→减速的运动规律工作。

(1)步进电机驱动方式

早期的步进电机的驱动控制电路主要由加减速电路、环形分配器和功率放大器组成。环形分配器的作用是把来自控制器的指令脉冲按一定规律分成若干路电平信号,去激励步进电机的几个定子绕组,控制步进电机的转子按一定方向转动;加减速电路的作用是使加到环形分配器的指令脉冲的频率平滑上升与下降,以适应步进电机的驱动特性;功率放大器的作用是将通电状态弱电信号经过功率放大,控制步进电机各相绕组电流按一定顺序切换,使步进电机运转。目前在多数计算机控制系统中,加减速电路及环形分配器功能由软件实现。步进电机控制系统由微型计算机、步进电机接口电路和步进电机驱动器组成,如图 5.29 所示。

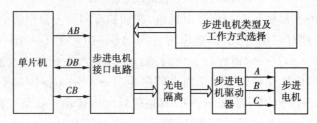

图 5.29　微型计算机控制步进电机系统框图

步进电机常用的驱动方式是高低压驱动,即在电机移步时加额定或超过额定值的电压,以便在较大的电流驱动下,使电机快速移步。在锁步时则加低于额定值的电压,只让电机绕组流过锁步所需的电流。这样既可以减少限流电阻的功率消耗,又可以提高电机运行速度。

实际使用的晶体管驱动方式电路原理图如图 5.30 所示。图中 L_A 是步进电机的某一相绕组,绕组电流受高压管 BG_H 和低压管 BG_L 共同控制,为了增大 L_A 的电流使步进电机有足够的功率,电源 E_H 一般都使用数十至上百伏直流电压。在低压管 BG_L 截止切断绕组电流时,绕组电感可由二极管 D_2、电源 E_H 二极管 D_1 形成的回路放电,抑制了危害三极管 BG_L 的过电压。

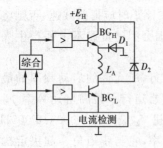
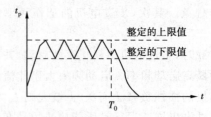

图 5.30　晶体管驱动电路图　　　图 5.31　定流控制时的步进电机绕组电流波形

由于种种原因,步进电机绕组得到的电流波形并不是理想的矩形波。电流的波顶都是下凹的,这就使电流的平均值降低,从而电机的输出转矩就相应减小。为了补偿波顶下凹造成的影响,可以使电源在一个导电周期内多次重复地接通和关断,即在检测到绕组电流低于某一数值时就自动接通电源,而在电流高于某一数值时又自动关断电源,从而形成如图 5.31 所示的电流波形。这样的控制方式称为定流(恒流)控制,定流控制中自动接通和关断电源的任务,便由驱动电路中的高压管 BG_H 来完成。

目前,步进电机驱动器已有定型的产品,国内一些厂家生产各种规格、型号的步进电机驱动电源,它们可以方便地与微型计算机连接。用户只需根据步进电机的功率、相数、工作方式等参数选用即可。

(2)步进电机控制

以 8051 单片机组成的步进电机控制系统如图 5.32 所示。

P1 口控制步进电机的绕组,输出控制电流脉冲。其中 P1.0 控制 A 相绕组,P1.1 控制 B 相绕组,P1.2 控制 C 相绕组。三相六拍的控制模型如表 5.7 所示。

表 5.7

步序	P1 口输出状态	绕组	通电状态字
1	00000001	A	01H
2	00000011	AB	03H
3	00000010	B	02H
4	00000110	BC	06H
5	00000100	C	04H
6	00000101	CA	05H

5.32　单片机控制步进电机系统框图

设定 R0 为步进数寄存器;PSW 中的 F0 为方向标志位,当 F0＝0 时正转,F0≠0 时反转;步进电机的正、反转通电状态字存放在 POINT 为首的片内 RAM 单元。步进电机控制程序流程如图 5.33 所示。参考程序如下:

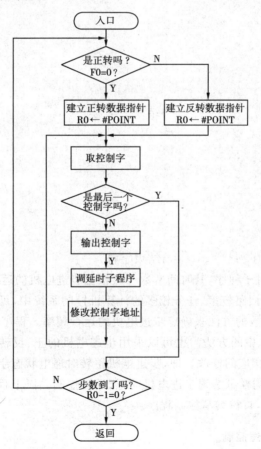

图 5.33　三相六拍控制程序流程图

127

```
ROUTN:JB      F0,LOOP2          ;判别正反转
       MOV     R1,♯POINT         ;建立正转通电状态字地址指针
LOOP1：MOV     A,@R1             ;读通电状态字
       JZ      LOOP3             ;是结束字符吗？是,转到 LOOP3
       MOV     P1,A              ;输出通电状态字
       ACALL   DELAY             ;延时
       INC     R1                ;修改通电状态字地址指针
       AJMP    LOOP1
LOOP2：MOV     A,♯POINT          ;建立反转通电状态字地址指针
       ADD     A,♯06H
       MOV     R1,A
       AJMP    LOOP1
LOOP3：DJNZ    R0,ROUTN
       RET
                                 ;正、反转通电状态字表
POINT：DB      01H
       DB      03H
       DB      02H
       DB      06H
       DB      04H
       DB      05H
       DB      00H               ;结束字符
       DB      .01H
       DB      05H
       DB      04H
       DB      06H
       DB      02H
       DB      03H
       DB      00H               ;结束字符
```

其中 DELAY 为延时子程序,其时间常数一般根据步进电机的运行频率确定,这种方法占用 CPU 的时间。在控制回路较多、任务较多的计算机控制系统中,可采用硬件定时器实现定时,通过设置定时时间常数的方法来确定步进电机的运行频率。程序中采用正、反向各有一组通电状态字存放在 ROM 中的方法。也可以采用步进电机的正、反转通电状态字只存放一组在 ROM 中,但程序要做相应的修改。即,步进电机正转时通电状态字地址指针加 1,反转时通电状态字地址指针减 1,同样可实现步进电机的正、反转控制。以上程序只是众多方法中的一种,读者可根据实际情况,自行编写控制程序。

5.3.3 步进电机变速控制

前面已经说过步进电机在工作过程中不能立即启动和立即停止。在启动时应逐步地加速

到一个预定速度,在停止时应提前减速。在一般情况下,系统的极限起动频率是比较低的,而要求运行的速度往往比较高,如果系统以要求的速度直接起动,可能发生丢步或根本不运行的情况。为了在不"丢"步的情况下提高速度,电机在启动时应该速度较小,然后逐渐加速到接近电机的最高工作频率运行。反之,在到达加工终点前,电机就逐渐减速,待运行速度降到一定值时再停机,以防止步进电机由于惯性冲过终点。

各种系统在工作过程中,都要求加减速过程时间尽量短,而恒速时间尽量长。特别是在要求快速响应的工作中,从起点至终点运行的时间要求最短,这就要求升速、减速的过程最短,而恒速时的速度最高。步进电机的速度控制曲线如图 5.34 所示。升速规律一般可有两种选择:一是按照直线规律升速,二是按指数规律升速。按直线规律升速时加速度恒定,但实际上电动机转速升高时,输出转矩将有所下降。如按指数规律升速,加速度是逐渐下降的,接近电动机输出转矩随转速变化的规律。

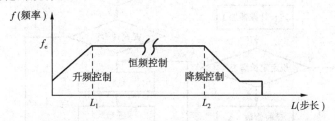

图 5.34　变速控制中频率与步长的关系

用微机对步进电机进行加减速控制,实际上,就是改变输出时钟脉冲的时间间隔,升速时,使脉冲串逐渐加密,减速时,使脉冲串逐渐稀疏。目前常用的升减速变频有计时法和计步法两种。计算机用定时器中断的方式来控制变速时,就是不断改变定时器装载的定时时间常数的大小,一般用离散办法来逼近理想的升降速曲线。为了减少每步计算装载值的时间,系统设计时就预先把各离散点的速度所需的时间常数固化在 ROM 中,系统运行中用查表的方法读取所需的装载值,这种方法称为计时法。计算机通过比较累计规定的电机工作步数后自动增减延时程序的时间常数,按步数间隔改变电机的工作频率的控制方法称为计步法。采用计步法的变速控制程序流程图如图 5.35 所示。

图 5.35 中的程序可以分为 3 个功能块,左侧是加速功能块,右上侧是稳速功能块,右下侧是减速功能块。程序中的"延时"是延时时间常数可改变的延时程序。在加速过程中,每当电机走完规定的步数,延时程序的时间常数就要减小一个 Δ 值(常取 Δ＝1),电机每走一步所花的时间减少,所以速度就会增加。当时间常数减少到某规定值时,程序就控制电机进入稳速阶段。稳速运行时,延时程序的时间常数保持不变,电机所走的每一步所花的时间相等。当电机走到离终点尚有某个规定长度时,程序控制电机进入减速阶段。减速运行时,延时程序的时间常数逐渐递增。系统在执行升降速控制过程中,对加减速的控制还需准备下列数据:①加减速的斜率;②升速过程中的总步数;③恒速运行的总步数;④减速运行的总步数。

对升降速过程的控制有很多种方法,软件编程方法十分灵活,技巧很多,读者可根据实际情况自行编制。

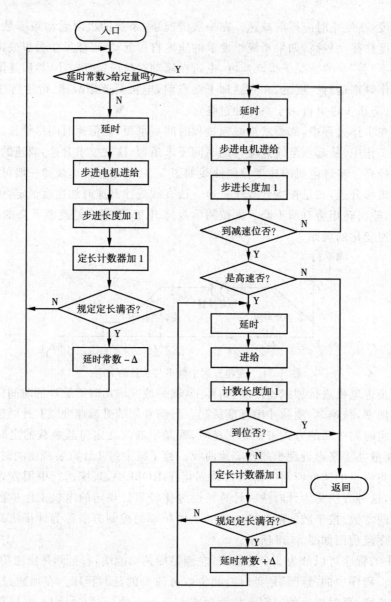

图 5.35　变速控制程序流程图

小　结

本章所介绍的顺序控制是工业自动化系统中的一种常用的控制方法,被广泛应用于各种工业控制场合。尽管不同系统的生产工艺和产品各异,但从对控制的基本要求来说,有相当大的共性,利用微型计算机实现的逻辑顺序控制,在硬件不变的情况下,只要修改控制程序,便可达到改变控制逻辑的目的,因而构成的系统方便、快捷。

数字程序控制是使用微机对机械移动部件按照预定轨迹运动的控制。实现数字程序控制的关键是如何根据给定的轮廓轨迹数据来确定整个轮廓所有的坐标值,插补运算是解决这一问题的控制算法。插补运算的方法有多种，它们有各自的特点和适用范围，本章仅介绍了"逐点比较法"、"数字积分法"和"数据采样插补法"。前两种方法多用于由步进电机驱动的开环系统，后一种方法适用于闭环和半闭环以直流或交流电机为执行机构的位置采样控制系统。

通过本章的学习，读者应重点掌握顺序控制和数字程序控制的基本原理。本章所介绍的程序和流程图只是为便于说明其工作原理，并非最佳程序。读者可根据自己的理解能力和掌握程度自行设计出更为合理、实用的程序。

习题与思考题

1.什么是插补？常用的插补方法有哪些？

2.什么是逐点比较插补法？直线插补计算过程有哪几个步骤？

3.若加工第一象限的直线 oP，起点$(0,0)$，终点$(5,8)$，试按逐点比较法进行插补计算并画出走步轨迹图。

4.若加工第一象限的逆圆弧$\widehat{AB}$，起点$(6,0)$，终点$(0,6)$，试按逐点比较法进行插补计算并画出走步轨迹图。

5.在上题中，若加工的轨迹为顺圆弧，其他条件不变，试按逐点比较法进行插补计算并画出走步轨迹图。

6.在数字积分法逆圆弧插补计算例题中：(1)若累加器的长度为 4 位，试进行插补计算，作出走步轨迹图并与例题比较，说明累加器的长度不同时，对插补计算有何影响；(2)若两个累加器的初值置为其容量的半数，对插补计算有何影响？

7.若加工第一象限的直线 oP，起点$(0,0)$，终点$(5,8)$，设累加器为 3 位，试按数字积分法进行插补计算并画出走步轨迹图。

8.若加工第一象限的逆圆弧$\widehat{AB}$，起点$(4,0)$，终点$(0,4)$，设累加器为 3 位，试按数字积分法进行插补计算并画出走步轨迹图。

9.三相步进电机有哪几种工作方式？分别画出每种工作方式的各相通电顺序和电压波形图。

10.试编写出四相双四拍步进电机的控制程序。

第 **6** 章

模糊控制和神经网络控制

传统的控制理论在处理那些控制对象无确定数学模型或模型未知、高度非线性、控制任务和要求较为复杂（如多变量、多维数、强耦合、时变）的系统时，常会显得无能为力；而信息技术、航天技术及制造工业技术革命的发展，又要求控制理论能处理更为复杂的系统控制问题，提供更为有效的控制规律和控制策略。在这种背景下，作为第三代控制理论的智能控制研究，近十年有了令人鼓舞的发展，智能控制理论和传统的微机控制技术相结合，已经取得了较好的应用效果，正在成为一种大有发展前景的新型微机控制技术。

本章将介绍作为智能控制重要组成部分的模糊控制和神经网络控制的基本原理及其应用。

6.1　模糊逻辑的基本原理

模糊控制又称模糊逻辑控制（Fuzzy Logic Control），它是一种把模糊数学理论用于自动控制领域而产生的新型控制方法，它的数学基础、实现方法都和传统的控制方法有很大的区别。为了更好地学习和介绍模糊数学的相关知识，首先应了解模糊数学与普通数学的一些不同的基础理论。

6.1.1　普通集合论基础知识

在考虑一个具体问题时，相关议题所局限的指定范围，称为"论域"。数学上的论域是指考虑和分析某个问题时，取值或取量的局限范围。论域一般常用 U,V,E 等表示。论域中的每一个对象称为"元素"，元素常用 a,b,x,y 等表示。给定一个论域 U,U 中所有具备某种属性的元素组成的全体称为"集合"，简称"集"，一般用 A,B,C,X,Y,Z 等表示。如 $A=\{0,1,2,3,4,5,6,7,8,9\}$ 就表示一个由个位正整数组成的集合 A。

如果 x 是集合 A 的元素，就说 x 属于 A，写成 $x\in A$；如果 x 不是集合 A 的元素，就说 x 不属于 A，写成 $x\notin A$。

当在论域 U 中有两个集合 A,B，集合 A 的任何一个元素都是集合 B 的元素，则称集合 A 为集合 B 的子集，记为 $A\subseteq B$ 或 $B\supseteq A$。当 $A\subseteq B$ 和 $B\subseteq A$ 同时成立时，就说集合 A 等于集合

B，表示为 $A=B$。

在普通集合论中，用来描述属于或不属于某个集合的函数，称为特征函数。例如：

对于给定论域 U，任意集合 $A \subseteq U$ 和 $x \in U$，有

$$\mu_A(x) = \begin{cases} 1, x \in A \\ 0, x \notin A \end{cases} \tag{6.1}$$

则 $\mu_A(x)$ 称为集合 A 的特征函数，如图 6.1 所示。

特征函数 $\mu_A(x)$ 的取值表示：x 要么属于 A，要么不属于 A，二者必居其一。所以集合 A 的特征函数是一个矩形波，是一个只能取 $0,1$ 两种值的集合 $\{0,1\}$。

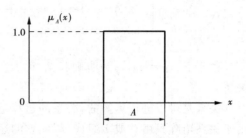

图 6.1　特征函数图

在数学上，将不同属性的元素按一定顺序排列而组成一个整体，用以表达它们之间的关系，称为"序偶"。当有两个集合 A 和 B，$A=\{a_1,a_2,\cdots,a_m\}$，$B=\{b_1,b_2,\cdots,b_n\}$，从集合 A 中取出一个元素 $a_i(i=1,2,\cdots,m)$，从集合 B 中取一个元素 $b_j(j=1,2,\cdots,n)$，把它们搭配起来就可以组成一个序偶，记为 (a_i,b_j)。两个集合所有元素序偶的全体则可以组成一个新的集合，这个集合就叫做集合 A 与集合 B 的直积。表示为

$$A \times B = \{(a_i,b_j) \mid a_i \in A, b_j \in B\} \quad (i=1,2,\cdots,m; j=1,2,\cdots,n) \tag{6.2}$$

其中，符号"$\times$"表示直积。

例 6.1　当 $A=\{a_1,a_2\}$，$B=\{b_1,b_2,b_3\}$ 时，其直积 $A \times B$ 为

$$A \times B = \{(a_1,b_1),(a_1,b_2),(a_1,b_3),(a_2,b_1),(a_2,b_2),(a_2,b_3)\}$$

这表示 $A \times B$ 上一个新的集合，这个集合由 6 个序偶组成。

多个集合之间也可以进行直积运算。例如

$$A \times B \times C \times D = \{(a_i,b_j,c_k,d_l) \mid a_i \in A, b_j \in B, c_k \in C, d_l \in D\} \tag{6.3}$$

关系，是指客观世界中各事物之间的联系。在数学上，关系用 R 表示。若 R 为集合 A 与集合 B 之间的关系，则对应于任意 $a_i \in A, b_j \in B$，就有两种表示法：当 a_i 和 b_j 之间有某种关系时，记作 $a_i R b_j$；当 a_i 和 b_i 之间无某种关系时，记作 $a_i \overline{R} b_j$。

集合 A 与集合 B 之间的关系 R，也可用有关的序偶 (a_i,b_j) 来表示，其中 $a_i \in A, b_j \in B$。所有有关系 R 的序偶可以构成一个 R 集合，因此，集合 R 是集合 A 和集合 B 的直积 $A \times B$ 的子集，记成 $R \subseteq A \times B$。

例 6.2　如例 6.1 中，若有

$a_1 R b_1, a_1 \overline{R} b_2, a_1 R b_3, a_2 R b_1, a_2 R b_2, a_2 \overline{R} b_3$，则说 $A \times B$ 有关系 R 且

$$R = \{(a_1,b_1),(a_1,b_3),(a_2,b_1),(a_2,b_2)\}$$

例 6.2 中集合 A 和集合 B 的关系 R 也可以用表 6.1 表示，表中有关系 R 的 a_i 和 b_j 记为 1，无关系 R 的 a_i 和 b_j 记为 0。

更有用的表示方法是关系矩阵。设集合 A 由 m 个元素组成，集合 B 由 n 个元素组成，当集合 A 与集合 B 有关系 R 时，有关系矩阵

$$R = [r_{ij}]_{m \times n}$$

例 6.2 的关系矩阵则可以记作 $R_{A \times B} = \begin{bmatrix} 1 & 0 & 1 \\ 1 & 1 & 0 \end{bmatrix}$。

表 6.1　集合 A 和集合 B 的关系表

R		B		
		b_1	b_2	b_3
A	a_1	1	0	1
	a_2	1	1	0

由于 $R_{A \times B} \neq R_{B \times A}$，为明确起见，称 $R_{A \times B}$ 为集合 A 到 B 的关系，称 $R_{B \times A}$ 为集合 B 到 A 的关系。

关系是可以进行运算的，关系的运算是由关系矩阵通过并、交、补、合成 4 种方式进行的。由于关系矩阵只由 0 或 1 组成，因此它的运算方式与其他数值运算也有所不同。

设 R,S 是集合 A 到集合 B 的两个关系，即 $R \subseteq A \times B,S \subseteq A \times B$，它们的关系矩阵分别是 $R = [r_{ij}]$ 和 $S = [s_{ij}]$。

根据关系运算的性质和法则，有：

①并运算的符号是"$\cup$"。当 $R \cup S$ 时，设 $R \cup S = Q = [q_{ij}]$，则 $q_{ij} = r_{ij} \vee s_{ij}$。这里的 $\vee$ 表示"或"。

②交的运算符号是"$\cap$"。当 $R \cap S$ 时，设 $R \cap S = Q = [q_{ij}]$，则 $q_{ij} = r_{ij} \wedge s_{ij}$。这里的 $\wedge$ 表示"与"。

③补运算即为"非"。对于关系 R 的补"$\overline{R}$"，有 $\overline{R} = [\overline{q_{ij}}]$。

④合成运算的符号是"$\circ$"。合成运算涉及到 3 个集合 A,B,C。如果 R 是集合 A 到 B 的关系，S 是集合 B 到 C 的关系，设 Q 是由 $R \circ S$ 定义的关系，则称 Q 为 R 和 S 的合成关系，其相应的运算称为合成运算。表示为

$$R \circ S = Q$$

如果 $R = [r_{ik}],S = [s_{kj}],Q = [q_{ij}]$，则

$$q_{ij} = \bigvee_{k=1}^{n} (r_{ik} \wedge s_{kj}) \tag{6.4}$$

其中，$i = 1,2,\cdots,m;k = 1,2,\cdots,n;j = 1,2,\cdots,p$。

关系矩阵合成运算的过程和普通矩阵的乘法运算过程是类似的，但应该将普通矩阵运算过程中的"乘"改为"与"（$\wedge$），将"加"改为"或"（$\vee$）。

例 6.3　关系矩阵 $R = \begin{bmatrix} 1 & 0 & 1 \\ 1 & 1 & 0 \end{bmatrix}$，$S = \begin{bmatrix} 0 & 0 & 1 \\ 1 & 1 & 1 \\ 1 & 0 & 0 \end{bmatrix}$，则 R 和 S 的合成关系矩阵 Q 为

$$Q = R \circ S = \begin{bmatrix} (1 \wedge 0) \vee (0 \wedge 1) \vee (1 \wedge 1) & (1 \wedge 0) \vee (0 \wedge 1) \vee (1 \wedge 0) & (1 \wedge 1) \vee (0 \wedge 1) \vee (1 \wedge 0) \\ (1 \wedge 0) \vee (1 \wedge 1) \vee (0 \wedge 1) & (1 \wedge 0) \vee (1 \wedge 1) \vee (0 \wedge 0) & (1 \wedge 1) \vee (1 \wedge 1) \vee (0 \wedge 0) \end{bmatrix} =$$

$$\begin{bmatrix} 0 \vee 0 \vee 1 & 0 \vee 0 \vee 0 & 1 \vee 0 \vee 0 \\ 0 \vee 1 \vee 0 & 0 \vee 1 \vee 0 & 1 \vee 1 \vee 0 \end{bmatrix} = \begin{bmatrix} 1 & 0 & 1 \\ 1 & 1 & 1 \end{bmatrix}$$

6.1.2　模糊集合

普通集合中的一个元素 x，对于某个论域 U 的集合 A，或者是 $x \in A$，或者是 $x \notin A$，两者必

居其一,没有其他选择。因此说,普通集合具有明确清晰的内涵和外延。但在现实生活中,特别是在人们的主观认识和思维中,许多概念都没有明确的内涵与外延。例如,某些人是否符合"漂亮"这一概念,有时就很难给出完全肯定或否定的结论,不能简单地用"是"或"否"来回答;又如,什么年龄是"年轻"和"不年轻"的界限,"年轻"和"不年轻"两个集合的分界线在哪里,就很难有明确清晰的答案。因此说,对这一类概念,在符合和不符合之间允许有一个逐渐变化的中间过程,这样的一些概念就称为模糊概念。没有明确外延的模糊概念,是不能用普通集合来描述的,从而就产生了用于描述模糊概念的模糊集合。一个元素 x 对于模糊集合 A,不但有"属于"和"不属于"两个可能,在一般情况下,元素 x 更有在多大程度上属于模糊集合 A 的可能。

与普通集合的特征函数相对应,在模糊集合中,用来描述元素 x 属于某个模糊集合 A 到什么程度的函数,称为隶属函数。隶属函数也可记作 $\mu_A(x)$。隶属函数是模糊集合的特征函数,它把普通集合特征函数的取值范围从普通集合的 $\{0,1\}$ 扩大到闭区间 $[0,1]$,也就是说可以用 $[0,1]$ 中的某个实数去度量某个元素 x 属于模糊集合 A 的程度,这个实数就称为隶属度。例如当 $\mu_A(x_1)=0.8$ 时,就表示 x_1 属于模糊集合 A 的隶属度为 0.8。

当 $\mu_A(x)$ 的值域取 $[0,1]$ 闭区间的两个端点,即 0 或 1 两个值时,隶属函数 $\mu_A(x)$ 就转化为特征函数 $\mu_A(x)$,模糊集合 A 也转化为普通集合 A,所以说,模糊集合是普通集合的推广,普通集合可以看成是模糊集合的一种特殊情况,特征函数也可以看成是隶属函数的一种特殊情况。

隶属函数使用的曲线可以有很多种,常用的隶属函数曲线有如图 6.2 所示的 4 种:

①正态形　$\mu_A(x)=\mathrm{e}^{-\left(\frac{x-a}{b}\right)^2}$,$b>0$

其曲线如图 6.2(a)所示。这是一种最符合模糊分布规律的曲线,表达式中参数 a 变化时曲线左右平移;参数 b 值加大时曲线变宽,b 值减小时曲线变窄。当在横坐标上取值 $x=x_i$ 时,x_i 所对应的曲线上某点的纵坐标值便是正态型隶属函数 x_i 的隶属度 $\mu_A(x_i)$。

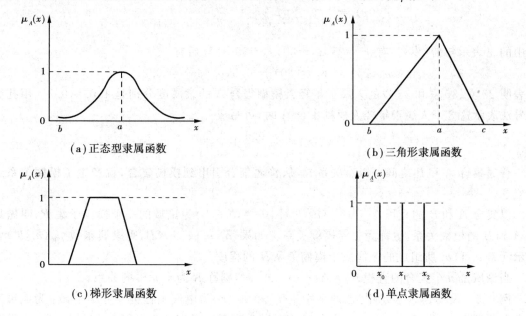

(a)正态型隶属函数　　　　　　　(b)三角形隶属函数

(c)梯形隶属函数　　　　　　　(d)单点隶属函数

图 6.2　常用隶属函数曲线示意图

②三角形　$\mu_A(x)=\begin{cases}\dfrac{x-b}{a-b}, & b\leqslant x\leqslant a \\[2mm] \dfrac{c-x}{c-a}, & a<x\leqslant c \\[2mm] 0, & x<b\ \text{或}\ x>c\end{cases}$

其曲线图见图 6.2(b)。

③梯形

其曲线图如图 6.2(c)所示。

三角形和梯形的隶属函数,在模糊控制中最为常用,因为它们表达方便,运算简捷,存储时所占内存也少。研究结果表明,隶属函数曲线的形状对模糊控制的效果影响并不很大,所以,这两种形状的隶属函数曲线,在模糊控制中往往优先选用。

④单点形　$\mu_A(x)=\begin{cases}1 & x=x_i \\ 0 & x\neq x_i\end{cases}, i=0,1,2,\cdots,n$

其图形见图 6.2(d)。

普通集合一般用 $A=\{a_1,a_2,\cdots,a_n\}$ 来表示,模糊集合的表示方式则有多种,最常用的表示法是扎德记号法,表示为

$$A=\left\{\frac{\mu_A(x_1)}{x_1}+\frac{\mu_A(x_2)}{x_2}+\cdots+\frac{\mu_A(x_n)}{x_n}\right\} \tag{6.5}$$

在这个表达式中,分式不代表相除,而是表示元素 x_i 与其隶属度 $\mu_A(x_i)$ 的对应关系,分母位置表示元素名称,分子位置表示该元素的隶属度。"＋"符号也不代表加法运算,而是表示模糊集合 A 中各元素 x_i 及其隶属度的汇总。

例 6.4　在研究人的年龄这个论域中,年龄分别为 25 岁、30 岁和 35 岁的 3 个人是否属于"年轻人"集合 A 的问题时,可以设"年轻人"模糊集合 A 的隶属函数为

$$\mu_A(x)=\begin{cases}1 & 0\leqslant x\leqslant 25 \\[2mm] 1+\left(\dfrac{x-25}{5}\right)^2 & 25\leqslant x\leqslant 100\end{cases}$$

式中的 x 表示年龄(岁)。有 $x_1=25,x_2=30,x_3=35$,计算后有

$$\mu_A(25)=1,\mu_A(30)=0.5,\mu_A(35)=0.2$$

这表明 25 岁、30 岁和 35 岁的人属于年轻人模糊集合 A 的隶属度分别是 1,0.5,0.2。用扎德记号法表示这 3 个人属于年轻人模糊集合 A 时,可写成

$$A=\left\{\frac{1}{x_1}+\frac{0.5}{x_2}+\frac{0.2}{x_3}\right\}$$

普通集合 A 和 B 之间可以有关系 R,从普通集合引申到模糊集合,就产生了模糊关系这一概念。

以集合 A 和 B 的直积 $A\times B=\{(a_i,b_j)\,|\,a_i\in A,b_j\in B\}$ 为论域的一个模糊子集 R,叫做集合 A 到 B 的模糊关系,也称为二元模糊关系。如果 $(a_i,b_j)\in A\times B$,则隶属函数 $\mu_R(a_i,b_j)$ 就表示元素 a_i 和 b_j 所组成的序偶属于模糊关系 R 的程度。

当论域是 n 个集合的直积 $A_1\times A_2\times\cdots\times A_n$ 时,则称 R 为 n 元模糊关系。

例 6.5　设集合 A 表示甲、乙两个学生 x_1 和 x_2,x_1 为电气工程类专业学生,x_2 为建筑工程类专业学生,记作 $A=\{x_1,x_2\}$;集合 B 表示某学生期末考试的科目,$B=\{$高等数学,大学英

语,物理,控制理论,建筑学原理}＝$\{y_1,y_2,y_3,y_4,y_5\}$,假设电气工程类专业的学生不参加建筑学原理的考试,建筑工程类专业的学生不参加控制理论的考试,两学生的期末考试成绩如表 6.2 所示。

表 6.2　两学生考试成绩表

学生	成绩　科目	高等数学	大学英语	物　理	控制理论	建筑学原理
		y_1	y_2	y_3	y_4	y_5
甲	x_1	85	92	89	81	0
乙	x_2	100	83	76	0	87

如果要分析两个学生与考试科目之间关于成绩优秀的模糊关系,可以用考试成绩除以满分(100 分)所得的数值作为隶属函数值,表示满分的隶属度,由此得表 6.3。

表 6.3　两学生考试成绩满分的隶属度表

	y_1	y_2	y_3	y_4	y_5
x_1	0.85	0.92	0.89	0.81	0
x_2	1	0.83	0.76	0	0.87

根据表 6.3,可以用扎德记号法写出集合 A(学生)与集合 B(考试科目)之间关于成绩的模糊关系为

$$R = \frac{0.85}{(x_1,y_1)} + \frac{0.92}{(x_1,y_2)} + \frac{0.89}{(x_1,y_3)} + \frac{0.81}{(x_1,y_4)} + \frac{0}{(x_1,y_5)} +$$

$$\frac{1}{(x_2,y_1)} + \frac{0.83}{(x_2,y_2)} + \frac{0.76}{(x_2,y_3)} + \frac{0}{(x_2,y_4)} + \frac{0.87}{(x_2,y_5)}$$

写成模糊关系矩阵的形式

$$R = \begin{bmatrix} 0.85 & 0.92 & 0.89 & 0.81 & 0 \\ 1 & 0.83 & 0.76 & 0 & 0.87 \end{bmatrix}$$

从模糊关系的表达式和模糊关系矩阵中都可以看到,元素 x_1 与 y_5 之间的隶属函数值为 0,这表示元素 x_1 和 y_5 之间是没有模糊关系的。同理,x_2 与 y_4 之间也没有模糊关系。可以记作 $x_1\overline{R}y_5$ 和 $x_2\overline{R}y_4$。没有模糊关系的序偶可以不在模糊关系表达式中出现。这也正好说明了模糊关系 R 是集合 A 和 B 的直积 $A\times B$ 的一个子集。

如同普通关系矩阵的运算一样,模糊关系矩阵也有并、交、补、合成 4 种运算方式。所不同的是,普通关系矩阵只由二值逻辑组成,而模糊关系矩阵由于表达隶属度,取值是在[0,1]闭区间内的任意实数。因此,根据模糊关系运算的性质和法则,有:

设 R 和 S 为集合 A 到集合 B 的两个模糊关系,$R\in A\times B$,$S\in A\times B$,它们的模糊关系矩阵分别为 $R=[r_{ij}]$ 和 $S=[s_{ij}]$,

①若 $R\cup S$,记作 $R\cup S=Q=[q_{ij}]$,则

$$q_{ij} = r_{ij} \vee s_{ij} = \max[r_{ij},s_{ij}] \tag{6.6}$$

其中,$\max[r_{ij},s_{ij}]$ 表示取 r_{ij} 和 s_{ij} 中的最大值。

②若 $R\cap S$,记作 $R\cap S=Q=[q_{ij}]$,则

$$q_{ij} = r_{ij} \wedge s_{ij} = \min[r_{ij}, s_{ij}] \qquad (6.7)$$

其中，$\min[r_{ij}, s_{ij}]$ 表示取 r_{ij} 和 s_{ij} 中的最小值。

③若 $\overline{R}$，则

$$\overline{R} = [\overline{r}_{ij}], \overline{r}_{ij} = 1 - r_{ij} \qquad (6.8)$$

④合成运算：设 R 是 $U \times V$ 的模糊关系，S 是 $V \times W$ 的模糊关系，设 Q 是由 $R \circ S$ 定义的模糊关系，则称 Q 是 $U \times W$ 上的模糊关系。Q 是模糊关系 R 与 S 的合成。表示为

$$R \circ S = Q$$

如果 $R = [r_{ik}], S = [s_{kj}], Q = [q_{ij}]$，则

$$q_{ij} = \bigvee (r_{ik} \wedge s_{kj}) = \max\{\min(r_{ik}, s_{kj})\} \qquad (6.9)$$

6.1.3 模糊语言

语言是人类思维和在互相交往中用以交流信息的工具。人们在日常生活中所使用的许多自然语言本来就有一定的模糊性，但由于人们对语言的理解也具有模糊性，因此一般都能正确识别。从广义上说，日常使用的自然语言和数学上的模糊语言都属于模糊语言的范畴。在数学领域，将带有模糊性的语言称为"模糊语言"。模糊语言可以用来表达一定论域的模糊集合。它可以对语言进行量化，改变语言的性质和程度。改变的方法就是在语言（单词和词组）之前加上一个加强或削弱语言表达程度模糊化的前缀词，这样的前缀词称为模糊语言算子。

(1)模糊语言算子

在模糊控制中，常用的模糊语言算子有以下几种：

1)语气算子

语气算子用于表达模糊语言中单词或词组的强弱程度。加强语气的称为集中算子，如"极"、"特别"、"非常"、"十分"、"很"等；减弱语气的称为淡化算子，如"略"、"比较"、"稍微"等。

语气算子的数学描述是 $[\mu_A(x)]^n$。$n > 1$ 时表示集中算子，$0 < n < 1$ 时表示淡化算子。

例 6.6 以 A 表示年轻人的模糊集合，在年龄区间 $[17, 40]$ 内可以写出以下隶属函数

$$\mu_A(x) = \begin{cases} 1, & 17 \leqslant x \leqslant 25 \\ \dfrac{1}{1 + \left(\dfrac{x-25}{5}\right)^2}, & x > 25 \end{cases}$$

可以算得 28 岁的人属于年轻人的隶属度为 $\mu_A(28) = 0.74$。

如果取集中算子 $n = 2$ 表示"很年轻"，取 $n = 3$ 表示"非常年轻"，则

$\mu_{很年轻}(28) = [\mu_A(28)]^2 = 0.54$

$\mu_{非常年轻}(28) = [\mu_A(28)]^3 = 0.40$

这说明 28 岁的人属于"很年轻"和"非常年轻"这两个模糊集合的程度有了不同的减小。

如果取淡化算子 $n = 0.5$ 表示"比较年轻"，取 $n = 0.25$ 表示"稍微年轻"，则

$\mu_{比较年轻}(28) = [\mu_A(28)]^{0.5} = 0.86$

$\mu_{稍微年轻}(28) = [\mu_A(28)]^{0.25} = 0.93$

这表示 28 岁的人属于"比较年轻"和"稍微年轻"这两个模糊集合的程度有了不同的加大。

2)模糊化算子

模糊化算子用于使语言中具有清晰概念的词的词义模糊化，如"大约"、"大概"、"可能"、

"近似于"等。

　　3)判定化算子

　　判定化算子可以把原来带模糊化的词的词义转化为某种程度上的清晰或肯定。如"接近于"、"倾向于"、"偏向"等。

(2)模糊语言变量和语言值

　　模糊语言在模糊控制中常用于构成模糊语言变量。所谓模糊语言变量,就是一个取值为模糊数并由语言词来定义的变量,模糊语言变量的取值,称为模糊语言变量值或模糊语言值。模糊语言值是数个模糊集合中的某一个模糊集合,而不是某个具体数值,而且这个模糊集合皆以模糊语言来表示。

　　在模糊控制中,"偏差"、"偏差变化率"等是常用的模糊语言变量,而"大"、"中"、"小"、"较大"、"较小"、"很大"、"很小"、"极大"、"极小"等是常用的语言变量值。

　　例如:一个较简单的温度控制系统,就可以设温度误差为模糊语言变量 X,如果温度误差的变化范围在 $-5℃ \sim +5℃$,那么模糊语言变量 X(即温度误差)的取值就可以设为"正很大"、"正大"、"正中"、"正小"、"零"、"负小"、"负中"、"负大"、"负很大"等数个模糊集合。每一个模糊集合都对应着从 $-5℃$ 到 $+5℃$ 这一论域 U 中的一段范围,相邻模糊集合所对应的区间常常还会重叠,如图 6.3 所示。

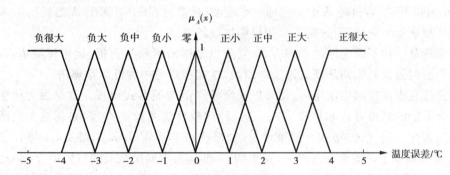

图 6.3　温度误差的模糊集合示意图

　　当温度误差为 1.3℃ 时,属于"正小"模糊集合的隶属度为 0.7,属于"正中"模糊集合的隶属度为 0.3,属于其他模糊集合的隶属度为 0;当温度误差为 2.5℃ 时,属于"正中"和"正大"模糊集合的隶属度都为 0.5。

6.1.4　模糊推理

　　人们常常根据逻辑思维,依命题做出判断和推理。所谓推理,是指根据已知的命题,按照一定的法则,去推断一个新的命题的思维过程和思维方式。可以说,从已知条件求未知结果的思维过程就是推理。推理总是由两部分组成,前一部分称为前提部(或条件部),后一部分称为结论部(或结果部),也可以分别称为前件和后件。

　　推理的形式有多种,主要是直接推理和间接推理。只有一个前提的推理称直接推理,有两个及其以上前提的推理称间接推理。间接推理又可以根据认识的方向分为演绎推理、归纳推理和类比推理等,模糊控制中使用的推理主要是演绎推理。

　　演绎推理是前提与结论之间存在蕴含关系的推理。演绎推理有肯定式(又称取式)和否定

式(又称拒取式)两类常用形式,它们可以用下面的示意式来表示:

肯定式(取式)

大前提(已知规则)	若 x 是 a	则 y 是 b
小前提(已知条件)		x 是 a
结论		y 是 b

否定式(拒取式)

大前提(已知规则)	若 x 是 a	则 y 是 b
小前提(已知证据)		y 不是 b
结论		x 不是 a

这就是人们所熟悉的形式逻辑的"三段论"推理模式。取式和拒取式的数学形式是

$$\frac{(A \to B)}{A} \quad \text{和} \quad \frac{(A \to B)}{B^c}$$
$$B \qquad\qquad A^c$$

这里的 $(A \to B)$ 表示 A(若 x 是 a)与 B(则 y 是 b)之间的关系。然而,如果在大前提($A \to B$)之下,小前提不是 A,而是 A 的偏差即一定程度(或某种程度)上属于 A 的偏离值 A^*,传统的"三段论"推理就无法使用,这时需要用模糊推理的方法。

模糊推理是一种不确定性的推理方式,它是以模糊的判断为前提,运用模糊语言规则,从而推出一个新的近似的模糊判断结论。所以说,模糊推理是一种近似推理法。

模糊推理在模糊控制中使用时,常常以模糊条件语句的形式出现。这是因为模糊条件语句比较符合人们的思维方式和推理方式,是一种比较直接的模糊推理,它就是人们所熟悉的"if—then"(若××则××)格式。简单地说,如果已知了 if A then B,那么,A 与 B 之间的模糊关系 R 也就确定了。需要注意的是,这里的 A 和 B 为不同论域上的模糊集合,A 表示"x 是 a",B 表示"y 是 b",x 和 y 为语言变量,a 和 b 分别是 x 和 y 两个语言变量中的一个语言变量值。因此,当是"if A_1"时,根据推理,就很容易得到结果为"then B_1"。在模糊控制中,通过对控制规律的归纳整理,可以总结出反映这些控制规律的一组模糊条件语句,根据相应的模糊条件语句进行模糊推理,就可以获得如期的控制效果。

模糊推理的方法有多种,在模糊控制中常用的是扎德法和马丹尼法,两者的区别是在求模糊关系 R 的方式上有所不同。而且,正因为模糊关系 R 是人为定义的,所以两种推理方法所获得的 R 也会略有差异。

(1)扎德推理法

扎德推理法是利用模糊关系的合成运算进行近似推理的方法,所以又称推理的合成法则,简写为 CRI。

它的基本原理是用一个模糊集合表述大前提中全部模糊条件语句前件的变量与后件的变量间的关系,用一个模糊集合表述小前提,然后用基于模糊关系的模糊变换运算给出推理结果。

当有两个模糊子集 A 和 B,且 $A \in X, B \in Y$,在"若 A 则 B"时,A 和 B 蕴含的模糊关系 R 用 $A \to B$ 表示。则 $A \to B$ 是 $X \times Y$ 上的一个模糊关系,即

$$(A \to B)(x,y) \triangleq R(x,y) \in U \times V$$

扎德推理法规定,取

$$R(x,y) = [A(x) \wedge B(y)] \vee [1 - A(x)] \tag{6.10}$$

模糊关系矩阵 $R(x,y)$ 的相应隶属函数为

$$\mu_{A \to B}(x,y) = [\mu_A(x) \wedge \mu_B(y)] \vee [1 - \mu_A(x)] \tag{6.11}$$

在已知了 $A \to B$ 的模糊关系矩阵 R 后,对于给定的 A_1, $A_1 \in U$,就可以通过合成运算,推得结论 B_1, $B_1 \in V$, B_1 的表达式为:

$$B_1 = A_1 \circ R \tag{6.12}$$

例 6.7　设 $U = \{a_1, a_2, a_3, a_4, a_5\}$, $V = \{b_1, b_2, b_3, b_4, b_5\}$, U, V 上的模糊子集"小"、"大"、"非常小"分别定义为

$$A = [小] = \frac{1}{a_1} + \frac{0.8}{a_2} + \frac{0.6}{a_3} + \frac{0.4}{a_4} + \frac{0.2}{a_5};$$

$$B = [大] = \frac{0.2}{b_1} + \frac{0.4}{b_2} + \frac{0.6}{b_3} + \frac{0.8}{b_4} + \frac{1}{b_5};$$

$$A_1 = [非常小] = [小]^2 = \frac{1}{a_1} + \frac{0.64}{a_2} + \frac{0.36}{a_3} + \frac{0.16}{a_4} + \frac{0.04}{a_5}。$$

如果已知"若 a 小则 b 大",当 a 非常小时,试问 b 如何?

1)先根据"若 a 小则 b 大"求模糊关系矩阵 R,也即求出矩阵 $[r_{ij}]$ 中的每一个 r_{ir},

$$A \to B = [若 \ a \ 小则 \ b \ 大](a_i, b_j) =$$
$$\{[小](a_i) \wedge [大](b_j)\} \vee \{1 - [小](a_i)\}$$

例如,对于 R 模糊关系矩阵的第二行第三列因子 r_{23},则有

$$r_{23} = \{[小](a_2) \wedge [大](b_3)\} \vee \{1 - [小](a_2)\} = [0.8 \wedge 0.6] \vee [1 - 0.8] = 0.6$$

同理,可算出其他 r_{ij},得到

$$R = \begin{bmatrix} 0.2 & 0.4 & 0.6 & 0.8 & 1 \\ 0.2 & 0.4 & 0.6 & 0.8 & 0.8 \\ 0.4 & 0.4 & 0.6 & 0.6 & 0.6 \\ 0.6 & 0.6 & 0.6 & 0.6 & 0.6 \\ 0.8 & 0.8 & 0.8 & 0.8 & 0.8 \end{bmatrix}$$

2)把"a 非常小时的 b"定义为 B_1 模糊子集,再根据合成推理方法有

$$B_1 = A_1 \circ R = [1 \quad 0.64 \quad 0.36 \quad 0.16 \quad 0.04] \circ R = [0.36 \quad 0.4 \quad 0.6 \quad 0.8 \quad 1]$$

因此,B_1 模糊子集为

$$B_1 = \frac{0.36}{b_1} + \frac{0.4}{b_2} + \frac{0.6}{b_3} + \frac{0.8}{b_4} + \frac{1}{b_5}$$

比较 B 和 B_1,可以有推理结论:当 a 非常小时,b 并不是非常大。

(2)马丹尼推理法

马丹尼推理法仍然是一种基于合成推理法则的方法,由于它更加简捷易用,因此在模糊控制中使用得极为普遍。

它的基本原理是:把 A 和 B 蕴含的模糊关系 R 记作 $A \to B$, $A \to B$ 直接用 A 和 B 的直积来表示,记作 $A \to B = A \times B$。

马丹尼推理法规定,取

$$R(u,v) = A(u) \wedge B(v) \tag{6.13}$$

模糊关系矩阵 $R(u,v)$ 的相应隶属函数为

$$\mu_{A \to B}(u,v) = [\mu_A(u) \wedge \mu_B(v)] \tag{6.14}$$

在已知了 $A \to B$ 的模糊关系矩阵 R 后，对于给定的 A_1，则所求的 B_1 可以通过合成运算推得

$$B_1 = A_1 \circ R$$

例 6.8　已知 $A = \dfrac{1}{a_1} + \dfrac{0.6}{a_2} + \dfrac{0.2}{a_3} + \dfrac{0}{a_4}$；$B = \dfrac{0.7}{b_1} + \dfrac{1}{b_2} + \dfrac{0.3}{b_3} + \dfrac{0.1}{b_4}$；

$$A_1 = \dfrac{1}{a_1} + \dfrac{0.5}{a_2} + \dfrac{0.9}{a_3} + \dfrac{0.3}{a_4}.$$

当"若 A 则 B"，问若 A_1 时结果如何？

由"若 A 则 B"，可知 A 与 B 之间有模糊关系矩阵 R，根据马丹尼推理法

$$R = \begin{bmatrix} 1 & 0.6 & 0.2 & 0 \end{bmatrix}^T \cdot \begin{bmatrix} 0.7 & 1 & 0.3 & 0.1 \end{bmatrix} = \begin{bmatrix} 0.7 & 1 & 0.3 & 0.1 \\ 0.6 & 0.6 & 0.3 & 0.1 \\ 0.2 & 0.2 & 0.2 & 0.1 \\ 0 & 0 & 0 & 0 \end{bmatrix}$$

"若 A_1 时的结果"为 B_1，则

$$B_1 = A_1 \circ R = \begin{bmatrix} 0.2 & 0.5 & 0.9 & 0.3 \end{bmatrix} \circ \begin{bmatrix} 0.7 & 1 & 0.3 & 0.1 \\ 0.6 & 0.6 & 0.3 & 0.1 \\ 0.2 & 0.2 & 0.2 & 0.1 \\ 0 & 0 & 0 & 0 \end{bmatrix} = \begin{bmatrix} 0.5 & 0.5 & 0.3 & 0.1 \end{bmatrix}$$

因此
$$B_1 = \dfrac{0.5}{b_1} + \dfrac{0.3}{b_2} + \dfrac{0.3}{b_3} + \dfrac{0.1}{b_4}$$

(3) 多输入模糊推理

如果把模糊推理的前件(条件)看成是一个系统的输入，那么模糊推理的后件(结果)就是系统的输出。因此，最简单的模糊推理格式"if A then B"就可以看成是有一个输入和一个输出的系统。它的前件是一维的模糊条件语句。对应于一维模糊条件语句，模糊推理中还有多维模糊条件语句的情况，最常见的便是格式为"if A and B then C"的两维模糊条件语句，简写为"若 A 且 B 则 C"，它可以看成是双输入单输出的系统。

如果已知推理的大前提为"if A and B then C"，在已知推理小前提为输入 A_1 和 B_1 而求相应的输出 C_1 时，设 A,B,C 分别是论域 X,Y,Z 上的集合，所以这是一个三元模糊蕴含关系，记作 $(A \times B) \to C$。根据马丹尼推理法，其模糊关系为

$$R = A \times B \times C \text{ 或 } R(x,y,z) = A(x) \wedge B(y) \wedge C(z)$$

在输入为 A_1 和 B_1 时，且 $A_1 \in X(x), B_1 \in Y(y), C_1 \in Z(z)$，则推理结果 C_1 为

$$C_1 = (A_1 \times B_1) \circ R \tag{6.15}$$

例 6.9　如果有 $A = \dfrac{0.4}{a_1} + \dfrac{1}{a_2} + \dfrac{0.2}{a_3}$，$B = \dfrac{0.3}{b_1} + \dfrac{1}{b_2} + \dfrac{0.5}{b_3}$，$C = \dfrac{0.2}{c_1} + \dfrac{1}{c_2}$，且 $A_1 = \dfrac{0}{a_1} + \dfrac{0.5}{a_2} + \dfrac{0.7}{a_3}$，$B_1 = \dfrac{0.4}{b_1} + \dfrac{0.9}{b_2} + \dfrac{0}{b_3}$。

求"若 A_1 且 B_1 则 C_1"时的 C_1。

由于 $R = A \times B \times C$

$$A \times B = \begin{bmatrix} 0.4 \\ 1 \\ 0.2 \end{bmatrix} \begin{bmatrix} 0.3 & 1 & 0.5 \end{bmatrix} = \begin{bmatrix} 0.3 & 0.4 & 0.4 \\ 0.3 & 1 & 0.5 \\ 0.2 & 0.2 & 0.2 \end{bmatrix}$$

在求 $(A \times B) \times C$ 时,要将 $A \times B$ 按行展开写成列向量形式:

$$R = (A \times B) \times C = \begin{bmatrix} 0.3 \\ 0.4 \\ 0.4 \\ 0.3 \\ 1 \\ 0.5 \\ 0.2 \\ 0.2 \\ 0.2 \end{bmatrix} \begin{bmatrix} 0.2 & 1 \end{bmatrix} = \begin{bmatrix} 0.2 & 0.3 \\ 0.2 & 0.4 \\ 0.2 & 0.4 \\ 0.2 & 0.3 \\ 0.2 & 1 \\ 0.2 & 0.5 \\ 0.2 & 0.2 \\ 0.2 & 0.2 \\ 0.2 & 0.2 \end{bmatrix}$$

根据合成推理法则,

$$C_1 = (A_1 \times B_1) \circ R$$

而 $A_1 \times B_1 = \begin{bmatrix} 0 \\ 0.5 \\ 0.7 \end{bmatrix} \circ \begin{bmatrix} 0.4 & 0.9 & 0 \end{bmatrix} = \begin{bmatrix} 0 & 0 & 0 \\ 0.4 & 0.5 & 0 \\ 0.4 & 0.7 & 0 \end{bmatrix}$

将 $A_1 \times B_1$ 按行展开写成行向量形式,有

$$C_1 = (A_1 \times B_1) \circ R = \begin{bmatrix} 0 & 0 & 0 & 0.4 & 0.5 & 0 & 0.4 & 0.7 & 0 \end{bmatrix} \circ \begin{bmatrix} 0.2 & 0.3 \\ 0.2 & 0.4 \\ 0.2 & 0.4 \\ 0.2 & 0.3 \\ 0.2 & 1 \\ 0.2 & 0.5 \\ 0.2 & 0.2 \\ 0.2 & 0.2 \\ 0.2 & 0.2 \end{bmatrix} =$$

$$\begin{bmatrix} 0.2 & 0.5 \end{bmatrix}$$

即

$$C_1 = \frac{0.2}{c_1} + \frac{0.5}{c_2}$$

6.2　模糊控制系统

模糊逻辑在控制领域中的应用称为模糊控制。一个自动控制系统,如果能运用模糊逻辑方法,将操作者或专家的控制经验和知识表示成用语言变量描述的控制规则,然后用这些规则去控制被控对象,这样的自动控制系统就称为模糊控制系统。模糊控制对数学模型未知的、复

杂的非线性系统尤为适用,方法简单,控制效果较好。

6.2.1 模糊控制系统的工作原理

最简单的模糊控制系统结构如图 6.4 所示,其中 r 为设定值,y 为输出值。由图可知,模糊控制系统与一般的微机控制系统基本类似,同样由被控对象、过程输入输出通道、检测装置和控制器等部分组成,所不同的只是以模糊控制器取代了传统的数字控制器。

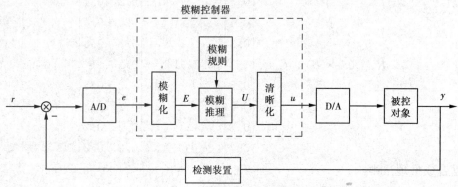

图 6.4　模糊控制器结构图

模糊控制是仿照有经验的操作者或专家凭积累的工作经验和丰富的知识进行正确的操作来完成控制任务的。在一个用蒸汽加热的人工操作温度控制系统中,当表示输出温度的某个精确数值通过操作者的视觉器官反映到他(她)的大脑时,就已经按要求被改变成模糊量来看待了,如"温度过高"、"温度过低"或"温度合适",这种从客观存在的精确量变为模糊量的过程就是模糊化。然后操作者要根据获得的信息以及自身的经验和知识进行比较、分析、推理、判断,从而决定应该对温度作何种调整。例如温度稍高,可将加热蒸汽阀关小一些;温度非常高,则将蒸汽阀关到最小位置等等。可以把操作者的经验归纳成若干条可以用自然语言描述的控制规则,利用模糊数学进行处理后存放在计算机中,这些规则便称为模糊控制规则(简称模糊规则)。操作者可以根据已有的模糊规则进行模糊推理,然后做出相应的模糊决策,但模糊决策的结果仍然是一个模糊量,如"关小阀门"、"开大阀门"等,而把阀门关小或开大到什么值又必须是一个精确量,所以把模糊决策的结果从模糊量变为精确量的过程称为清晰化。因此,一个模糊控制的过程应该由 3 部分组成:精确量的模糊化、模糊推理决策和模糊量的清晰化。

从图 6.4 还可以看到,模糊控制器的输入变量是系统的偏差 e,输出变量是作用于被控对象的 u。在计算机控制系统中,偏差 e 是个数字量,是有确定数值的清晰量。通过模糊化处理,设用模糊语言变量 E 来描述偏差 e,如果把偏差 e 在它的变化范围内按大小分为 7 种类别,则 E 的语言值集合可以表示为:

$$E = \{负大,负中,负小,零,正小,正中,正大\}$$

用英文首字母表示时则为:

$$E = \{NB, NM, NS, ZE, PS, PM, PB\}$$

当然也可以分为 5 种类别,如

$$E = \{NB, NS, ZE, PS, PB\}$$

用于模糊推理和模糊决策的模糊控制规则是以规则库形式存储在计算机中的。设模糊推理和模糊决策模块的输入是 E,输出是 U,规则形式为:

规则 1: IF E_1 THEN U_1

规则 2: IF E_2 THEN U_2

……

规则 n: IF E_n THEN U_n

每一条规则可以建立一个模糊关系 $R_i(i=1,2,\cdots,n)$,因此系统总的模糊关系 R 为

$$R = R_1 \bigcup R_2 \bigcup \cdots \bigcup R_n$$

当已知模糊控制器的输入 e^* 对应模糊变量 E^*,应用合成推理的扎德或马丹尼法,可得到模糊推理输出 U^*

$$U^* = E^* \circ R$$

模糊推理输出 U^* 是一个模糊变量,还要通过清晰化处理使之变为有确定数值的清晰量 u^*,这才是模糊控制器的输出,u^* 施加到被控对象使偏差 e^* 减小。

6.2.2　模糊控制器的设计

目前常用的模糊控制器主要有单输入单输出和双输入单输出两种,尤其是后者,在工业自动化上已被广泛应用。双输入单输出的模糊控制器,其输入量是偏差 e 和偏差变化 Δe,输出量是控制量 u,它有较好的控制效果,也易于用计算机实现。下面以双输入单输出的模糊控制器为例来介绍模糊控制器的设计过程,图 6.5 是典型的双输入单输出模糊控制系统简化示意图。

模糊控制器的设计按模块可以分为模糊化设计、模糊控制规则及控制算法设计、清晰化设计 3 部分。

(1)模糊化设计

在模糊控制系统中,模糊控制器的输入值和输出值都是有确定数值的清晰量,而在模糊控制器内部,

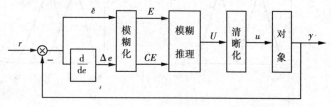

图 6.5　典型的模糊控制系统简化示意图

模糊推理的过程又需要用模糊语言变量来进行,在模糊量和清晰量之间有一定的转换关系,这种把物理量的清晰值转换到模糊语言变量值的过程称为模糊化。

模糊语言变量是以自然或人工语言的词、词组作为值的变量。当把"温度"划分成"较高"、"高"、"合适"、"低"、"较低"时,"温度"称为模糊语言变量,温度的"较高"、"高"、"合适"、"低"、"较低"称为这个语言变量的语言值,或简称为语言变量值。模糊语言变量的每一个语言值实质上是一个在模糊论域上的模糊集,这个模糊集可以通过隶属函数来描述。一个燃烧炉温度控制系统的温度变量隶属函数可以用图 6.6 来表示。

在对一个模糊语言变量划分其语言值时,并不是分得越多、越细,控制效果就越好。有时候,输入的模糊语言变量分成 5 挡(即 5 个模糊集)与 7 挡的效果是一样的。一般在设计时先划分成 3 挡或 5 挡,在优化和调试时可根据需要酌情增加挡数。

隶属函数的形状对模糊控制的控制

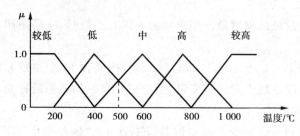

图 6.6　燃烧炉的"温度"变量隶属函数示例

效果影响不大,因此一般选用三角形,在模糊论域的两端也可以用梯形。三角形隶属函数在整个论域上可以均匀对称分布,也可以是非均匀或不对称的。图 6.7(b)所示的不均匀分布隶属函数由于其他的模糊集向"零"模糊集靠拢,有利于提高系统的控制精度。

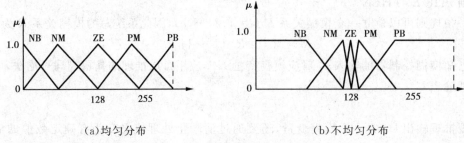

(a)均匀分布　　　　　　　　　(b)不均匀分布

图 6.7　隶属函数分布的例子

各个模糊集的隶属函数必定是有重叠的,隶属函数之间的重叠程度直接影响系统的性能。合适的重叠使模糊控制器在参数变化时具有鲁棒性;而不合适的重叠会导致模糊推理发生混乱。一般情况下,相邻的两个隶属函数才有重叠部分,它们的重叠率可在 0.2～0.6 选取,如图 6.8 所示。

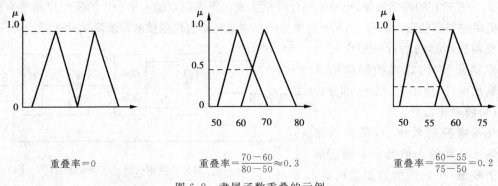

图 6.8　隶属函数重叠的示例

在实际应用模糊控制时,为了简化计算和有利于实时控制,有两个步骤是必需的,一是将精确量离散化,二是制作语言变量的赋值表。

精确量的离散化就是把语言变量的论域从连续域转换成以零为中心的有限整数的离散域。设语言变量在连续域的变化范围是 $X=[X_L, X_H]$,X_L 表示低限值,X_H 表示高限值。要把此论域转换成整数 $N=[-n, -n+1, \cdots, -1, 0, 1, \cdots, n-1, n]$ 时,可以有公式

$$b = \frac{2n}{X_H - X_L} \cdot \left(a - \frac{X_H + X_L}{2}\right) \tag{6.16}$$

其中 a 是 X 论域的清晰量,b 是所对应的离散域的离散量。当求出的 b 含有小数时,应采用四舍五入的方法对 b 取整数。

当取 $n=6$ 时,有 $N=[-6, -5, -4, -3, -2, -1, 0, 1, 2, 3, 4, 5, 6]$,构成含 13 个整数元素的离散集合。在这个基础上,就可以在离散论域中对语言变量进行分挡,每一挡成为语言变量的语言值。

在双输入单输出的模糊控制系统中,用到的语言变量有:"偏差"E(error)、"偏差变化"CE(Change of Error)和"控制量"U。如果把语言变量"偏差"E 分为"负大"、"负中"、"负小"、

"零"、"正小"、"正中"、"正大"7 挡,也即有 7 个语言值(NB,NM,NS,ZE,PS,PM,PB)。它们在偏差 E 的整数离散论域中的分布如图 6.9 所示。

由图 6.9 可知,这 7 个语言值所用
的隶属函数的覆盖范围分别是:

"负大"(NB):−6～−4

"负中"(NM):−6～−2

"负小"(NS):−4～0

"零"(ZE):−2～2

"正小"(PS):0～4

"正中"(PM):2～6

"正大"(PB):4～6

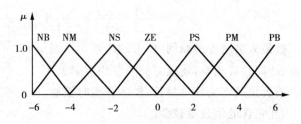

图 6.9　语言变量值的图形表示

把"偏差"的整数论域 13 个元素和 7 个语言变量值分别作为表格的行和列,就可以得到语言变量值的表格表示,这种表格称为语言变量 E 的赋值表,如表 6.4 所示。

表 6.4　语言变量 E 的赋值表

	−6	−5	−4	−3	−2	−1	0	1	2	3	4	5	6
NB	1	0.5	0	0	0	0	0	0	0	0	0	0	0
NM	0	0.5	1	0.5	0	0	0	0	0	0	0	0·	0
NS	0	0	0	0.5	1	0.5	0	0	0	0	0	0	0
ZE	0	0	0	0	0	0.5	1	0.5	0	0	0	0	0
PS	0	0	0	0	0	0	0	0.5	1	0.5	0	0	0
PM	0	0	0	0	0	0	0	0	0	0.5	1	0.5	0
PB	0	0	0	0	0	0	0	0	0	0	0	0.5	1

对照图 6.9 和表 6.4 可以看出,当偏差值为"−3"时,语言变量 E 的语言值可以用"负中"(NM)和"负小"(NS)两个隶属函数来表示,它们的隶属函数值都是 0.5。如果在设计时为了提高控制精度将"负小"(NS)隶属函数改为向"零"(ZE)靠拢的非等腰三角形,偏差值"−3"所对应的"负中"(NM)隶属函数值仍为 0.5,而对应的"负小"(NS)隶属函数值就会小于 0.5。所以说,图 6.9 中的隶属函数的形状、位置分布和相互重叠程度不同,赋值表中的数值也就不同。语言变量的隶属函数图主要是通过总结操作者或专家的经验和知识来确定的。

按同样的方法,可以做成偏差变化 Δe 的语言变量 CE 的赋值表和控制量变化值 Δu 的语言变量 U 的赋值表。

(2)清晰化设计

模糊控制器的输出是模糊量,为了使模糊控制器的输出能对被控对象进行控制,就要把它输出的模糊量转换成精确量,这个过程称为清晰化。在模糊控制中所用的清晰化方法主要有两种,即最大隶属度法和重心法。

1)最大隶属度法

在模糊控制器模糊推理结论的模糊集里,选取隶属度最大的元素作为精确量去执行控制的方法称为最大隶属度法。

设模糊控制器的推理结论是模糊集 C,所选择的隶属度最大的元素 u^* 应满足

$$\mu_C(u^*) \geqslant \mu_C(u) \qquad u \in U \tag{6.17}$$

例 6.10　模糊推理结论是：

$$C = \frac{0.1}{-3} + \frac{0.3}{-2} + \frac{0.5}{-1} + \frac{0.8}{0} + \frac{0.9}{1} + \frac{0.8}{2} + \frac{0.5}{3}$$

按最大隶属度的原则，所选的清晰化控制量 $u^* = 1$，此时的 $\mu_C(u^*) = 0.9$。如果这样的最大点 u^* 同时有几个，就取它们的平均值 $\overline{u}^*$。

最大隶属度法简单易行，较适合实时控制，但它完全没有考虑其他隶属度较小的元素的影响，因此包含的信息量较少。

2）重心法

对模糊推理结论的模糊集里所含的所有元素求取重心元素，将这重心元素作为精确量去执行控制的方法称为重心法。

重心法的求取公式是：

$$u^* = \frac{\sum \mu(u_i) \cdot u_i}{\sum \mu(u_i)} \tag{6.18}$$

按重心法计算例 6.10 的 u^*，有

$$u^* = \frac{0.1 \times (-3) + 0.3 \times (-2) + 0.5 \times (-1) + 0.8 \times 0 + 0.9 \times 1 + 0.8 \times 2 + 0.5 \times 3}{0.1 + 0.3 + 0.5 + 0.8 + 0.9 + 0.8 + 0.5} = 0.67$$

由于重心法考虑了组成模糊集的其他隶属度较小的元素的影响，因此与最大隶属度法相比，其结果更为合理，所以重心法在清晰化设计中应用最为广泛。

(3)模糊控制规则及控制算法的设计

模糊控制规则是模糊控制器进行模糊推理的依据，而模糊控制算法是指模糊控制器从输入的连续精确量开始，通过模糊化、模糊推理和清晰化，求出相应的用于输出控制的精确值的算法过程。

模糊控制规则是根据人的思维方式对一个被控系统执行控制而总结出来的带有模糊性的控制规则。模糊控制规则的生成可以有多种方法，可以根据专家经验和过程控制的知识来生成控制规则，也可以根据对系统进行手工控制的测量结果来生成控制规则，还可以根据被控对象的模糊模型来生成规则。在双输入单输出模糊控制器的设计中，根据过程模糊模型或根据测量数据来生成模糊控制规则是初学者容易掌握的两种较直接和较方便的生成控制规则的方法。

1）根据过程模糊模型生成控制规则

当用语言对一个被控过程的动态特性描述时，这种语言描述可以看做过程的模糊模型。根据模糊模型，可以得到模糊控制的规则集。

在数字控制的双输入单输出 PID 控制器中（见图 6.5），它对过程控制的离散方程为：

$$u(k) = u(k-1) + \Delta u(k)$$

$$\Delta u(k) = K_p[e(k) - e(k-1)] + \left(\frac{K_p T}{T_I}\right)e(k) + \left(\frac{K_p T_D}{T}\right)[e(k) - 2e(k-1) + e(k-2)]$$

$$\tag{6.19}$$

$$e(k) = r - y(k)$$

其中　$u(k)$——第 k 次采样周期时的控制量；

$u(k-1)$——第 $k-1$ 次采样周期时的控制量；

K_p——比例系数；

$K_p T/T_1$——积分系数；

$K_p T_D/T$——微分系数；

$e(k)$——第 k 次采样周期时的偏差；

$e(k-1)$——第 $k-1$ 次采样周期时的偏差；

$e(k-2)$——第 $k-2$ 次采样周期时的偏差；

r——给定输入；

$y(k)$——第 k 次采样周期时的系统输出。

从式(6.19)可知，控制方程的比例项与偏差的一阶差分有关，积分项与偏差有关，微分项与偏差的二阶差分有关。对于一个未知的 PID 系统，由于其比例系数、积分系数和微分系数是模糊的，因此可以认为式(6.19)是一个模糊控制模型。

先讨论常用的双输入单输出模糊控制器。

设这种模糊控制器的语言规则的格式为

$$\text{IF } E = L_i \text{ and } CE = L_j \text{ then } CP = L_{ij} \quad 1 \leqslant i,j \leqslant l$$

其中，E 表示偏差，CE 表示偏差的变化，CP（Change of Process output）表示过程输出的变化，l 是语言变量值的最大下标。

在这个格式中，L_i，L_j 分别是 E 和 CE 的语言变量值，而 L_{ij} 表示对应于 L_i，L_j 的 CP 的语言变量值，其 ij 并非实际的语言类量值下标，真正的语言类量值下标应通过映射关系求出。因此，控制规则的形成关键在于，当 E，CE 的语言变量值为 L_i，L_j 时，CP 的语言变量值 L_{ij} 如何选择和确定。

参数函数法是解决 CP 的语言变量值 L_{ij} 选择的一种简便方法。

假定 E，CE 和 CP 的语言变量值的分挡和名称都相同，都分为语言变量值 $L_1, L_2, \cdots, L_l$，因此有

$$E = \{L_1, L_2, \cdots, L_l\}$$
$$CE = \{L_1, L_2, \cdots, L_l\}$$
$$CP = \{L_1, L_2, \cdots, L_l\}$$

要生成控制规则，则必须考虑它们的映射关系为：$E \times CE \to CP$。也就是说，关键是找出语言变量值的映射关系：

$$f(L_i, L_j) = L_{f(i,j)}$$

式中 f 是函数，有

$$f:(1, 2, \cdots, L) \times (1, 2, \cdots, L) \to (1, 2, \cdots, L)$$

显然，只要确定了 f 的结构，映射就能实现，则控制规则可以形成。f 可以根据需要确定，一般可取下面形式：

$$f(i,j) = 《A \times i + B \times j + D》 \tag{6.20}$$

式中 A、B 是参数，A、$B \in [0,1]$；D 一般取 $\text{INT}(l/2)$，l 是语言变量值最大下标，$\text{INT}(l/2)$ 表示对 $l/2$ 进行四舍五入取整。《》的操作意义如下：

$$《a》 = \min\{l, \max[1, \text{INT}(a)]\} \tag{6.21}$$

$\text{INT}(a)$ 表示对 a 进行四舍五入取整。

下面以一个例子说明参数函数法生成控制规则的过程。

例 6.11 设模糊控制规则的格式为

$$\text{if } E = l_i \text{ and } CE = L_j \text{ then } CP = L_{f(i,j)}$$

假定对语言变量 E,CE 和 CP 都取 7 个语言变量值：$L_1 = \text{NB}(负大)$，$L_2 = \text{NM}(负中)$，$L_3 = \text{NS}(负小)$，$L_4 = \text{ZE}(零)$，$L_5 = \text{PS}(正小)$，$L_6 = \text{PM}(正中)$，$L_7 = \text{PB}(正大)$。故有

$$E = \{\text{NB},\text{NM},\text{NS},\text{ZE},\text{PS},\text{PM},\text{PB}\}$$
$$CE = \{\text{NB},\text{NM},\text{NS},\text{ZE},\text{PS},\text{PM},\text{PB}\}$$
$$CP = \{\text{NB},\text{NM},\text{NS},\text{ZE},\text{PS},\text{PM},\text{PB}\}$$

并有形式

$$\{L_1,L_2,L_3,L_4,L_5,L_6,L_7\}$$

取参数函数 f：

$$f(i,j) = 《A \times (i-4) + B \times (j-4) + 4》 \tag{6.22}$$

并取参数 $A = B = 0.7$，则可得控制规则如表 6.5 所示。

表 6.5　用参数函数表示的规则

CP		\multicolumn{7}{c}{E}
		L_1	L_2	L_3	L_4	L_5	L_6	L_7
CE	L_1	L_1	L_1	L_1	L_2	L_3	L_3	L_4
	L_2	L_1	L_1	L_2	L_3	L_3	L_4	L_5
	L_3	L_1	L_2	L_3	L_3	L_4	L_5	L_5
	L_4	L_2	L_3	L_3	L_4	L_5	L_5	L_6
	L_5	L_3	L_3	L_4	L_5	L_5	L_6	L_7
	L_6	L_3	L_4	L_5	L_5	L_6	L_7	L_7
	L_7	L_4	L_5	L_5	L_6	L_7	L_7	L_7

在表 6.5 中，CP 语言真值 $L_p(p=1,2,\cdots,7)$ 中的下标 p 是由参数函数求出的，即

$$p = f(i,j) = 《0.7 \times (i-4) + 0.7 \times (j-4) + 4》$$

对于 $i=j=1$ 时，有 $p=1$，即在 $E=L_1,CE=L_1$ 时，有 $CP=L_1$；

对于 $i=7,j=3$ 时，有 $p=5$，即在 $E=L_7,CE=L_3$ 时，有 $CP=L_5$。

其余类同。

用 E,CE,CP 的语言值代替表 6.5 中的 L_i,L_j 和 $L_p(i,j,p=1,2,\cdots,7)$，则可得到一个明确的模糊控制规则表，如表 6.6 所示。

需要说明的是，在规则表生成过程中，当参数函数 f 的参数 A、B 选取不同的值时，生成的规则表是有所不同的。当 A,B 参数选择恰当时，可以生成最优规则表。比较相应的两个公式 (6.20) 和 (6.22) 很容易得知，后者在 $i=j=4$ 时，有 $p=f(4,4)=4$，这是为了保证当偏差 E 和偏差变化 CE 被控制到零时，模糊控制器的输出变化也应该为零。

表 6.6　模糊控制规则表

U		E						
		NB	NM	NS	ZE	PS	PM	PB
CE	NB	NB	NB	NB	NM	NS	NS	ZE
	NM	NB	NB	NM	NS	NS	ZE	PS
	NS	NB	NM	NS	NS	ZE	PS	PS
	ZE	NM	NS	NS	ZE	PS	PS	PM
	PS	NS	NS	ZE	PS	PS	PM	PB
	PM	NS	ZE	PS	PS	PM	PB	PB
	PB	ZE	PS	PS	PM	PB	PB	PB

同理可知,当模糊控制器为 3 个输入时,它的控制规则可用下述参数函数 f 求出:

$$f(i,j,k) = 《A \times i + B \times j + C \times k + D》 \tag{6.23}$$

其中参数 $A,B,C \in [0,1]$。

模糊控制规则的形式为

$$\text{if } E = L_i \text{ and } CE = L_j \text{ and } SE = L_k \text{ then } CP = L_{f(i,j,k)}$$

其中 $L_i, L_j, L_k, L_{f(i,j,k)}$ 都是语言变量值,SE(Second differential of Error)表示偏差的二阶差分。

2)根据测量数据及其分析生成控制规则

对一个不明系统的输入输出数据进行多次测量,根据测量数据并分析从而生成控制规则的方法,简捷直接,是工程应用中常用的有效方法。

对于典型的模糊控制系统,输入量有偏差 e 和偏差变化率 Δe,输出量为控制量 u。偏差 e 的测量值用 a 表示,偏差变化率 Δe 的测量值用 b 表示,控制量 u 的测量值用 y 表示,则对第 i 次测量,有数据组 (a_i, b_i, y_i)。

如果对系统的输入输出进行 n 次测量,则有数据组:

$$(a_1, b_1, y_1), (a_2, b_2, y_2), \cdots, (a_n, b_n, y_n)$$

根据这些测量数据去生成模糊控制规则,实质上是确定映射 f:

$$f : (a, b) \rightarrow y$$

由测量数据组生成控制规则的过程有如下步骤:

①确定测量值范围和语言变量值

设 a, b 和 y 的取值范围分别是

$$a \in [a^-, a^+], b \in [b^-, b^+], y \in [y^-, y^+]$$

把 a, b, y 的取值范围各分成 $2N+1$ 个区间。对于 a, b, y 而言,其 N 的大小可以不同,每个区间也可以相等或不等。对每个区间取不同的语言变量值,例如 S_3(小 3), S_2(小 2), S_1(小 1),CE(中心), B_1(大 1), B_2(大 2), B_3(大 3)等,不同的语言变量值可取不同的隶属函数。图 6.10(a),(b),(c)分别表示了 a, b 和 y 的语言变量值及其隶属函数。

②从测量的数据组生成控制规则

从数据组生成控制规则分成三步。

第一步,确定数据组 (a_i, b_i, y_i) 对语言变量值的隶属度。

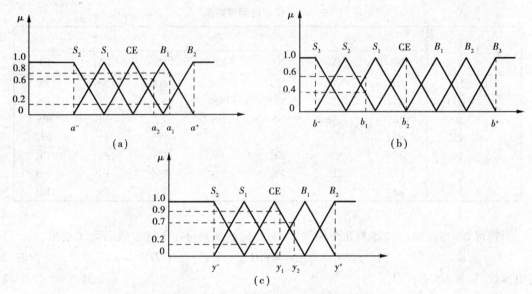

图 6.10 测量值范围的语言变量值划分

例如,在图 6.10(a)中,a_1 对 B_1 的隶属度为 0.8,对 B_2 的隶属度为 0.2,对其他语言变量值的隶属度为 0,即

$$\mu_{B_1}(a_1) = 0.8$$
$$\mu_{B_2}(a_1) = 0.2$$

在图 6.10(b),(c)中,有

$$\mu_{S_1}(b_1) = 0.6$$
$$\mu_{S_2}(b_1) = 0.4$$
$$\mu_{CE}(y_1) = 0.9$$
$$\mu_{B_1}(y_1) = 0.2$$

第二步,由数据组 (a_i, b_i, y_i) 取其对语言变量值隶属度中的最大隶属度,用 $\text{Max}\mu$ 表示。即求出:$\text{Max}\mu(a_i)$,$\text{Max}\mu(b_i)$ 和 $\text{Max}\mu(y_i)$。例如

$$\text{Max}\mu(a_1) = \mu_{B_1}(a_1) = 0.8$$
$$\text{Max}\mu(b_1) = \mu_{S_1}(b_1) = 0.6$$
$$\text{Max}\mu(y_1) = \mu_{CE}(y_1) = 0.9$$

第三步,由一个数据组生成一条控制规则。

在图 6.10 中,对于数据组 (a_1, b_1, y_1),由相应的最大隶属度:

$$[\text{Max}\mu(a_1), \text{Max}\mu(b_1), \text{Max}\mu(y_1)] = [\mu_{B_1}(a_1), \mu_{S_1}(b_1), \mu_{CE}(y_1)]$$

可以写出一条规则:

$$\text{if } a = B_1 \text{ and } b = S_1 \text{ then } y = CE$$

同理,根据图 6.10 所示,对于数据组 (a_2, b_2, y_2),可写出规则

$$\text{if } a = B_1 \text{ and } b = CE \text{ then } y = B_1$$

这样,进行多次且有选择的测量,并依次将所有的测量数据组 (a_i, b_i, y_i) 都生成相应的控制规则。

③求每条控制规则的强度

由于实际测量过程中存在各种因素的影响,由测量数据生成的控制规则可能会互相矛盾,即有些规则的前件(条件)相同,而后件(结论)却不相同,甚至相反。为了解决这种矛盾,要计算由数据组产生的每条控制规则的强度,并以出现矛盾的那些控制规则中强度最大的规则作为最终规则。这样,不但可以解决控制规则的互相矛盾问题,还可以减少控制规则数目。

在一条控制规则中,各语言变量值的隶属度的相互乘积称为这条控制规则的强度。并记为 $D(R_i)$,其中 R_i 表示第 i 条规则。

对于第一条规则,其强度为

$$D(R_1) = \mu_{B_1}(a_1) \times \mu_{S_1}(b_1) \times \mu_{CE}(y_1) = 0.8 \times 0.6 \times 0.9 = 0.432$$

对于第二条规则,其强度为

$$D(R_2) = \mu_{B_1}(a_2) \times \mu_{CE}(b_2) \times \mu_{B_1}(y_2) = 0.6 \times 1 \times 0.7 = 0.42$$

在工程应用时,实际生产现场的熟练操作人员或专家,可以凭自己对系统的了解和积累的经验判别出测量数据的可信程度,从而能指出哪些数据组是合理的,哪些是较合理的,哪些是不太合理的。这时,可能通过他们对数据组的评价,对每个数据组给出一个合理系数 J,将第 i 组测量数据的合理系数记为 $J_i,J_i \in [0,1]$。这样,第 i 条控制规则的强度公式为

$$D(R_i) = \mu(a_i) \times \mu(b_i) \times \mu(y_i) \times J_i \tag{6.24}$$

在得出每一条规则的强度后,舍弃有矛盾的规则中强度较小的规则,从而形成控制规则集。

3)模糊控制算法的设计

模糊控制要通过数字计算机执行一定的算法来实现。这些算法的目的,就是从输入的连续精确量中,通过模糊推理的算法过程,求出相应的精确控制值。模糊控制算法有多种实现形式。为了便于在微型计算机中实现,同时考虑算法的实时性,模糊控制系统目前最常用的算法是 CRI 推理的查表法。

CRI 推理的查表法是指通过查找一个把所有可能的输入量都量化到语言变量论域的元素上,并以输入量论域的元素作为输入量进行组合,求出输入量论域元素和输出量论域元素之间关系的表格,得到相应输出量的控制算法。这个表格中的元素关系是按控制规则给出的。这样的表格称为模糊控制表。

查表法的关键在于制表,模糊控制表的生成有两种方法,一种是直接从控制规则即推理语句中求出控制量,从而产生表格,称为直接法;另一种是先求出系统的模糊关系 R,再根据输入求出控制量,最后把控制量精确化,得到控制表格,称为间接法。

①直接法求取模糊控制表

为了说明方便,先考虑只有一条控制规则的情况。设有推理语句为:

$$\text{if } A_1 \text{ and } B_1 \text{ then } C_1$$

并且有

$$A_1 \in (a_1,a_2,a_3), B_1 \in (b_1,b_2,b_3), C_1 \in (c_1,c_2,c_3)$$

对于输入 A_1,B_1,有 $A_1 \times B_1$,即

$$A_1 \times B_1 = \begin{bmatrix} a_1 \wedge b_1 & a_1 \wedge b_2 & a_1 \wedge b_3 \\ a_2 \wedge b_1 & a_2 \wedge b_2 & a_2 \wedge b_3 \\ a_3 \wedge b_1 & a_3 \wedge b_2 & a_3 \wedge b_3 \end{bmatrix}$$

从而有关系矩阵

$$R_1 = A_1 \times B_1 \times C_1 = \begin{bmatrix} a_1 \wedge b_1 \\ a_1 \wedge b_2 \\ a_1 \wedge b_3 \\ a_2 \wedge b_1 \\ a_2 \wedge b_2 \\ a_2 \wedge b_3 \\ a_3 \wedge b_1 \\ a_3 \wedge b_2 \\ a_3 \wedge b_3 \end{bmatrix} \times [c_1 \quad c_2 \quad c_3] =$$

$$\begin{bmatrix} a_1 \wedge b_1 \wedge c_1 & a_1 \wedge b_1 \wedge c_2 & a_1 \wedge b_1 \wedge c_3 \\ a_1 \wedge b_2 \wedge c_1 & a_1 \wedge b_2 \wedge c_2 & a_1 \wedge b_2 \wedge c_3 \\ \vdots & \vdots & \vdots \\ a_3 \wedge b_3 \wedge c_1 & a_3 \wedge b_3 \wedge c_2 & a_3 \wedge b_3 \wedge c_3 \end{bmatrix}$$

当输入 $A_1^* = (1,0,0)$，$B_1^* = (1,0,0)$时，有 $A_1^* \times B_1^* = \begin{bmatrix} 1 & 0 & 0 \\ 0 & 0 & 0 \\ 0 & 0 & 0 \end{bmatrix}$，根据 CRI 推理法，对应的输出$C_1^*$ 应为

$$C_1^* = (A_1^* \times B_1^*) \circ R_1 = (1,0,0,0,0,0,0,0,0) \circ R_1 =$$
$$(a_1 \wedge b_1 \wedge c_1 \quad a_1 \wedge b_1 \wedge c_2 \quad a_1 \wedge b_1 \wedge c_3)$$

在上面执行 $A_1^* \times B_1^*$ 与 R_1 的合成运算时，应该注意 $A_1^* \times B_1^*$ 要写成行向量的形式。

同理，当有输入 $A_1^* = (1,0,0)$，$B_1^* = (0,1,0)$时，有

$$A_1^* \times B_1^* = \begin{bmatrix} 0 & 1 & 0 \\ 0 & 0 & 0 \\ 0 & 0 & 0 \end{bmatrix}$$

对应输出 C_1^* 应为

$$C_1^* = (0,1,0,0,0,0,0,0,0) \circ R_1 =$$
$$(a_1 \wedge b_2 \wedge c_1 \quad a_1 \wedge b_2 \wedge c_2 \quad a_1 \wedge b_2 \wedge c_3)$$

很明显，对 A_1^* 的论域，不管它的元素有多少，当 A_1^* 量化之后，只会选中某一个元素，该元素的隶属度为1，其余元素的隶属为0。设选中第 i 个元素，有

$$A_1^* = (0,0,\cdots,0,\underset{\underset{\text{第}i\text{个}}{\uparrow}}{1},0,0,\cdots,0)$$

同样，对 B_1^* 也只会选中某一个元素，设选中第 j 个元素，有

$$B_1^* = (0,0,\cdots,0,\underset{\underset{\text{第}j\text{个}}{\uparrow}}{1},0,0,\cdots,0)$$

这时，输出 C_1^* 应为

$$C_1^* = [\mu_{A_1}(a_i) \wedge \mu_{B_1}(b_j) \wedge \mu_{C_1}(c_1) \quad \mu_{A_1}(a_i) \wedge \mu_{B_1}(b_j) \wedge \mu_{C_1}(c_2) \quad \cdots$$
$$\mu_{A_1}(a_i) \wedge \mu_{B_1}(b_j) \wedge \mu_{C_1}(c_{mn})]$$

其中，$i = 1,2,\cdots,m$；$j = 1,2,\cdots,n$。

为了方便起见，C_1^* 也可用下式表示：

$$\mu_{C_1^*} = \min[\mu_{A_1}(a_i), \mu_{B_1}(b_j), \mu_{C_1}]$$

现在,考虑第二条控制规则。同理,对应推理语句

$$\text{if } A_2 \text{ and } B_2 \text{ then } C_2$$

则在输入为 A_1^* , B_1^* 时,有输出

$$\mu_{C_2^*} = \min[\mu_{A_2}(a_i), \mu_{B_2}(b_j), \mu_{C_2}]$$

对于第 k 条推理语句

$$\text{if } A_k \text{ and } B_k \text{ then } C_k$$

在输入为 A_1^* , B_1^* 时,有输出

$$\mu_{C_k^*} = \min[\mu_{A_k}(a_i), \mu_{B_k}(b_j), \mu_{C_k}] \tag{6.25}$$

对求得的模糊控制量 $C_1^*, C_2^*, \cdots, C_k^*$ 求并,则可得到控制量 C^*

$$C^* = \bigcup_{i=1}^{k} C_i^* \tag{6.26}$$

最后,以最大隶属度法对 C^* 求出最大隶属度对应的元素,即为清晰的控制量。这个清晰控制量就是输入为 A_1^* , B_1^* 时的输出控制量。

改变 A_1^* , B_1^* 的内容,令 A_1^* 量化之后对应的元素的序号 i 从 $1 \sim m$ 变化,令 B_1^* 量化之后对应的元素的序号 j 从 $1 \sim n$ 变化,则分别可以得到相应清晰值控制量,以量化后的组合和相应的清晰值控制量就可以构造一个模糊控制表。

②间接法求取模糊控制表

间接法是先求出模糊关系 R,再根据输入求出控制量,把控制量清晰化,可得模糊控制表。

设有 k 条控制规则,其格式为

$$\text{if } A_i \text{ and } B_j \text{ then } C_{ij}$$

其中, $i = 1, 2, \cdots, m; j = 1, 2, \cdots, n$。

每条控制规则对应的模糊关系为

$$R_1 = A_1 \times B_1 \times C_{11}$$
$$R_2 = A_1 \times B_2 \times C_{12}$$
$$\cdots\cdots$$
$$R_k = A_m \times B_n \times C_{mn}$$

总的模糊关系 R 为:

$$R = \bigcup_{ij} A_i \times B_j \times C_{ij} = \bigcup_{p=1}^{k} R_p \tag{6.27}$$

用隶属函数形式描述为

$$\mu_R(a, b, c) = \bigvee_{i=1, j=1}^{i=m, j=n} \mu_{A_i}(a) \wedge \mu_{B_j}(b) \wedge \mu_{C_{ij}}(c) \tag{6.28}$$

设 $A_i(i = 1, 2, \cdots, m)$ 的论域为

$$(-p, -p+1, \cdots, -1, 0, 1, \cdots, p)$$

设 $B_j(j = 1, 2, \cdots, n)$ 的论域为

$$(-p, -p+1, \cdots, -1, 0, 1, \cdots, p)$$

设 C_{ij} 的论域为

$$(-p, -p+1, \cdots, -1, 0, 1, \cdots, p)$$

对于输入值 a^*,在经量化之后,它必定为对应论域中的某个元素,在 a^* 量化之后,它可能为下列任一模糊量 $A_i(i = 1, 2, \cdots, 2p+1)$:

$$A_1 = \frac{1}{-p} + \frac{0}{-p+1} + \cdots + \frac{0}{-1} + \frac{0}{0} + \frac{0}{1} + \cdots + \frac{0}{p-1} + \frac{0}{p}$$

$$A_2 = \frac{0}{-p} + \frac{1}{-p+1} + \cdots + \frac{0}{-1} + \frac{0}{0} + \frac{0}{1} + \cdots + \frac{0}{p-1} + \frac{0}{p}$$

$$\cdots \tag{6.29}$$

$$A_{2p} = \frac{0}{-p} + \frac{0}{-p+1} + \cdots + \frac{0}{-1} + \frac{0}{0} + \frac{0}{1} + \cdots + \frac{1}{p-1} + \frac{0}{p}$$

$$A_{2p+1} = \frac{0}{-p} + \frac{0}{-p+1} + \cdots + \frac{0}{-1} + \frac{0}{0} + \frac{0}{1} + \cdots + \frac{0}{p-1} + \frac{1}{p}$$

对于输入值 b^*，它的对应模糊量 $B_j(j=1,2,\cdots,2p+1)$ 的形式与上述 A_i 的情况类同。应用公式(6.27)或(6.28)，根据 A_i，B_j，C_{ij} 的情况，求出模糊关系 R，然后依实际输入求出对应控制量 C_{ij}，即

$$C_{ij} = (A_i \times B_j) \circ R \tag{6.30}$$

在求出了输出控制量 C_{ij} 之后，以最大隶属度法进行清晰化计算，可以求出 C_{ij} 对应论域中的隶属度最大的元素。这个元素就是输出控制的清晰值。

现在以一个二维模糊控制器为例来说明模糊控制表的制作过程。

设输入为偏差 e 和偏差变化率 Δe，输出为控制量 u。它们的模糊集和论域分别定义如下：

偏差 E 的模糊集为

$$\{NB,NM,NS,NZ,PZ,PS,PM,PB\}$$

偏差变化率 CE 和控制量 U 的模糊集均为

$$\{NB,NM,NS,ZE,PS,PM,PB\}$$

上述偏差 E 的模糊集选取 NZ(即 0^-)，PZ(即 0^+)，是为了在偏差接近于零时增加分辨率，通过将"零"又分为"正零"和"负零"，可以提高系统的稳态精度。

偏差 E 的论域为

$$\{-6,-5,-4,-3,-2,-1,-0,+0,1,2,3,4,5,6\}$$

偏差变化率 CE 的论域为

$$\{-6,-5,-4,-3,-2,-1,0,1,2,3,4,5,6\}$$

控制量 U 的论域为

$$\{-7,-6,-5,-4,-3,-2,-1,0,1,2,3,4,5,6,7\}$$

表 6.7 给出了一类根据系统输入的偏差及偏差变化趋势来消除偏差的模糊控制规则。

由于输入 E 有 8 种状态，输入 CE 有 7 种状态，控制规则表的输出 U 原本应对应 56 条模糊条件语句，但由于不同的输入会出现相同输出的情况，这个控制规则表可以用 21 条模糊条件语句来描述，对应表中的 21 个模块。如表 6.7 中的模块 A 就相应于 4 条模糊规则，现在可用一条模糊条件语句来表述，即

$$\text{if } E = \text{NB or NM and CE} = \text{NB or NM then } U = \text{NB}$$

偏差 E、偏差变化率 CE、控制量 U 的模糊集和论域以及控制规则确定后，需要确定模糊语言变量的隶属函数，即对模糊变量赋值，以确定论域内元素对相应模糊语言变量的隶属度。设模糊语言变量 E 的隶属函数如图 6.9 所示，E 的赋值表如表 6.4 所示，且应考虑到 E 的"零"模糊集又分为"正零"和"负零"的情况对表 6.4 作相应的修改。同理，按相同方法分别设定模糊语言变量 CE 和 U 的隶属函数和相应赋值表，它们是根据不同的实际情况具体确定的。

表 6.7　模 糊 控 制 规 则 表

E	NB	NM	NS	ZE	PS	PM	PB
NB	NB **A**	NB	NB	NB	NM	ZE	ZE
NM	NB	NB	NB	NB	NM	ZE	ZE
NS	NM	NM	NM	NM	ZE	PS	PS
NZ	NM	NM	NS	ZE	PS	PM	PM
PZ	NM	NM	NS	ZE	PS	PM	PM
PS	NS	NS	ZE	PM	PM	PM	PM
PM	ZE	ZE	PM	PB	PB	PB	PB
PB	ZE	ZE	PM	PB	PB	PB	PB

对模糊控制规则公式(6.28)进行运算,运算过程中,对输入量偏差按式(6.29)方法进行简化处理,偏差变化率也作类同处理。于是把 E 即$\{-6,-5,-4,-3,-2,-1,-0,+0,1,2,3,4,5,6\}$和 CE 即$\{-6,-5,-4,-3,-2,-1,0,1,2,3,4,5,6\}$的所有情况一一对应作为输入,然后依据式(6.30)作清晰化运算求出全部相应的输出清晰值共 14×13 组数据值。以此制得的模糊控制表如表 6.8 所示。该控制表制作后要作为文件事先存储在用于模糊控制的计算机的内存中,在实际控制过程中,只要通过对输入量变化和查表操作这两个步骤,就可以直接得到输出的控制值。因此,这种方法简单实用,实时性好。

表 6.8　控　制　表

U	Δe												
	−6	−5	−4	−3	−2	−1	0	1	2	3	4	5	6
e −6	−7	−6	−7	−6	−7	−7	−7	−4	−4	−2	−0	−0	−0
−5	−6	−6	−6	−6	−6	−6	−4	−4	−2	−0	−0	−0	−0
−4	−7	−6	−7	−6	−7	−6	−6	−4	−2	−0	−0	−0	−0
−3	−6	−6	−6	−6	−6	−6	−6	−3	−2	−0	1	1	1
−2	−4	−4	−4	−5	−4	−4	−4	−1	−0	−0	1	1	1
−1	−4	−4	−4	−5	−4	−4	−1	−0	−0	3	2	1	1
0	−4	−4	−4	−5	−1	−1	−0	1	1	1	4	4	4
0	−4	−4	−4	−5	−1	−1	−0	1	1	1	4	4	4
1	−2	−2	−2	−2	−0	1	4	4	3	4	4	4	4
2	−1	−1	−1	−2	−0	3	4	4	4	4	4	4	4
3	−0	−0	−0	−0	3	3	6	6	6	6	6	6	6
4	−0	−0	−0	2	4	4	7	7	6	7	7	7	7
5	−0	−0	−0	2	4	4	6	6	6	6	6	6	6
6	−0	−0	−0	2	4	4	7	7	6	7	7	7	7

实现模糊控制,现在较多的是采用一般的单片机组成硬件系统,而以软件执行模糊化、模糊推理和清晰化工作,因而对单片机而言,模糊控制是通过软件来完成的。目前模糊控制家电产品大多采用这种方法,这种方法在工程中的应用也十分广泛。

6.3 神经网络的基本原理

控制领域中的人工神经网络(ANN——Artificial Neural Networks)习惯上简称神经网络 (NN),它是人类对生物神经系统进行研究,从微观结构和功能上对其抽象、简化而形成的数 学模型。神经网络是由大量的形式相同的人工神经元按一定方式连接组成的网络。神经网络 具有很强的自适应性、自学习能力、非线性映射能力和容错能力,能够分布存储和并行处理各 种信息,所以在系统辨识、模式识别、智能控制等领域有着广泛的应用前景。特别在智能控制 中,人们利用神经网络的自学习能力,可以使它在对不确定系统的控制过程中自动学习被控系 统的特性,从而自动适应被控系统随时间的特性变化,以达到对系统的较优控制。因此,神经 网络控制的研究和应用,已经成为智能控制的一个重要内容。

神经网络的相关模型有很多种,这一节将主要介绍在智能控制中最基本且应用较多的模 型如单神经元模型、BP 网络模型等。

6.3.1 神经网络基本结构

(1)生物神经元的工作机理

人的大脑由大约 10^{12} 个神经细胞组成,每个神经细胞又与 $10^2 \sim 10^4$ 个其他的神经细胞相 连接,从而构成一个错综复杂的神经网络。神经细胞又称生物神经元,它的结构可以用图6.11 表示,图中的各组成部分介绍如下:

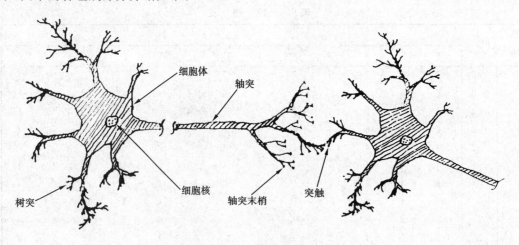

图 6.11 生物神经元的结构

1)细胞体:细胞体是一种由很多分子形成的综合体,内有细胞核、细胞质。细胞体的表面 层有细胞膜。

2)树突:细胞体上有许多向外延伸的树枝状的突起,称为树突。树突是神经元接受其他神 经元传来信息的入口,相当于神经元的输入口。

3)轴突:轴突是细胞体向外延伸的最长、最粗的一条管状纤维,又称神经纤维。神经纤维 的长度可以从几微米到1m。轴突的末端有许多向外延伸的树枝状纤维,称为神经末梢。轴突 是把神经元的信息传向其他神经元的出口通道,相当于神经元的输出口。

4)突触:一个神经元的神经末梢与另一神经元的树突或细胞体的接触处,称为突触。每个神经元有突触 $10^2 \sim 10^4$ 个。突触是神经元之间传递信息的输入输出接口。突触处有细胞膜,细胞膜内外存在 $50 \sim 100 \mathrm{mV}$ 的生物电位差。当信息以生物电脉冲信号的方式由细胞体经轴突传递到突触处,如果这个脉冲信号在幅值上达到一定强度,超过了细胞膜的阈值电压时,就可以激活另一个神经元,使之也产生相应的生物电脉冲信号,从而实现了神经元之间的信息传递。

神经元的结构虽然并不复杂,但由千万亿个神经元所组成的大脑神经网络却是一个非常复杂的系统。根据医学和生物研究,大脑神经网络在信息处理时具有如下特点:

①记忆的特点

大脑的记忆,或者说信息在大脑神经网络中的记忆,主要是通过神经元之间突触的连接强度的调整来完成的。经常传递同一信息的相关神经元之间突触的连接强度会越来越大,不经常传递同一信息的相关神经元之间突触的连接强度则随着时间增加而慢慢变小。这种信息的存储方式是分布型的,也就是分布在大量神经元之中进行记忆的。一个事物的信息不只靠一个神经元的状态进行记忆,同时每个神经元又记忆着多种不同信息的部分内容。以分布存储的方式,大脑神经网络中有许多神经元存储着同一个信息,这就使得部分神经细胞的新陈代谢不会丢失所记忆的内容。

②学习的特点

人的大脑皮层中神经元之间的突触连接结构,虽然基本部分由先天性遗传所决定,但大部分突触连接是后天由环境的激励逐步形成的。它们随着环境刺激性质的不同而不同。生物学中把环境刺激能形成和改变神经元之间突触连接的现象称为神经网络的可塑性,并把由于环境刺激使神经元之间突触连接能够形成、逐渐加强直至构成一个相应神经网络的现象称为神经网络的自组织性。因此可以说,人类对一件事物的学习过程,反映在大脑的物理变化上,便是相关的一大批神经元之间的突触连接逐渐形成、加强并最终发展成一个相关神经网络的过程。

③信息处理的特点

大脑的每个神经元都兼有存储信息和处理信息的功能。神经元之间进行信息传递的过程也就是信息处理的过程,传递过程的信息同时又以突触连接强度变化的形式被记忆下来。这与一般计算机把信息存储与信息处理分属两个独立的部件是完全不同的。而且,神经网络对信息是并行处理的,一个神经元可以对它的千万个突触同时产生脉冲信号,通过它们传递给其他神经元。所以,尽管神经元响应的速度为毫秒级,而现在计算机 CPU 执行指令的速度已经达到纳秒级,但对很多复杂问题的反应,人脑还是要比电脑快得多,这是因为人脑的神经网络在处理信息时是由成千上万甚至成亿个神经元协同工作以并行方式进行处理的。

(2)人工神经元模型

典型的人工神经元模型如图 6.12 所示。图中的 $x_1, x_2, \cdots, x_n$ 是该神经元 i 的输入,当然也是别的 n 个神经元的输出。$w_{1i}, w_{2i}, \cdots, w_{mi}$ 分别是神经元 i 与其他 n 个神经元的连接权值,权值的大小反映了突触的连接强度。Q_i 是神经元 i 的阈值,y_i 是神经元 i 的输出,$f(u_i)$ 是激发函数,它决定神经元 i 在有输入且输入的强度达到阈值时以何种方式输出。

由图 6.12 可知,神经元 i 模型的数学表达式为:

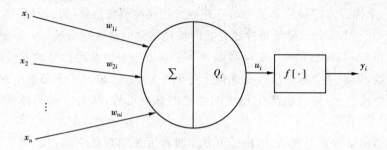

图 6.12　人工神经元的模型

$$y_i = f(\sum_{j=1}^{n} w_{ji}x_j - Q_i) \tag{6.31}$$

设
$$u_i = \sum_{j=1}^{n} w_{ji}x_j - Q_i \tag{6.32}$$

则神经元 i 的输出为 $y_i = f(u_i)$。

有时为了方便,可以把阈值 Q_i 也看成是一个其输入为负 1 的连接权值,则表达式(6.32)可写成:

$$u_i = \sum_{j=0}^{n} w_{ji}x_j \tag{6.33}$$

$$y_i = f(u_i) = f(\sum_{j=0}^{n} w_{ji}x_j) \tag{6.34}$$

其中 $w_{0i} = Q_i$,$x_0 = -1$。

神经元的常用激发函数有阶跃型、线性型和 S 型三种。最简单的神经元激发函数是非对称型阶跃函数,见图 6.13(a),其表达式为

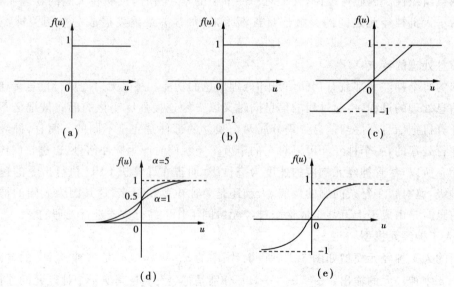

图 6.13　神经元的常用激发函数

$$f(u) = \begin{cases} 1 & , \ u > 0 \\ 0 & , \ u \leqslant 0 \end{cases} \tag{6.35}$$

非对称阶跃型的神经元激发函数表示,神经元 i 的输入在信号加权和超过阈值时,其输出为 1,相当于该神经元处于兴奋状态;反之,其输出为 0,相当于抑制状态。

对称型阶跃函数见图 6.13(b),表达式为

$$f(u) = \begin{cases} 1 & , \ u > 0 \\ -1, & u \leqslant 0 \end{cases} \tag{6.36}$$

线性型激发函数如图 6.13(c)所示,它的表达式为

$$f(u) = \begin{cases} 1 & , \ u > \dfrac{1}{k} \\ k \cdot u & , \ -\dfrac{1}{k} \leqslant u < \dfrac{1}{k} \\ -1 & , \ u < -\dfrac{1}{k} \end{cases} \tag{6.37}$$

S 型激发函数也分为非对称型和对称型两种,见图 6.13(d)和(e)。非对称 S 型激发函数是

$$f(u) = \frac{1}{1 + e^{-\alpha \cdot u}} \ , \ \alpha > 0 \tag{6.38}$$

对称 S 型激发函数是

$$f(u) = \frac{1 - e^{-\alpha \cdot u}}{1 + e^{-\alpha \cdot u}} \ , \ \alpha > 0 \tag{6.39}$$

S 型激发函数表达式中的 α 越大,函数的 S 型曲线就越陡,当 α 趋于无穷大时,S 型激发函数就转化为阶跃型激发函数。

(3) 人工神经网络

由许多神经元按一定方式互连在一起所组成的神经结构称为神经网络。神经网络中的每个神经元都可以有很多输入,每个输入都有对应的一个连接权值;但一个神经元却只有单一的一个输出,尽管这个输出可以连接到很多其他的神经元。

神经网络的典型结构有两种,一种称为前馈型,另一种称为反馈型,如图 6.14 所示。

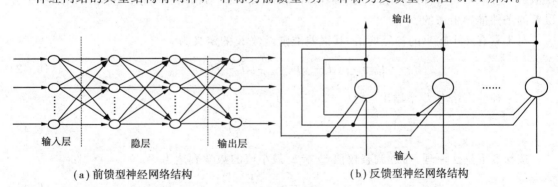

(a) 前馈型神经网络结构　　　　　　　(b) 反馈型神经网络结构

图 6.14　神经网络的典型结构

前馈型神经网络(图 6.14(a))的神经元是分层排列的,分为输入层、隐层(又称中间层)和输出层,前馈型神经网络每一层的神经元只接受前一层神经元的输入。

反馈型神经网络由单层或多层组成,单层反馈型神经网络(图 6.14(b))如果有 N 个神经元,则每个神经元就有 N 个输入和一个输出,也就是说,每个神经元的输入含有同层其他神经

元的输出反馈,各神经元之间是相互连接的,但每个神经元的输出并不自反馈到本身的输入端。

人工神经网络的结构形式和网络中各神经元间连接权值的变化,是影响神经网络功能的最直接的因素。由于结构形式一般难以变化,因此,通过神经网络的自适应、自学习能力,自动调整权值,使之具有所需要的功能,这就是神经网络的智能特性。

神经网络按不同的学习方法进行学习,连接权值的变化是不同的。在智能控制中,神经网络的学习方法主要有两类:有教师(指导式)学习和无教师(非指导式)学习。有教师学习方法根据网络的实际输出和期望的输出(即教师信号)之间的偏差来调整网络中神经元间的权值,最终使偏差变小,因此,这种方法必须要有一个事先设定的期望或目标输出作为教师信号。无教师学习方法不需要提供具体的教师信号,网络在学习过程中按照预先设定的规则自动调整权值,使网络最终能按相似特征将输入模式进行分类。

神经网络的学习规则实质上就是网络学习时调整权值的算法。Hebb 学习规则和 Delta(δ)学习规则是神经网络学习时最基本的两种常用算法。

Hebb 学习规则的基本思想是:当两个神经元同时处于兴奋状态时,它们之间的连接强度会增大。也就是说,在两个神经元均被激活时,它们之间的连接权值将会产生一个增量。其数学形式可以表达为

$$\Delta w_{ij} = \alpha \cdot y_i y_j \tag{6.40}$$

或者写成

$$w_{ij}(k+1) = w_{ij}(k) + \alpha \cdot y_i(k) y_j(k) = w_{ij}(k) + \alpha \cdot x_j(k) y_j(k) \tag{6.41}$$

其中,$w_{ij}(k)$,$w_{ij}(k+1)$分别为神经元 i 到神经元 j 在 k 次时及$(k+1)$次时的连接权值;$y_i(k)$,$y_j(k)$分别为神经元 i 及神经元 j 在 k 次时的输出;神经元 i 的输出 $y_i(k)$也就是神经元 j 的输入 $x_j(k)$;α 为强度系数。

Hebb 学习规则是一种无教师的学习方法。

Delta(δ)学习规则的基本思想是:根据目标值与实际值之间的误差 Delta 最小准则来调整权值。学习规则是由神经网络的期望输出(即教师信号)d 与网络实际输出 y 之间的最小平方误差的条件推导出来的。

对于只有一个输出的神经网络,其误差准则函数 E 的定义为

$$E = \frac{1}{2}(d-y)^2 = \frac{1}{2}(d - f(u))^2 \tag{6.42}$$

如果神经网络有 L 个输出,式(6.42)将变为

$$E = \frac{1}{2}\sum_{i=1}^{L}(d_i - y_i)^2 \tag{6.43}$$

按梯度下降法原理,通过调整权值 w 求 E 最小值的数学表达为

$$\Delta w = -\eta \frac{\partial E}{\partial w} \tag{6.44}$$

其中,η 为学习速率(步长)。由于

$$\frac{\partial E}{\partial w} = \frac{\partial E}{\partial y} \frac{\partial y}{\partial u} \frac{\partial u}{\partial w} = -(d-y) \cdot f'(u) \cdot x$$

w 的修正规则可以表示为

$$\Delta w = \eta(d-y) \cdot f'(u) \cdot x \tag{6.45}$$

用 δ 学习规则调整权值时,有一个对网络的训练过程。当输入一组作为训练样本的输入信号 $X_1 = (x_{11}, x_{12}, \cdots, x_{1n})$ 时,如果网络是一个输出,就有一对相应的输出值,即期望输出 d_1 和实际输出 y_1。当有 P 组输入信号时,相应的输出值也将有 P 对。因此,考虑 P 组训练样本后的误差准则函数 E 公式(6.42)及权值 w 学习规则公式(6.45)应该分别表示为

$$E = \frac{1}{2} \sum_{p=1}^{P} (d_p - y_p)^2 = \sum_{p=1}^{P} E_p \tag{6.46}$$

$$\Delta w_i = \eta \sum_{p=1}^{P} (d_p - y_p) \cdot f'(u_i) \cdot x_{ip} \tag{6.47}$$

很显然,δ 学习规则是一种有教师学习方法。

将无教师的 Hebb 学习和有教师的 δ 学习结合起来,可以组成有教师的 Hebb 学习规则,即

$$\Delta w_{ij} = \eta (d_j - y_j) \cdot f'(u_j) \cdot x_j y_j \tag{6.48}$$

有教师 Hebb 学习规则的应用将在下一节介绍。

6.3.2　前馈神经网络

前馈神经网络是一种典型结构的神经网络,它由一个输入层、一个输出层和 0~多个隐层组成,信息从输入层进入网络,经过隐层,最后从输出层输出。

前馈神经网络具有学习功能,它的学习是这样进行的:当输入层接收到外来的输入信号(称为输入样本信号)后,通过各层各神经元间的连接权值计算,会在输出层输出某个结果。将实际输出的结果与期望输出的结果进行比较,用产生的误差去指导修改连接权值,修改的方向应使误差变小。这样不断地进行下去,直到误差为零或小到一个允许数值,此时实际输出应等于期望输出,这个过程就称为神经网络的学习过程。

由于前馈神经网络在学习过程中需要在以输入样本信号和期望输出值组成的样本对的指导下进行学习,因此,这种神经网络的学习方式是有教师学习,所谓"教师",就是指在学习过程中由外部环境提供的输入和期望输出信号的样本对。

(1)感知器

如图 6.15(a)所示的感知器是最简单的前馈网络,它没有隐层,感知器的学习过程是神经网络最典型的学习过程,感知器主要用于模式识别和分类。

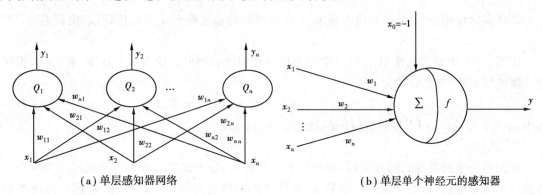

(a) 单层感知器网络　　　　　　　　　　　　(b) 单层单个神经元的感知器

图 6.15　感知器

只有一个神经元 i 的感知器如图 6.15(b)所示,其表达式为

$$u_i = \sum_{j=0}^{n} w_{ji} \cdot x_j$$

$$y_i = f(u_i) = \begin{cases} 1 & , \ u_i > 0 \\ -1, & u_i \leqslant 0 \end{cases}$$

由于感知器的输出 y_i 只有 1 或 -1 两种可能值,因此它可以作为分类器,也就是说可以把输入的样本信号分成两类,一类样本信号输入后感知器的输出为 1,另一类样本信号输入后感知器的输出为 -1。如果把 P 个输入样本信号看成是 n 维空间的 P 个点,则感知器可以将 P 个点分成两类,它们分属于 n 维空间的两个不同部分。

若以二维空间为例,每一个输入样本(x_1,x_2)对应平面中的一个点,设图 6.16 中的"○"表示输入样本为该坐标值时感知器的输出为 1,"*"表示输入样本为该坐标值时感知器的输出为 -1,则可知分界线的方程是

$$w_1 \cdot x_1 + w_2 \cdot x_2 - Q = 0$$

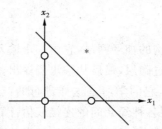

图 6.16　感知器对两类输入样本的分类

为了保证感知器在输入对应"○"点坐标的样本信号时输出为期望值 1,同时又需在输入对应"*"点坐标的样本信号时输出为期望值 -1,感知器就必须进行学习,学习的目的在于寻找恰当的权系数 w_1 和 w_2。这种学习算法的步骤如下:

①给定权系数初值 $w_1(0)(i=1,2)$为较小的随机非零值,括号中的 0 表示是第 0 次;

②输入一个样本 $X=(x_1,x_2)$,且设 $x_0=-1,w_0=Q$,计算

$$u = \sum_{i=0}^{2} w_i(k) \cdot x_i \ \text{和} \ y(k) = f(u) = \begin{cases} 1 & , \ u > 0 \\ -1, & u \leqslant 0 \end{cases}$$

③将实际输出 $y(k)$与根据输入样本 X 应该得到的期望输出 d 进行比较,求出误差 e

$$e = d - y(k)$$

④若 $e=0$,也即实际输出 $y(k)$与期望输出 d 相同时,转到②,输入另一样本;若 $e \neq 0$,用误差 e 调整权系数,调整公式为

$$w_i(k+1) = w_i(k) + \eta \cdot e \cdot x_i, \ i=1,2$$

其中,η 为学习速率,用于控制权值的调整速度,$0 < \eta \leqslant 1$。

⑤返回③。

感知器用于两类模式的分类时,如果只有二维输入,分界线的方程是一条直线。如果是三维及以上的多维输入,则是用一个超平面,将样本中的两类分开。可以证明,若输入的两类模式是线性可分集合(指存在一个超平面可将其分开),上述的学习算法是一定收敛的。

有些"○"和"*"在二维空间的分布是无法用一个直线方程来分界的,最明显的莫过于两

个"○"和两个" * "在二维空间对角分布的情况,感知器将无法把它们分类,这时就需要借助于 BP 神经网络了。

(2)BP 神经网络

BP 神经网络的全称是误差反向传播(Errors Back Propagation)神经网络。它是一种使用误差反向传播算法(BP 算法)的前馈神经网络,适用于多层网络的学习,在模式识别、系统辨识、自适应控制等智能控制领域的应用十分广泛,是神经网络最重要和最有用的学习算法之一。

BP 算法由正向传播和反向传播两部分组成。在正向传播过程中,输入的信号从输入层经隐层逐层处理后最终传到输出层,每一层神经元的状态只对下一层神经元的状态产生影响。在输出层把现行输出同期望输出进行比较,如果两者不等,则进入反向传播过程。反向传播时,把误差信号按原来正向传播的通路反向传回,并从后到前对每层神经元的权值进行修改,以使误差信号趋于最小。

设 BP 神经网络的结构如图 6.17 所示为三层,输入层有 M 个节点,隐层有 N 个节点,输出层有 L 个节点。输入层节点的输出等于其输入,隐层与输出层节点的输入等于前一层节点输出的加权和。设输入层的计算节点为 i,隐层的计算节点为 j,输出层的计算节点为 k。w_{ij} 是输入层与隐层间的连接权值,w_{jk} 是隐层与输出层间的连接权值。

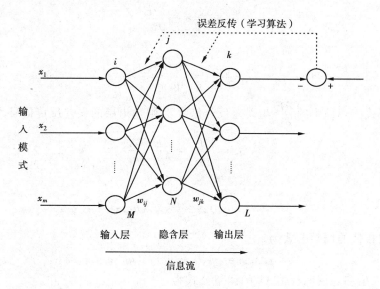

图 6.17 BP 网络

1)正向传播过程

网络的学习过程也就是它的训练过程。每个训练的样本由一组网络输入 $X=(x_1,x_2,\cdots,x_m)$ 和一组网络输出期望值 $D=(d_1,d_2,\cdots,d_l)$ 组成,而网络的实际输出则为 $Y=(y_1,y_2,\cdots,y_l)$。

当输入信号 $X=(x_1,x_2,\cdots,x_m)$ 加在输入层时,隐层的第 j 个节点的输入为

$$u_j = \sum_{i=1}^{m} w_{ij} \cdot x_i$$

第 j 个节点的输出为

$$y_j = f(u_j)$$

同理，考虑到隐层的第 j 个节点的输出 y_j 对输出层来说即为其输入 x_j，所以输出层的第 k 个节点的输入为

$$u_k = \sum_{j=1}^{n} w_{jk} \cdot x_j$$

第 k 个节点的网络输出即实际输出为

$$y_k = f(u_k)$$

如果实际输出与期望值不等而产生误差 E，可以采用梯度搜索技术，按误差函数的负梯度方向修改连接权值，以期使网络的实际输出值与期望输出值的误差均方值达到最小。为此，定义误差函数 E 为

$$E = \frac{1}{2} \sum_{k=1}^{l} (d_k - y_k)^2 \tag{6.49}$$

权值应按 E 函数梯度变化的负方向进行调整，求取 E 函数的最小值。

2）反向传播过程

反向传播过程是根据误差信号由后向前修改连接权值的过程。首先是输出层与隐层间权值 w_{jk} 的调整，其调整公式为

$$\Delta w_{jk} = - \eta \frac{\partial E}{\partial w_{jk}} \tag{6.50}$$

由于

$$\frac{\partial E}{\partial w_{jk}} = \frac{\partial E}{\partial u_k} \frac{\partial u_k}{\partial w_{jk}} \tag{6.51}$$

可以定义式(6.51)中的 $\frac{\partial E}{\partial u}$ 为误差反传信号 δ，则输出层的误差反传信号为

$$\delta_k = \frac{\partial E}{\partial u_k} = \frac{\partial E}{\partial y_k} \frac{\partial y_k}{\partial u_k} \tag{6.52}$$

其中

$$\frac{\partial E}{\partial y_k} = - (d_k - y_k); \frac{\partial y_k}{\partial u_k} = f'(u_k); \frac{\partial u_k}{\partial w_{jk}} = x_j$$

所以有输出层权值的调整公式为

$$\Delta w_{jk} = \eta (d_k - y_k) f'(u_k) x_j \tag{6.53}$$

同理，输入层和隐层间权值 w_{ij} 的调整公式为

$$\Delta w_{ij} = - \eta \frac{\partial E}{\partial w_{ij}} = - \eta \frac{\partial E}{\partial u_j} \frac{\partial u_j}{\partial w_{ij}} \tag{6.54}$$

且隐层的误差反传信号为

$$\delta_j = \frac{\partial E}{\partial u_j} = \frac{\partial E}{\partial y_j} \frac{\partial y_j}{\partial u_j} \tag{6.55}$$

考虑到隐层的输出 y_j 就是输出层的输入 x_j，它对下一层即输出层的各节点都起作用，式(6.55)中的 $\frac{\partial E}{\partial y_j}$ 可以写成

$$\frac{\partial E}{\partial y_j} = \sum_{k=1}^{l} \frac{\partial E}{\partial u_k} \frac{\partial u_k}{\partial y_j} = \sum_{k=1}^{l} \frac{\partial E}{\partial u_k} \frac{\partial u_k}{\partial x_j} \tag{6.56}$$

根据式(6.52)，由于式(6.56)中的 $\dfrac{\partial E}{\partial u_k}=\delta_k$，因此，隐层的误差反传信号 δ_j 可以写成

$$\delta_j = \frac{\partial E}{\partial y_j}\frac{\partial y_j}{\partial u_j} = \sum_{k=1}^{l}\frac{\partial E}{\partial u_k}\frac{\partial u_k}{\partial x_j}\frac{\partial y_j}{\partial u_j} = \delta_k f'(u_j)\sum_{k=1}^{l}\frac{\partial u_k}{\partial x_j} = \delta_k f'(u_j)\sum_{k=1}^{l}w_{jk} \tag{6.57}$$

因此，在考虑到式(6.54)中的 $\dfrac{\partial u_j}{\partial w_{ij}}=x_i$ 后，输入层和隐层间权值 w_{ij} 的调整公式可以写成

$$\Delta w_{ij} = -\eta\delta_j x_i = -\eta x_i\left[\delta_k f'(u_j)\sum_{k=1}^{l}w_{jk}\right] \tag{6.58}$$

由此可见，求取隐层的误差反传信号 δ_j 时，要用到输出层的误差反传信号 δ_k。可以推理，当有多个隐层时，求取某隐层的误差反传信号，就要先计算出后一层的误差反传信号。所以说，误差函数的求取是从输出层开始，从后向前，最后到输入层的反向传播过程。

在 BP 算法中，神经元常使用非对称 S 型激发函数

$$y = f(u) = \frac{1}{1+e^{-a\cdot u}}, \alpha > 0$$

此时有 $f'(u)=f(u)\left[1-f(u)\right]=y(1-y)$，这样，调整公式(6.53)和(6.58)可以分别写成

$$\Delta w_{jk} = \eta(d_k-y_k)f'(u_k)x_j = \eta y_k(1-y_k)x_j(d_k-y_k) \tag{6.59}$$

$$\Delta w_{ij} = -\eta x_i\left[\delta_k f'(u_j)\sum_{k=1}^{l}w_{jk}\right] = \eta y_j(1-y_j)x_i\delta_k\sum_{k=1}^{l}w_{jk} \tag{6.60}$$

为了加快调整速度，可以把前一次的权值调整量作为本次调整的依据之一，从而有调整修正公式：

$$\Delta w_{ij}(k+1) = -\eta\delta_j x_i + \alpha\Delta w_{ij}(k) \tag{6.61}$$

其中，α 为平滑因子，取 $0<\alpha<1$。

3）BP 算法的计算步骤

BP 算法的计算可以用图 6.18 所示的流程图来表示。

算法的执行步骤如下：

①提供一组用作训练的输入向量 $X=(x_1,x_2,\cdots,x_m)$ 和期望输出向量 $D=(d_1,d_2,\cdots,d_l)$ 并对网络的各 w_{ij} 和 w_{jk} 置初值，初值一般为较小的非零随机数。

②正向计算隐层、输出层各神经元的输出。

③计算偏差 E，且按给定指标判别是否满足要求，若 E 已小到要求值以内，则算法结束，否则执行步骤④。

④反向计算输出层、隐层的 δ_k，δ_j。

⑤由后向前计算输出层各节点的 Δw_{jk} 和隐层各节点的 Δw_{ij}，并修正各连接权值。

⑥返回步骤②。

BP 神经网络在学习过程中需要准备多组用作训练的样本，即 (X_1,D_1)，(X_2,D_2)，$\cdots$，(X_P,D_P)，只有在任一给定的训练样本下网络都能满足要求时，学习过程才算完成。

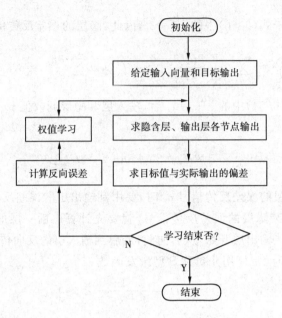

图 6.18 BP 算法流程图

6.4 神经网络控制

神经网络用于控制,主要是为了解决非线性、不确定、未知数学模型复杂系统的控制问题。利用神经网络所具有的智能特性,主要是其自学习能力和自适应能力,通过学习训练过程,使神经网络能对变化的环境具有自适应性,从而成为基本上不依赖控制对象模型的这类控制方式,称为神经网络控制。

神经网络控制的形式有多种多样,本节将主要介绍已在工业控制中应用较为成熟的、也是最基本的一种神经网络控制方式——神经元和神经网络的自适应 PID 控制。

6.4.1 神经网络控制中的逆模型

任何一个具有可辨识性的控制对象,都可以用一个合适的神经网络并通过调整和确定网络中神经元连接权值等参数,为之建立相应的模型。在神经网络控制中,控制对象建立模型的原理可用图 6.19 来说明。

图 6.19(a)表示正向建模的结构。一个多层前馈型神经网络与待辨识的控制对象并联,两者的输出误差 $e(k)$ 被作为神经网络的训练信号,神经网络的权值调整将使 $e(k)$ 逐渐趋于最小。当输入不同的 $u(k)$ 其输出误差 $e(k)$ 都符合要求时,可认为学习训练过程结束,此时的神经网络就是待辨识控制对象的等价正模型。

同理,可以很容易分析图 6.19(b)所示的逆向建模结构,不同的是,逆向建模学习训练过程结束后产生控制对象的等价逆模型。

当把一个控制对象的等价逆模型神经网络与控制对象串联时,就组成了前馈控制,逆模型神经网络相当于一个前馈控制器。前馈控制器与控制对象串联后的总传递函数应该为 1,也

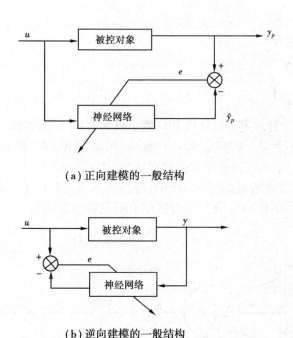

（a）正向建模的一般结构

（b）逆向建模的一般结构

图 6.19　控制对象建立模型的原理示意图

就是说,此时的系统输出应该等于或接近于给定的输入值。这种控制方式称为直接逆控制。如果使用两个结构完全相同的神经网络,一个用于建立控制对象的等价逆模型,另一个用作前馈控制器,两个神经网络的权值调整按一个训练信号同步进行,就组成了如图 6.20 所示的双网结构直接逆控制。

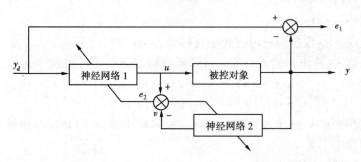

图 6.20　双网结构直接逆控制示意图

6.4.2　神经元自适应 PID 控制

神经元自适应 PID 控制的原理如下：

常规位置式 PID 控制的差分表达式为

$$u(k) = K_P e(k) + K_I \sum_{j=0}^{k} e(j) + K_D \left[e(k) - e(k-1) \right] \tag{6.62}$$

式中,K_P、K_I、K_D 分别为比例、积分、微分系数,$u(k)$ 为控制器输出,$e(k)$ 即系统误差信号为控制器输入。

增量式的 PID 控制差分方程为

$$\Delta u(k) = K_P \Delta e(k) + K_I e(k) + K_D \Delta^2 e(k) \tag{6.63}$$

式中，$\Delta^2 = 1 - 2z^{-1} + z^{-2}$。

式(6.63)可改写为

$$\Delta u(k) = K_I e(k) + K_P \Delta e(k) + K_D \big[\Delta e(k) - \Delta e(k-1)\big] \tag{6.64}$$

用一个有三输入端的神经元来替代常规 PID 数字控制器，神经元的输入量 x_1, x_2 和 x_3 分别为 $e(k), \Delta e(k)$ 和 $\Delta^2 e(k)$，神经元的权值 w_1, w_2 和 w_3 则对应 K_I, K_P 和 K_D，将权值 w_i 按神经元的学习规则进行调整，就可以使神经元控制器达到 PID 控制的要求。根据该原理组成的神经元自适应 PID 控制系统如图 6.21 所示，图中，转换器的作用是产生 $e(k), \Delta e(k)$ 和 $\Delta^2 e(k)$，K 为神经元的放大系数，有 $K > 0$。神经元自适应 PID 的控制算法为

$$\Delta u(k) = K \sum_{i=1}^{3} w_i(k) x_i(k)$$

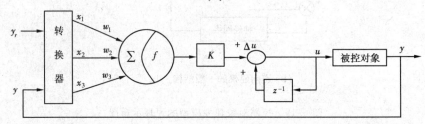

图 6.21　神经元 PID 控制系统

其中，$x_1(k) = e(k)$

　　　　$x_2(k) = \Delta e(k) = e(k) - e(k-1)$

　　　　$x_3(k) = \Delta^2 e(k) = e(k) - 2e(k-1) + e(k-2)$

且　　$e(k) = d(k) - y(k)$

神经元自适应 PID 控制的学习过程是这样的：由有教师的 Hebb 学习规则式(6.48)可知，Δw_{ij} 与神经元的输入、输出和偏差有关，因此，可以将权值的学习规则写成

$$w_i(k+1) = (1-c)w_i(k) + \eta \cdot r_i(k) \tag{6.65}$$

$$r_i(k) = e(k)u(k)x_i(k) \tag{6.66}$$

式中，$r_i(k)$ 称为递进信号，随学习过程逐渐衰减最后趋于零；$e(k)$ 是误差信号；η 是学习速率；c 是一个非常小的指定常数，$c > 0$。

由式(6.65)和(6.66)可以得出

$$\Delta w_i(k) = w_i(k+1) - w_i(k) = -c \left[w_i(k) - \frac{\eta}{c} e(k)u(k)x_i(k) \right] \tag{6.67}$$

若存在函数 $f\big[w_i(k), e(k), u(k), x_i(k)\big]$，且 $f[\cdot]$ 的偏导数为

$$\frac{\partial f[\cdot]}{\partial w_i} = w_i(k) - \frac{\eta}{c} \gamma_i \big[e(k), u(k), x_i(k)\big]$$

则式(6.67)可以写成

$$\Delta w_i(k) = -c \frac{\partial f[\cdot]}{\partial w_i(k)} \tag{6.68}$$

这表明，权值 $w_i(k)$ 的修正是按函数 $f[\cdot]$ 对应于 $w_i(k)$ 的负梯度方向进行搜索的，只要 c 足

够小,使用上述算法,就可以保证 $w_i(k)$ 逐渐趋于某一稳定值 w_i^*,也即 $w_i(k+1)=w_i(k)$,且偏差 $e(k)$ 在允许范围内。

在实际使用时,为保证神经元自适应 PID 控制的收敛性和鲁棒性,该控制算法在权值修正时要先进行规范化处理,即

$$\left.\begin{aligned} u(k) &= u(k-1) + K\sum_{i=1}^{3} w'_i(k)x_i(k) \\ w'_i(k) &= \frac{w_i(k)}{\displaystyle\sum_{i=1}^{3}|w_i(k)|} \\ w_1(k+1) &= w_1(k) + \eta_1 e(k)u(k)x_1(k) \\ w_2(k+1) &= w_2(k) + \eta_P e(k)u(k)x_2(k) \\ w_3(k+1) &= w_3(k) + \eta_D e(k)u(k)x_3(k) \end{aligned}\right\} \tag{6.69}$$

式中,η_1,η_P,η_D 分别为积分、比例、微分的学习速率。

6.4.3　神经网络自适应 PID 控制

神经网络经过学习可以用来表示任意一种非线性函数,BP 神经网络又是各类神经网络中结构较为简单、算法较为规范和明确的一种成熟的学习算法,因此,通过 BP 神经网络的学习,在自适应 PID 控制中找出某一最优控制规律下的 P,I,D 参数,通常是实现神经网络自适应 PID 控制所采用的方法。

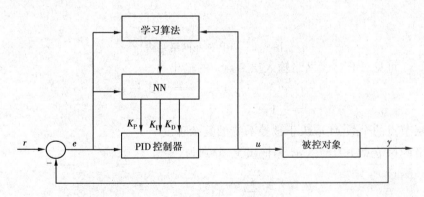

图 6.22　BP 神经网络自适应 PID 控制系统结构图

基于 BP 神经网络的自适应 PID 控制系统结构如图 6.22 所示,控制器由两部分组成:一是常规的 PID 数字控制器,用于直接对被控对象进行闭环控制,它的 K_P,K_I,K_D 三个参数可以在线整定;二是 BP 神经网络 NN,用于根据系统的运行状态对常规 PID 控制器的参数进行调节,以期达到某种性能指标的最优化。也就是说,使 BP 神经网络输出层神经元的输出状态对应于 PID 控制器的三个可调参数 K_P,K_I,K_D,通过神经网络的自学习,调整连接权值,从而使其稳定状态对应于某种最优化的 PID 控制器参数。

根据式(6.64),增量式 PID 的控制算式为

$$u(k) = u(k-1) + K_P\Big[e(k)-e(k-1)\Big] + K_I e(k) + K_D\Big[e(k)-2e(k-1)+e(k-2)\Big]$$

$$\tag{6.70}$$

式中，$K_P，K_I，K_D$ 分别是比例、积分、微分系数。如果将 $K_P，K_I，K_D$ 视为依赖于系统运行状态的可调参数时，可将式（6.70）描述为

$$u(k) = f\left[u(k-1),K_P,K_I,K_D,e(k),e(k-1),e(k-2)\right] \tag{6.71}$$

式中 $f[\cdot]$ 是与 $K_P，K_I，K_D，u(k-1)，e(k)，e(k-1)，e(k-2)$ 等有关的非线性函数，可以用 BP 神经网络 NN 通过训练和学习来找到一个最佳控制规律。

设 BP 神经网络 NN 的结构如图 6.23 所示，这是一个三层的 BP 网络，有 M 个输入节点，N 个隐层节点，3 个输出节点。输入节点对应所选的系统运行的状态量，如系统不同时刻的输入量和输出量等，必要时还应进行归一化处理。输出节点分别对应 PID 控制器的三个可调参数 $K_P，K_I，K_D$。由于 $K_P，K_I，K_D$ 不能为负值，因此输出层神经元的激发函数要取非负的 S 型函数，而隐层神经元的激发函数可取正负对称的 S 型函数。

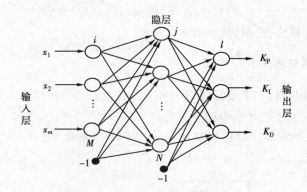

图 6.23 BP 神经网络结构

由图 6.23 可见，BP 神经网络输入层节点 i 的输出为

$$x_i = e(k-i+1)，\quad i = 1,2,\cdots,m \tag{6.72}$$
$$x_0 \equiv -1$$

式中，输入层节点的个数 M 取决于被控系统的复杂程度。

BP 网络隐层节点 j 的输入 u_j 和输出 y_j 分别为

$$u_j(k) = \sum_{i=0}^{m} w_{ij} \cdot x_i$$
$$y_j(k) = f\left[u_j(k)\right]，j = 1,2,\cdots,n \tag{6.73}$$
$$y_0(k) \equiv -1$$

式中，w_{ij} 为隐层权系数，w_{0j} 为节点 j 的阈值 Q_j，$f[\cdot]$ 为激发函数，$f[\cdot] = \tanh(x)$。

BP 网络输出层节点 l 的输入 u_l 和输出 y_l 分别为

$$u_l(k) = \sum_{j=0}^{n} w_{jl} \cdot x_j$$
$$y_l(k) = g\left[u_l(k)\right]，l = 0,1,2 \tag{6.74}$$

也即

$$y_0(k) = K_P$$
$$y_1(k) = K_I$$

$$y_2(k) = K_D$$

式中，w_{jl} 为输出层权系数，w_{0l} 为节点 l 的阈值 Q_i，$g[\cdot]$ 为激发函数，

$$g[\cdot] = \frac{1}{2}\Big[1 + \tanh(x)\Big]$$

可以设定性能指标函数为

$$J = \frac{1}{2}\Big[r(k+1) - y(k+1)\Big]^2$$

依最速下降法修正网络的连接权值，即按 J 对权值的负梯度方向搜索调整，并附加一能使搜索快速收敛全局极小的惯性项，则有

$$\Delta w_{jl}(k+1) = -\eta\frac{\partial J}{\partial w_{jl}} + \alpha\Delta w_{jl} \tag{6.75}$$

式中，η 为学习速率，α 为平滑因子。

$$\frac{\partial J}{\partial w_{jl}} = \frac{\partial J}{\partial y(k+1)}\cdot\frac{\partial y(k+1)}{\partial u(k)}\cdot\frac{\partial u(k)}{\partial y_l(k)}\cdot\frac{\partial y_l(k)}{\partial u_l(k)}\cdot\frac{\partial u_l(k)}{\partial w_{jl}}$$

由于 $\partial y(k+1)/\partial u(k)$ 未知，因此可近似用符号函数 $\mathrm{sgn}\Big[\partial y(k+1)/\partial u(k)\Big]$ 替代，由此带来的计算不精确的影响可以通过调整学习速率 η 来补偿。

由式(6.70)，可以求得

$$\frac{\partial u(k)}{\partial y_0(k)} = e(k) - e(k-1)$$

$$\frac{\partial u(k)}{\partial y_1(k)} = e(k)$$

$$\frac{\partial u(k)}{\partial y_2(k)} = e(k) - 2e(k-1) + e(k-2)$$

因此可得 BP 神经网络 NN 输出层的连接权值计算公式为

$$\Delta w_{jl}(k+1) = \eta\,\delta_l y_j(k) + \alpha\Delta w_{jl} \tag{6.76}$$

其中
$$\delta_l = e(k+1)\cdot\mathrm{sgn}\Big[\frac{\partial y(k+1)}{\partial u(k)}\Big]\cdot\frac{\partial u(k)}{\partial y_l(k)}\cdot g'\Big[u(k)\Big],\ l = 0,1,2$$

依据上述推算方式，可得隐层连接权值的计算公式为

$$\Delta w_{ij}(k+1) = \eta\,\delta_j y_i(k) + \alpha\Delta w_{ij} \tag{6.77}$$

其中
$$\delta_j = f'\Big[u_j(k)\Big]\cdot\sum_{l=0}^{2}\delta_l w_{jl}(k)\quad,j = 1,2,\cdots,n$$

式中，$g'[\cdot] = g(x)\big[1 - g(x)\big]$，$f'[\cdot] = \big[1 - f^2(x)\big]/2$。

基于 BP 神经网络的 PID 控制算法可归纳如下：

①预先选定 BP 神经网络 NN 的结构，即选定输入层节点数 M 和隐层节点数 N，并给出各层权系数的初值 $w_{ij}(0)$，$w_{jl}(0)$，选定学习速率 η 和平滑因子 α。将运算次数设为 $k=1$。

②采样得到 $r(k)$ 和 $y(k)$，计算 $e(k) = r(k) - y(k)$。

③对 $r(i)$，$y(i)$，$u(i-1)$，$e(i)$ 等(其中 $i = k,k-1,\cdots,k-p$)进行归一化处理，作为 NN 的输入。

④根据式(6.72)~(6.74)，前向计算 NN 的各层神经元的输入和输出，NN 输出层的输出

即为 PID 控制器的三个可调参数 $K_P(k),K_I(k),K_D(k)$。

⑤根据式(6.70),计算 PID 控制器的控制输出 $u(k)$,参与控制和计算。

⑥由式(6.76),计算修正输出层的权系数 $w_{jl}(k)$。

⑦由式(6.77),计算修正隐层的权系数 $w_{ij}(k)$。

⑧置 $k=k+1$,返回到第②步。

小　结

模糊逻辑理论中的模糊集合、模糊关系、模糊语言、模糊推理等概念都是本章的重要内容。模糊集合的元素是要用隶属度来描述的,在闭区间[0,1]内取值的隶属函数用来定义隶属度的大小。在模糊关系的各种运算规则中,关系矩阵的合成运算尤为重要,它是模糊推理的主要依据。模糊推理是一种近似的推理法,在模糊控制中常用的模糊推理方法是扎德法和马丹尼法,两者的区别是在求模糊关系 R 的方式上有所不同。

模糊控制系统用模糊控制器替代传统的数字控制器对被控对象进行控制,是模拟人的思维、推理和判断的一种控制方法,它将人的经验、常识等用自然语言的形式表达出来,建立一种适用于计算机处理的输入输出过程模型。模糊控制的过程由精确量的模糊化、模糊推理决策、模糊量的清晰化三部分组成。实用模糊控制器设计的关键在于模糊控制规则的生成和模糊控制算法的实现。

人工神经元模型是对生物神经元的模拟和简化,多个人工神经元可以组成结构不同、功能各异的神经网络。神经网络具有智能特性是因为它的自学习、自组织和自适应能力,这些能力都必须通过神经网络实行一定的学习算法才能体现。学习算法是指按一定的方式调整神经网络结构或神经网络中各神经元间连接关系即连接权值的计算规则。BP 学习算法是神经网络中最基本、最成熟也是应用最广泛的一种学习算法。

本章是通过介绍神经元和 BP 神经网络的自适应 PID 控制来学习神经网络的控制原理的。神经网络中各神经元间连接权值的逐步调节、修正过程也就是神经网络的自学习、自适应过程,是控制系统的可调参数逐步逼近理想值、整个控制系统逐步实现最优化控制的过程。

模糊控制与神经网络是当前两种主要的智能控制技术,它们都能模拟人的智能行为,不需要精确的数学模型,能够解决传统自动化技术无法解决的许多复杂的、不确定性的、非线性的自动化问题,而且易于用硬件或软件来实现。模糊控制与神经网络又具有各自的特点,模糊控制是模拟人的思维和语言中对模糊信息的表达和处理方式,擅长利用人的经验性知识;神经网络则是模拟人脑的结构以及对信息的记忆和处理功能,擅长从输入输出数据中学习有用的知识。由于模糊控制与神经网络既有共性又有互补性,二者的结合也就成了当今智能控制领域的研究热点。

模糊控制技术有一定的局限性,模糊控制系统的规则集和隶属函数等设计参数只能靠经验来选择,很难自动设计和调整。它的模糊模型一旦建立之后,也很难适应变化了的情况,缺乏自学习和自适应能力,这是模糊控制的主要缺点。若能用神经网络来构造模糊系统,就可以利用神经网络的学习方法,根据输入输出样本来自动设计和调整模糊系统的设计参数,实现模糊系统的自学习和自适应功能。将模糊控制与神经网络两种智能控制技术相结合的研究方式有很多种,如模糊神经网络是指具有模糊权系数或者输入信号是模糊量的神经网络,它在神经网络的学习中引入了模糊算法;又如神经模糊控制是指用神经网络去实现模糊控制,用于神经模糊控制的神经网络是由常规神经元和模糊神经元或者全部由模糊神经元组成的。

智能控制的研究是伴随着计算机技术的飞速进步而发展起来的,智能控制必须要以计算机为工具。在工业领域及家用电器中广泛应用的模糊控制技术,需要成百上千次计算才能调整好连接权值的 BP 神经网络等都离不开高速、大容量、功能齐全的计算机的支持。现在,MCS51、96 系列单片机以及数字信号处理芯片 DSP 已经开始在各种模糊控制和神经网络控制技术中使用,家电行业的简单模糊控制专用芯片也已经产品化批量生产,可以预计,国外业已问世、国内正在研制开发的通用型模糊控制芯片、神经网络芯片的推广应用,将会使模糊控制系统或神经网络控制系统的设计更加规范、简单,实时控制更加方便,从而进一步推进智能控制的深入研究和广泛应用。

习题与思考题

1. 什么是隶属函数? 什么是模糊关系? 模糊关系矩阵 R 与隶属函数有何联系?

2. 在论域 $Y = \{y_1, y_2, y_3, y_4, y_5\}$ 上有两个模糊集,分别是

$$A = \frac{0.5}{y_1} + \frac{0.3}{y_2} + \frac{0.4}{y_3} + \frac{0.2}{y_4} + \frac{0.1}{y_5}, B = \frac{0.2}{y_1} + \frac{0.8}{y_2} + \frac{0.1}{y_3} + \frac{0.7}{y_4} + \frac{0.4}{y_5}$$

求(1)$A \bigcup B$,(2)$A \bigcap B$,(3)$\overline{A}$。

3. 已知模糊矩阵 $A = \begin{bmatrix} 0.5 & 0.3 \\ 0.4 & 0.8 \end{bmatrix}, B = \begin{bmatrix} 0.8 & 0.5 \\ 0.3 & 0.7 \end{bmatrix}$,分别求矩阵(1)$C = A \bigcup B$,(2)$C = A \bigcap B$,(3)$C = A \circ B$。

4. 已知有模糊向量 A 和模糊矩阵 R 如下:

$$A = (0.7 \quad 0.1 \quad 0.4), \qquad R = \begin{bmatrix} 0.5 & 0.8 & 0.1 & 0.2 \\ 0.6 & 0.4 & 0.1 & 0.1 \\ 0.1 & 0.3 & 0.6 & 0.3 \end{bmatrix}$$

计算 $B = A \circ R$。

5. 简要说明模糊控制系统的工作原理。

6. 参考表 6.4 所示的偏差 e 的语言变量 E 赋值表,制作偏差变化 Δe 的语言变量 CE 赋值表和控制量 u 的语言变量 U 赋值表。再结合表 6.7 所示的模糊控制规则,用 C 语言编写一个计算模糊控制查询表的计算机程序,画出程序框图,打印程序清单,并制作如表 6.8 所示的控制查询表。

7. 人工神经元模型是怎样体现生物神经元的各个特点的?

8. 人工神经网络如何分类?

9. 如图 6.24 所示网络,给定样本为 $x = [1, -1, 1], y = [1, 1]$,选步长 $\eta = 0.1$,各神经元的激发函数为 $f(u) = \dfrac{2}{1 + e^{-u}} - 1$,初始权值选为

$$w_{ij} = \begin{bmatrix} 1 & 1 & 1 \\ 2 & 0 & 2 \\ 3 & 3 & -3 \end{bmatrix}, w_{jk} = \begin{bmatrix} 1 & -1 & 1 \\ 0 & 1 & -1 \end{bmatrix}$$

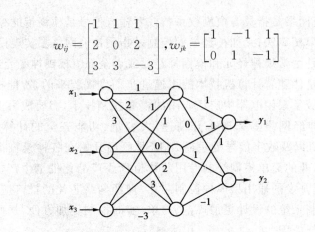

图 6.24　BP 网络结构图

用 C 语言编写计算机程序计算该网络的权值调节过程（使用 BP 算法）。

10. 使用哪些方法可以加快 BP 算法的学习进程？

第 **7** 章
集散控制系统

7.1 集散控制系统概述

集散控制系统 DCS(Distributed Control System)也称分布式计算机控制系统,是一种综合了控制(Control)、计算机(Computer)、通信(Communication)、终端显示(CRT)或人机界面会话(Conversation)技术即 4C 技术,而发展起来的新型控制系统。DCS 系统集中了连续控制、批量控制、逻辑顺序控制、数据采集等功能,它以计算机集成制造系统(CIMS)为目标,用新的控制方法、现场总线智能化仪表、专家系统、局域网络等新技术,为用户实现过程自动化与信息管理自动化相结合的管控一体化的综合集成系统。

7.1.1 DCS 概述

(1)集散控制系统的发展

自 1975 年美国的 Honey Well 公司成功地推出了世界上第一套集散控制系统 TDC2000以来,经历了 20 多年的时间,DCS 已经走向成熟并获得了广泛应用。集散控制系统是目前在过程控制中,特别是大中型生产装置控制中应用最多,也是可信度最高和非常受重视的控制系统。它广泛地应用于石油、化工、轻工、冶金和建材等行业,如核电站、发电厂、制药厂、玻璃厂、化肥厂等。

在 20 多年中,DCS 在技术上经历了几个阶段的发展过程。

第一代产品主要由过程控制单元 PCU(Process Control Unit)、数据采集装置 DAU(Data Acquisition Unit)、CRT 操作站、监控计算机和数据高速公路(HW——Highway)五部分组成。这个时期的主要技术特点是实现了分散控制,从而使危险分散;引入了网络通信技术,实现了集中管理,分散控制。代表产品主要有美国 Honey Well 公司的 TDC2000,Bailey 公司的Network 90,Foxboro 公司的 Spectrum,日本横河电机株式会社的 CENTUM 等。

之后,DCS 不断得到发展和完善,向着高精度、高可靠性、小型化、模板模块化、智能化方向发展,尤其以多功能控制器、增强型操作站、光纤通讯等技术使得 DCS 更趋完善。第二代产品主要由局部网络 LAN、多功能控制器 MC、增强型操作站 EOS(Enhanced Operator Station)、通用操作站 US(Universal Station)、网间连接器 GW、系统管理模块 SMM(System Management Module)和主计算机 HC(Host Computer)七部分组成。第二代集散控制系统的主要特点一个是系统的功能扩大或者增强,例如,控制算法的扩充,常规控制与逻辑控制、批量控制相结合;过程操作管理范围扩大,功能增强等。另一个是数据通信系统的发展,从主从工的星形网络通信改变为对等式的总线网络通信或环网通信。代表产品主要有 TDC—3000,CENTUM—XL 和 WDPF 等。

在第二代集散控制系统中,各个公司为了保护自身利益,采用的网络通信系统是封闭式的,这些网络之间互不兼容,给用户使用、扩展和改造系统带来了诸多不便。第三代 DCS 向计算机网络控制扩展,将过程控制、监督控制和管理调度进一步结合起来,并且加强断续系统功能,采用专家系统和以开放系统互连参考模型为基础的制造自动化协议 MAP(Manufacture Automation Protocol)标准,以及硬件上的诸多新技术,从而克服了自动化孤岛问题。开放系统是第三代集散控制系统的主要特征。这一代的典型产品中,有的是在原有基础上扩展,如 Honey Well 公司扩展后的 TDCS3000,横河公司带有 SV—NET 的 CENTUM—XL 和 Bailey 公司的 INFO—90 等。这一代产品进一步发展就是计算机集成制造(生产)系统 CIMS(Computer Integrate Manufacturing System),即,将企业行政事务信息与工厂控制系统集成为一的计算机系统。

在 20 世纪 90 年代初,随着对控制和管理要求的不断提高,第四代集散控制系统以管控一体化形式出现。它在硬件上采用了开放的工作站,使用 RISC 替代 CISC,采用了客户机/服务器(Client/Server)的结构。在网络结构上增加了工厂信息网(Intranet),并可与互联网 Internet 联网。在软件上则采用 UNIX 和 X—Windows 的图形用户界面,系统的软件更丰富,例如,一些优化和管理良好的界面的软件被开发并移植到集散控制系统中。典型产品有 Honey Well 公司的 TPS 控制系统,横河公司 CENTUM—CS 控制系统,Foxboro 公司 I/AS50/51 系列控制系统等。这一代集散控制系统主要是为解决 DCS 系统的集中管理而研制。它们在信息管理、通信等方面提供了综合解决方案。

DCS 经历了几个阶段的发展,现已日臻完善,非常成熟,它以其高可靠性、实用灵活、功能强、安全而成为过程控制中最为实用的系统,并获得了广泛应用。例如,在我国石油和化工生产领域,过去只有大型或联合处理装置要用 DCS 控制,现在,相当多的新建装置不论大小都尽可能采用 DCS。在电力行业,200MW 以上的火力发电机组基本都是用 DCS 进行控制的。DCS 越来越广的应用除了由于人们认识的转变以外,主要因素还是市场的竞争与技术的进步使各厂家不断地改进产品,使其变得功能更强,应用方便,价格接近或等于常规的控制仪表组成的系统。

7.1.2 DCS 的特点

对一个规模庞大、结构复杂、功能全面的现代化生产过程控制系统,按系统的结构垂直方向可分解成分散过程控制级、集中操作监控级、综合信息管理级,各级相互独立又相互联系;对每一级按功能在水平方向分成若干个子块。与一般的计算机控制系统相比,DCS 具有以下几个特点:

(1)系统具有极高的可靠性

DCS 的高可靠性体现在系统结构、冗余技术、自诊断功能、抗干扰措施和高性能的元件上。

由于系统的功能分散,在某个部门出现故障时,系统仍能维持正常工作;系统中的硬件全部采用大规模集成电路和其他高质量的元件,使得硬件部分平均故障间隔时间(MTBF)提高;关键部件,系统采用双重化设计或冗余化后备,如基本调节器以模拟仪表作自动后备,有的基本调节器使用两套微处理器,出故障时可以自动切换到备用系统,使系统的可靠性大大提高;系统采用了较完善的自诊断和校验技术。

DCS 采用积木化硬件组装式结构。集散控制系统一般分为二级、三级或四级的组装积木化结构,系统配置灵活,可以方便地构成多级控制系统。如果要扩大或缩小系统的规模,只需按要求在系统中增加或拆除掉一些单元,而系统的功能不会受到任何影响。这样的组合方式,有利于企业分批投资,逐步形成一个在功能和结构上从简单到复杂、从低级到高级的现代化管理系统。

(2)软件模块化

不同的生产过程,其工艺和产品虽然千差万别,但从过程控制的要求分析仍具有共性,给集散控制系统的软件设计带来方便。DCS 为用户提供了丰富的功能软件,用户只需按要求选用即可,大大减少了用户的开发工作量。DCS 的软件体系,大体上可分为工程师站组态软件、操作站实时监控软件及过程控制站软件三大部分。三部分软件分别运行于系统不同层次的平台上,并通过系统网络及网络通信软件,互相配合,互相协调,交换各种数据及管理、控制信息,来完成整个 DCS 系统的各种功能。

(3)控制系统用组态方法生成

DCS 使用与一般计算机系统完全不同的方法生成控制系统,即"组态"的方法,为用户提供了众多的常用的运算和控制模块,控制工程师只需按照系统的控制方案,从中选择必要的模块,用户通过简单的 CAD 式绘图、填表方式、步骤记入方式或文本输入等操作来定义这些软功能模块,即可进行控制系统组态。

(4)通信网络的应用

通信网络是 DCS 的神经中枢,它将物理上分散配置的多台计算机有机地连接起来,实现了相互协调、资源共享的集中管理。通过高速数据通信线,将现场控制站、局部操作站、监控计算机、中央操作站、生产管理计算机和经营管理计算机连接起来,构成多级控制系统,实现整体的最优控制和管理。

DCS 一般采用同轴电缆或光纤作为通信线,也使用双绞线,通信距离可按用户要求从十几米到十几千米,通信速率一般为 $1\sim10\text{Mb/s}$,使用光纤时可高达 100Mb/s。由于通信距离长和速度快,可满足大型企业的数据通信要求,因此可实现实时控制和管理。

进入 20 世纪 90 年代以后,开放系统已成为集散控制系统的主要特征,开放系统的基本特征如下:

1)可移植性。第三方的应用软件很方便地在系统所提供的平台上运行,有时可能需要小的修改,但从系统的应用来看,各个制造厂集散控制系统的软件有了可相互移植的可能。可移植性保护用户的已有资源,减少应用开发、维护和人员的培训费用。可移植性包括程序可移植性、数据可移植性和人员可移植性。

2)互操作性。网络上的各个节点,如:操作监视站、分散过程控制站等,由于网络的连接,使得在网络上其他节点的数据、资源和处理能力等可被本节点所应用。

开放系统的互操作性指不同的计算机系统与通信网能互相连接起来。通过互连,能正确有效地进行数据的互通,并在数据互通的基础上协同工作,共享资源,完成应用的功能。

集散控制系统在现场总线标准化后,将使符合标准的各种检测、变送和执行机构的产品可以互换或替换,而不必考虑该产品是否是原制造厂的产品。

3)可适宜性。系统对计算机的运行要求变得更为宽松,在某些较低级别的系统中能运行的应用软件也能在高级别的系统中运行,反之,系统软件版本高的能适用于版本低的系统。

4)可得到性。系统的用户可对产品进行选择,而不必考虑所购买的产品能不能用在已购的系统上。由于各制造厂的产品具有统一的通信标准,因此,对用户来说,选择产品的灵活性得到增强。

随着半导体集成技术、数据存储和压缩技术、网络和通信技术等其他高新技术的发展,集散控制系统也进入了新的发展时期。现场总线的应用使集散控制系统以全数字化的崭新面貌出现在工业生产过程之中,它是分散控制的最终体现。而工厂信息网和 Internet 的应用使集散控制的集中管理功能有了用武之地,管控一体化将使产品的质量和产量提高,成本和能耗下降,从而使经济效益明显提高。

集散控制系统将向两个方向发展,一是向上发展,即向 CIMS 计算机集成制造系统、CIPS 计算机集成过程系统发展。另一个方向是向下发展,即向 FCS(Fieldbus Control System)现场总线控制系统发展。

7.2　集散控制系统的组成

7.2.1　DCS 的硬件体系结构

不同厂家生产的 DCS 系统结构不同,即使是同一生产厂家不同系列、不同型号的产品结构也不相同,一般说来,DCS 的体系结构可分为三级。第一级为分散过程控制级,第二级为集中操作监控级,第三级为综合信息管理级。各级之间由通信网络连接,级内各装置之间由本级的通信网络进行通信联系。典型的 DCS 体系结构如图 7.1 所示。

(1)分散过程控制级

构成这一级的主要装置有:现场控制站(工业控制机)、可编程序控制器(PLC)、智能调节器,测控装置(如数据采集装置、各种执行器等)。这一级是直接面向生产过程的,是与现场打交道的设备。生产过程的各种过程变量通过分散过程控制装置转化为操作监视的数据,例如,采集热电偶、热电阻、变送器(温度、湿度、压力、流量)信号的数据及开关量等现场信号。在分散过程装置内,进行模拟量与数字量的相互转换,完成控制算法的各种运算,对输入与输出量进行有关的软件滤波及其他的运算。操作的各种信息也通过分散过程控制装置送到执行机构,直接完成生产过程控制、调节控制、顺序控制等功能。能够与集中操作监控级进行数据通信,接收显示操作站下传加载的参数和作业命令,以及将现场工作信息整理后向显示操作站报告。

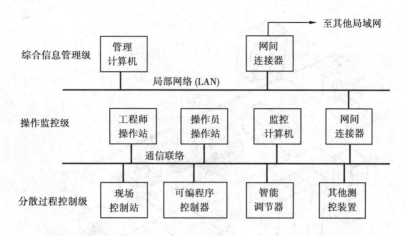

图 7.1　DCS 的体系结构

(2)集中操作监控级

这一级的具体组成包括:监控计算机、工程师显示操作站和操作员显示操作站。该级以操作监视为主要任务,兼有部分管理功能。这一级是面向操作员和控制系统工程师的,它把过程参量的信息集中化,把各个现场配置的控制站的数据进行收集,并通过简单的操作,进行过程量的显示、各种工艺流程图的显示、趋势曲线的显示以及改变过程参数,如设定值、控制参数、报警状态等信息,这就是它的显示操作功能。在工程师站上可进行控制系统的生成、功能组态,组态数据下装到各操作站以实现各种控制策略。

(3)综合信息管理级

这一级由管理计算机、办公室自动化系统、工厂自动化服务系统构成,从而实现整个企业的综合信息管理。DCS 的综合信息管理级实际上是一个管理信息系统(Management Information System,简称 MIS)。综合信息管理主要包括生产管理和经营管理。

(4)通信网络系统

DCS 各级之间的信息传输主要依靠通信网络系统来支持。根据各级的不同要求,通信网也分成低速、中速和高速通信网络。低速网络面向分散过程控制级;中速网络面向集中操作监控级;高速网络面向管理级。

以图 7.2 所示日本横河 CENTUM—XL 为例。该系统可分为过程控制级、控制管理级和生产与经营管理级三级。

管理计算机 YEWCOM9000,是综合信息管理级最主要的设备。它主要用于企业的管理和复杂运算。通信门路单元 ECGW 是工厂管理用计算机与下级计算机的通信接口。

人工智能站 AIWS、计算机站 ECMP、中央操作站 EOPS 等设备构成集中操作监控级。主要完成的功能有:用专家系统的知识信息诊断设备运转状态,在开车、停车、设备运转异常时给予合适的指导,进行最优控制与决策;利用应用程序软件包执行数据收集、品种管理等;进行系统生成和维护保养;采集各种信号数据等等。

分散过程控制级由工程技术站 ENGS、现场监视站 EFMS 和控制站 EFCS、局部操作站 COPSV 和现场控制站 CFCS2/EFCS 等设备组成。现场门路单元 EFGW 是集中操作监控级与分散控制系统通信用的接口。

CENTUM—XL 系统的人-机接口是以中央操作站 EOPS 为中心,由操作站、操作台、打印

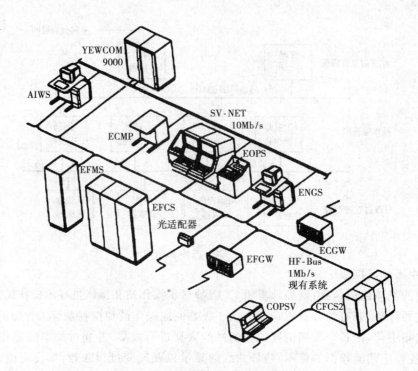

图 7.2　CENTUM—XL 系统构成图

机和彩色硬拷贝机等组成的。具有操作功能、图像显示功能、数据文件处理功能、BASIC 语言功能及超级窗口功能等。通过操作画面可显示流程图，监视多点工位和趋势记录。具有显示过程异常的报警功能，并且能够根据报警的重要程度进行分级优先报警。操作员可以在操作站上实现分配整体画面，控制分组画面、趋势记录画面，保存趋势记录，定义功能键、操作顺序、辅助信息及操作标记，指定向外部记录仪表的输出等功能。

　　工程技术站的功能包括系统生成和系统维护。系统生成功能有系统构成定义、各种站的功能组态、流程图的画面组态、应用功能、编制计算机站应用程序等。系统维护功能是为了维持系统的正常工作状态，对系统进行监视、诊断、修复的功能。控制站有现场控制站 EFCS 和现场监视站 EFCD 两种。现场控制站的主要功能是：数据采集、DDC 控制、顺序控制、信号报警、报表打印以及数据通信，主要用于从分批生产到连续生产过程的所有工艺流程的自动化控制。现场监视站是适用于将多点工艺流程参数进行集中监视的专用装置，可以通过 HF 总线和操作站进行通信，实现对过程输入信号的监视。

　　CENTUM 采用 HF 通信总线将各类操作站、控制站及各类通信通路单元连接起来，传输各种信息。它由通信总线和通信控制板组成。HF 总线同时采用两根同轴电缆，实现冗余化通信，最大可连接 32 个站点，通信速度为 32Mb/s。

　　SV—NET 总线将操作站与计算机站、上位计算机等连接起来，高速传送大容量数据文件。SV—NET 总线按 MAP 标准设计，数据传输速率为 10Mb/s，线路控制方式为令牌传送，通信介质为 75Ω 同轴电缆。

7.2.2　集散控制系统软件体系

　　集散控制系统的软件种类齐全、功能多，各有许多特点。不同的 DCS 系统软件分类不尽相同,通常分为操作系统软件、信息管理软件、组态软件、各类应用软件和数据库等。

下面以 Fisher-Rosemount 公司的 PROVOX 系统为例介绍 DCS 的软件。

PROVOX 集散控制系统的系统标准软件包括系统软件、组态软件、开放式数据库软件、应用操作软件、历史数据包、开放式数据库客户软件和过程数据服务器软件等。

(1)系统软件

系统软件包括开放 VMS 操作系统和计算机/高速数据接口软件包 CHIP。

CHIP 通常用于规划任务并分配计算机资源,它使整个装置的计算机都能够访问整个 PROVOX 过程数据,其中包括来自控制器设备的点数据,使用户完成有关过程优化、技术报表、过程分析、科学计算机以及其他工厂管理等方面的工作,为过程最优化、监督控制、网络化、不同设备的集成化及数据分析提供了一种有效的工具。

CHIP 具有三个功能级,即 CHIP 内核、CHIP 实时数据库和 CHIP 编程库。CHIP 内核是由计算机与 PROVOX 系统硬件之间的通讯驱动程序、用于主动接收通讯包的程序以及用于主动发送通讯包的程序所构成的。CHIP 实时数据库用于存储硬件设备操作参数的最新拷贝,也用于存储应用程序的计算数据。通过主动提供的报告,数据库自动地接收各种数据,以保证其信息总是及时的。CHIP 编程库是由用于用户编程时存取、控制系统调整参数的子程序和数据库构成的。CHIP 数据流示例如图 7.3 所示。软件是模块化的,用户只需购买所需的部分。

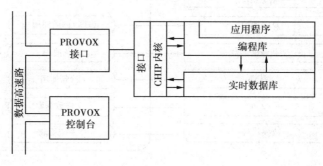

图 7.3　CHIP 数据流示例

(2)组态软件

组态软件的内容包括对过程管理系统组态、系统内各设备的定义、确定各设备的工作要求、设备网地址分配、定义各种控制点、点数据在显示图上的编排等。组态软件程序包由文件应用、组态建立、编辑图形显示、下装综合、下装、数据库、数据库应用等程序组成。ENVOX 组态软件将组态数据储存在有关数据库中,并将数据分成许多数据库制表,用户能采用填充各种组态表的方式组态工厂的生产过程控制系统。

ENVOX 软件组态任务的一般流程如图 7.4 所示。由图可以看出,组态和数据维护任务的主要步骤为:建立组态数据→生成选项→下装程序→跟踪整定→上装整定参数→维护、诊断设备→建立组态文档资料→审计跟踪数据库的变化。其中,建立组态数据过程为:建立数据设备定义→建立仪表信号位号→建立模板→建立点→建立算法→建立画面→建立报表等。图中还示出了在进行以上任务时提供这些功能的 ENVOX 特性,如,条项表、画面编辑器、语言编辑器、上装和下装程序、跟踪/调整程序、诊断程序、文档数据库等。

建立数据设备、点、画面或算法等都是通过填写规定的定义格式表来实现的。例如,建立

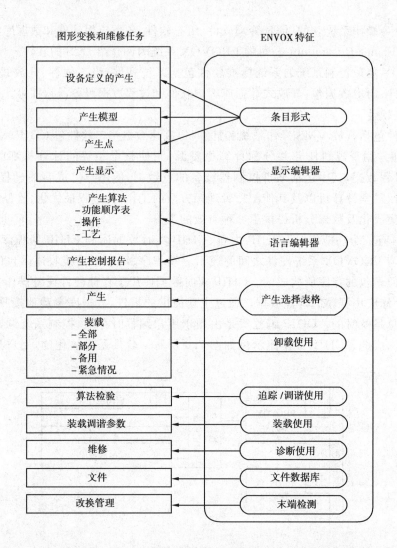

图形变换和维修任务 　　　　　ENVOX 特征

设备定义的产生

产生模型

产生点

产生显示

产生算法
　－功能顺序表
　－操作
　－工艺

产生控制报告

产生

装载
　－全部
　－部分
　－备用
　－紧急情况

算法检验

装载调谐参数

维修

文件

改换管理

条目形式

显示编辑器

语言编辑器

产生选择表格

卸载使用

追踪/调谐使用

装载使用

诊断使用

文件数据库

末端检测

图 7.4　组态及维护任务图和相应的 ENVOX 功能

数据设备定义的格式如图 7.5 所示。工程技术人员只需按照此格式根据现场实际要求填写即可完成设备的定义。通过类似的表格,可完成数据库、输入/输出卡件、输入/输出通道、控制台、分散式 I/O 卡通道、智能 I/O 通道、仪表信号数据等的定义。

工程技术人员可通过"增加数据库选项"增加 ENVOX 数据库和开放式数据库,将开放式数据库和 ENVOX 数据库联合起来,并对数据库进行增加、修改、观察、删除、复制、重新命名、转储事项记录和进行一致性检验。

(3)应用软件

应用软件用于整个生产过程的操作和控制,过程数据收集,信息分析、优化,监控控制,外来设备的网络化及完善。

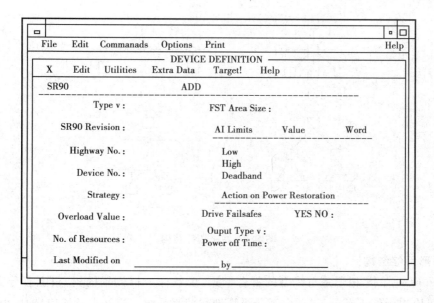

图 7.5　控制器系列设备定义格式

7.3　集散控制系统的数据通信概要

数据通信是集散控制系统的重要组成部分,对数据通信的要求是:可靠性高,安全性好,实时响应快,能够适应恶劣的环境。

7.3.1　网络拓扑结构

网络中互连的点称为节点或站,结点间的物理连接结构称为拓扑结构,网络拓扑结构是指各工作站在网络中的连接方式。局部网络通常有下面四种结构:

(1)星形网络结构

如图 7.6(a)所示,星形结构的中心节点是主节点,它接受各分散点的信息再转发给相应结点,具有中继交换和数据处理功能。这种结构的优点是线路可用性强、效率高,便于程序集中研制和资源共享,但是交换控制中心同时也是最大的危险集中点,控制中心一旦出现问题,就可能使整个通信停顿。

(2)总线型网络结构

如图 7.6(b)所示,总线型结构中各节点经其接口,通过一条或几条通信线路与公共总线连接。总线型网络实行分散的控制策略,是最常用的一种网络拓扑形式。所有站点经网络适配器直接挂在总线上。任何一个通信站发出的信号都沿传输介质向两个方向传播,类同于广播电台发射的电磁波向四周扩散一样,而且能被所有其他站接收。总线型网络结构的灵活性较好,可连接多种不同传输速度、不同数据类型的设备,可以方便地增加新站或撤除故障站,而不影响网络的正常工作。总线型结构广泛地应用于信息管理系统、办公室自动化系统、教学系统等领域。

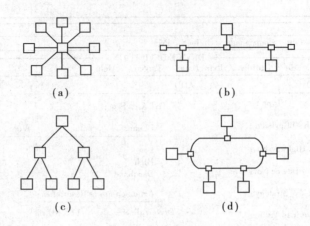

图 7.6　网络拓扑结构

(3)树形网络结构

如图 7.6(c)所示,树形是总线型的复合形式,形状像一棵倒置的树,根上有分支延伸,每个分支还可以再延伸出子分支,适合于分级管理和控制系统。当站点发送信号时,根接收该信号,然后再重新广播发送到全网。它具有与总线型相同的优缺点,此外,它易于扩展和隔离故障,但对根的依赖性太大,若根发生故障,则全网不能正常工作。

(4)环形网络结构

如图 7.6(d)所示,环形网络中,各节点通过环接口连在一条首尾相连的闭合环形通信线路中。同一时间内,网上所有节点都可以发出信息或接收信息。这种链路是单向的,即只能在一个方向上传输数据,一个信息从源节点出发,必单方向地相继通过其他各节点。这样,数据就在一个方向上沿着环进行循环。环上某站发生故障时,可能会影响网络的通信。为了提高可靠性,常采用双向双环冗余结构。

7.3.2　访问控制方式

网络的突出特征之一就是共享传输介质,当多个站点要同时使用传输介质时,如何解决网络通道上各站点使用权的问题,这就涉及到网络的访问控制方式。在网络上传输数据的访问控制方法常用的有令牌传送(Token Passing)协议和带冲突检测的载波侦听多路访问协议,即CSMA/CD(Carrier Sense Multiple Access with Collision Detection)协议。

(1)令牌传送协议

在令牌传送网络中,没有控制站,也不分主从关系。令牌是一组二进制码,当环上所有的站点都处于空闲时,令牌沿着环不停地旋转。当某一站点想发送数据时必须等待,直至检测到经过该站点的令牌时为止。这时,该站点可以用改变令牌中特定位的值的方式将令牌抓住,并将令牌转变为数据帧的一部分,同时,该站点将自己要发送的数据附带上去发送。发送的帧在环上循环一周后再回到发送站,将该帧从环上移去。释放令牌,传至后面的站,使之获得发送帧的许可权。

(2)CSMA/CD协议

在 CSMA/CD 协议中,一个站要发送,首先需监听总线,以决定传输介质上是否存在其他站的发送信号。如果介质空闲,立即发送数据并进行冲突检测;如果介质忙,则继续监听,直到介质空闲。一旦检测到冲突,就立即停止发送,并向总线发一串阻塞信号,通知总线冲突已经发生。当冲突发生后,时间被分为离散的时间片,采用适当的退避算法,产生一个随机等待时间重新发送。站点冲突次数越多,平均等待时间越长。

CSMA/CD 协议中,网络中各站点处于同等地位,无须集中控制,但不能提供优先级控制,所有站点都有平等竞争的能力。

7.4　集散控制系统实例介绍

某热电厂 3# 发电机组由一台 410t/h 燃煤锅炉和一台 5 万 kW/h 双抽汽轮发电机组成。控制系统采用美国费希尔-罗斯蒙特(Fisher-Rosemount)PROVOX 的 DCS 系统。

7.4.1　发电机组生产过程简述

图 7.7 是 3# 发电机组生产流程示意图。由图可见,它是以锅炉,高压和中、低压汽轮机和发电机为主体设备的一个整体。根据生产流程又可以把锅炉分成燃烧系统和汽水系统。

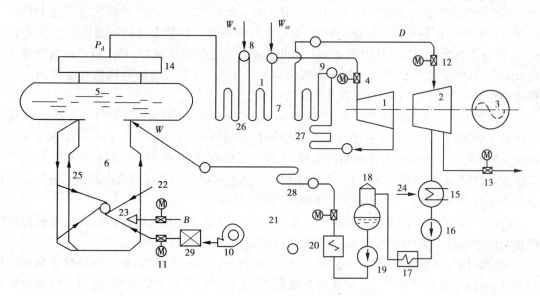

图 7.7　机组生产流程示意图

1—高压汽轮机;2—中、低压汽轮机;3—发电机;4—高压蒸汽调节;5—汽包;
6—炉膛;7—烟道;8—一级过热器减温器;9—二级过热器减温器;10—排粉风机;
11—调风门;12—汽机调汽门;13—汽机抽汽;14—集汽箱;15—凝汽器;
16—凝结水泵;17—低压加热器;18—除氧器;19—给水泵;20—高压加热器;
21—给水调节机构;22—煤粉量控制器;23—喷燃器;24—补充水;25—水冷壁;
26—过热器;27—一级省煤器;28—二级省煤器;29—空气预热器

燃烧系统的任务一方面是将煤粉 B 由煤粉量控制器经喷燃器 23 送入炉膛燃烧,另一方面是将助燃的空气由排粉风机经空气预热器 29 预热后经调风门 11 按一定比例送入炉膛。空气和煤粉在炉膛内燃烧产生大量热量传给蒸发受热面即水冷壁 25 中的水。燃烧后的高温烟气经烟道,不断地将热量传给过热器 26、一级省煤器 27、二级省煤器 28 和空气预热器 29,每经过一个设备温度就会降低一次,最后经烟囱排入大气。

在汽水系统中,锅炉的给水 W 由给水泵 19 打出,先经过高压加热器 20,再经二级省煤器 28 回收一部分烟气中的余热后进入汽包 5。汽包中的水在水冷壁 25 中进行自然或强制循环,不断吸收炉膛辐射的热量,由此产生的饱和蒸汽由汽包顶部流出,经过多级过热器 26 进一步加热成过热蒸汽 D。这个具有一定压力和温度的蒸汽就是锅炉的产品。蒸汽的高温和高压是为了提高单元机组的热效率。

高压汽轮机 1 接受从锅炉供给的蒸汽,其转子被蒸汽推动,带动发电机转动而产生电能。从高压汽轮机排出的蒸汽,其温度、压力都降低了,为了提高热效率把这部分蒸汽再送回锅炉,在一级省煤器 27 中再次加热,然后再进入中、低压锅炉汽轮机 2 做功。抽汽机抽出的蒸汽送至抽汽母管 13。乏汽从低压汽轮机尾部排入凝汽器 15 结为凝结水。凝结水与补充水 24 一起经凝结水泵 16 先打到低压加热器 17,然后进入除氧器 18,除氧后进入给水泵 19,至此完成了汽水系统的一个循环。

7.4.2　集散控制系统的配置

图 7.8 是 3# 发电机组 DCS 控制系统组成框图。它可分为两个过程区域网络 OWP,每一个 OWP 由一台信息通道数据链路 HDL(Highway Data Link)、一台过程网络枢纽 HUB,一台 WS—30 中央控制计算机组成。HDL 为控制计算机和控制数据通道间提供一个专用 Ethernet 通道作为通讯接口,HUB 为控制计算机和操作站之间提供接口,两个过程区域网络之间用 SWITCH1100 交换机连接。整个系统为双冗余结构,两个过程区域网络互为备用。数据高速公路 DH 是 PROVOX 所有设备的通讯路径。

系统带有 4 台终端操作员工作站(X-terminal Operator Station),分别定义为锅炉 1,锅炉 2,汽机 1,汽机 2。现场的设备通过三台现场操作控制器 Controller1、Controller2 和 Controller3(4-WIDE Controller)与控制系统连接,主要完成数据采集、处理,自动调节,顺序控制及锅炉保护,柔性管理要求的处理过程,现场参数与工况显示和生产过程的自动调节。各终端操作员工作站与 PROVOX 系统之间通过 PROVOX 总线连接。

PROVOX 集散控制系统的系统标准软件包括系统软件 CHIP(计算机/高速数据接口软件包)、组态软件 ENVOX 和开放式数据库软件以及应用操作软件等。

应用操作软件用于整个生产过程的操作和控制。它是一个接口,用于沟通数据高速公路指挥站、多路转换器(MUX)、控制器和其他设备,使它们得到有关的数据,完成相应的运算和控制,并发出相关的信息,供有关设备取用,软件能力扩展到常驻设备级。标准操作软件的功能是与数据高速公路进行数据传输;通过操作台或键盘并行安装的显示装置发出应答命令;输出数据到操作台打印机;完成通信和系统硬件的故障检测及诊断等。对硬件的故障诊断包括诊断卡件的类型、设备完整性、检查和对输入输出信号的跟踪等。

组态软件的内容和作用在本章 7.2 节已有介绍,在此不再赘述。

系统软件通常用于规划任务并分配计算机资源。

标准软件包括了历史数据包、开放式数据库客户软件和过程数据服务器软件。其作用是完成各种数据获取、管理和显示功能。

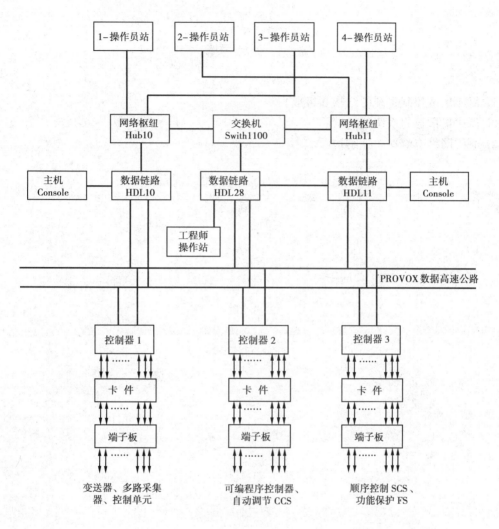

图 7.8　发电机组 DCS 系统框图

小　结

　　本章概要介绍了集散控制系统 DCS 发展概况、DCS 系统特点及发展方向、集散控制系统硬件和软件组成体系。集散控制系统自问世以来,已有不下百种型号,它们结构、类型各具特色,功能、特性各不相同,在工业控制系统中获得了广泛应用。通过对具体系统和应用实例的介绍,使读者对集散控制系统有一个较为完整的认识。

　　数据通信是集散控制系统的重要组成部分,星形、总线型、树形和环形等是通信网络中最常用的几种网络拓扑形式。

习题与思考题

1. 简述集散控制系统的结构和组成。
2. 简述集散控制系统的特点。
3. 通信网络有哪些拓扑结构?

第 **8** 章
微机控制系统的设计

通过前面几章的学习,我们已经掌握了微机控制系统各部分的工作原理、硬件和软件组成以及控制算法,因而具备了设计微机控制系统的条件。本章将以微机直接数字控制系统为背景,概略叙述微机控制系统设计的要求、特点,讨论设计的内容、步骤,以便使读者能够贯穿前面各章学习过的内容,了解和基本掌握如何设计一个满足一定要求的微机控制系统。

8.1 微机直接数字控制系统

直接数字控制作为一种控制方式,是 20 世纪 70 年代问世的。早期的直接数字控制主要是利用计算机来取代常规的控制仪表,实现集中控制以获得更好的控制效果。由于它是用计算机的输出直接控制生产对象,且是以数字形式的控制算式来代替模拟信息的组合,故称为直接数字控制,简称 DDC。

DDC 系统在应用初期功能简单,效果也不明显,特别是电子元器件的可靠性和计算机的性能价格比达不到预定要求,大大影响了这种控制方式的推广应用。但是,随着人们认识的深化,电子产品质量的提高,尤其是随着微型计算机的问世以及它的功能日趋完善和价格不断降低,现在的微机 DDC 系统已经得到了迅速的发展。目前的微机 DDC 系统,可以实现数十个乃至上百个回路的集中控制;还能超越常规 PID 调节的传统控制范围,引入许多先进的控制规律,尽量保证被控的生产过程处于最优的工作状态(如损耗最少,能耗最低,产品质量最优或配料比最佳等等)。因此,它是当前工业控制中应用最为广泛的一种先进微机控制技术。

与常规的各种控制调节器相比,微机 DDC 系统的主要优点是:灵活性大,可靠性高和价格便宜。它可以通过改变程序达到改变控制方法的目的,可以节省大量的运算放大器、分立元器件和接线,把故障率降低。控制系统的价格问题过去一直是限制微机 DDC 系统得以广泛应用的重要因素,现在也越来越朝着有利于微机 DDC 系统推广应用的方向发展。

采用常规的控制器时,整个控制系统的价格是与控制的回路数成正比的。而采用微机 DDC 系统时,其价格由两部分组成,一部分为固定的,主要是微机的价格;另一部分则是与控制回路数成正比的外围设备的价格。常规控制调节器与微机 DDC 系统的价格比较如图 8.1 所示。由图 8.1 可知,控制回路很少时,应该使用常规的控制调节器;控制回路很多时,采用微机 DDC 系统就更为经济。图 8.1 上有一个转折点,按目前微机和常规仪表的市场价格,有资料统计,国内的这个转折点已经降到 8 个回路左右,在一些工业发达国家则降得更低。

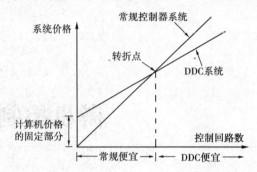

图 8.1　常规控制器与 DDC 系统价格比较

8.1.1　微机 DDC 系统的组成和特点

微机 DDC 系统的典型结构和工作过程如图 8.2 所示。工业现场生产过程中的各种工况参数(温度、压力、流量、成分、位置、转速等)由传感器或一次测量仪表进行检测,然后经电量变送器把它们统一变换成 4~20mA 的电信号作为 DDC 系统的输入信号。为了避免传输线路带来的电磁干扰和交流噪声,输入信号须用 RC 或 LC 网络进行滤波,同时通过一个固定阻值的电阻将电流信号变为 1~5V 的电压信号。各路电压信号将由时序控制器控制下的一个多路模拟开关按规定顺序采样,采样所得的模拟信号经过模数(A/D)转换器变为数字量,再通过光电隔离装置由 I/O 接口送入微机。微机的作用是按事先编制的控制程序和管理程序,对输入的数字信息进行必要的分析、判断和运算处理。首先,微机要对这些表示被测量值的数字信息进行工程量转换,然后用它们分别与微机内已存的各测量参数的上下限规定值相比较,判断是否越限。越限时,要送出信号给报警装置,发出声光报警,并显示和打印输出越限状况;如未越限时,微机则对被测信号按一定的控制规律(如 PID 规律)进行运算,计算出供控制执行机构用的调节校正量。校正量由微机输出,经 I/O 接口送往输出通道,形成了 DDC 系统的闭环控制。

微机输出的校正量是数字信号,如果输出通道是由数字式执行机构组成的,则数字校正量可以直接供给执行机构以完成控制任务;否则,该数字校正量还应通过输出通道中的数模(D/A)转换器转换成模拟信号,再供给相应的变换器来带动执行机构,以达到控制生产过程的目的。

作为一种使用微机的闭环控制系统,典型的微机 DDC 系统一般有下列特点:

(1)微机 DDC 系统的时间离散性

微机 DDC 系统对生产过程的有关参量进行控制时,是以定时采样和阶段控制来代替常规仪表的连续测量和连续控制的。因此,确定合适的采样周期和 A/D、D/A 转换器的字长是提高系统控制精度、减少转换误差的关键。

微机 DDC 系统采用等间隔时间采样,根据香农采样定理,要使采样信号能不失真地反映原来信号的状态,采样周期 T 必须满足:

$$T \leqslant \frac{1}{2 \cdot f_{\max}} \tag{8.1}$$

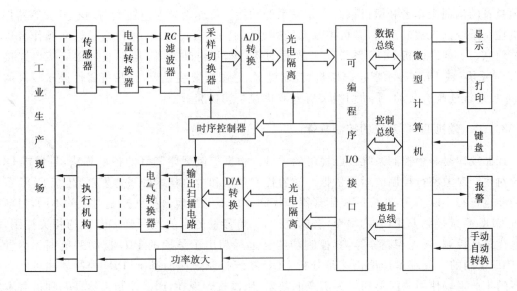

图 8.2　微机 DDC 系统结构图

式中　$f_{\max}$——原信号变化的最高频率。

实际上,一般生产过程的状态参量的信号变化最高频率是很难通过计算得出的,所以常常使用反复实验的办法或者根据经验来估算出 $f_{\max}$ 的大小。

A/D、D/A 转换器的字长应根据控制精度的要求来选定,根据经验,一般取 12～14 位就足以满足绝大部分控制系统所要求的控制精度。

(2)微机 DDC 系统的分时控制方式

一台微机 DDC 系统要控制多个回路。在每一个回路,微机都要完成:①采样和 A/D 转换;②运算;③输出控制信号三个部分的工作,所以微机控制每一个回路需要的时间应为这三部分所花费时间之和。这样,一方面由于各个回路的相应动作是顺序进行的,因此完成全部回路控制的总需要时间就显得相当长。另一方面,微机控制系统的效率却未充分发挥。在采样和 A/D 转换阶段,输出部分没有工作。当计算机在运算时,系统的输入输出部分又处于空闲状态。为此,微机 DDC 系统采用了"分时"控制的方法,即将某一回路的采样和 A/D 转换、运算、输出控制三部分的时间与其前后回路错开,放在不同的控制时间里。这样,既保证了控制过程的正常进行,又能充分利用系统中的各种设备,大大提高了效率。微机 DDC 系统的分时控制示意如表 8.1 所示。

表 8.1　分时控制表

动作＼控制时间＼回路序号	Δt_1	Δt_2	…	Δt_{n-2}	Δt_{n-1}	Δt_n	Δt_{n+1}	Δt_{n+2}	…	Δt_{64}
$n-1$ 路	←		保持→	A/D	运算	输出	←	—	保持—	←
n	←		—保持—	→	A/D	运算	输出	←	—保持—	→
$n+1$	←		—保持—	—	→	A/D	运算	输出	保持—	→

(3)微机 DDC 系统的人机交往

计算机控制系统的人机交往有时也称"人机对话"或"人机通讯",这是一种微机控制系统必须具备的沟通操作者和微机系统互相联系的功能。操作者要通过键盘、按钮、开关等器件向微机控制系统送入控制意图,微机控制系统则通过显示屏、打印机、各种指示灯向操作者送出有关信息。一般的微机 DDC 系统除了普通的各种指示灯装置外,还都通过相应接口连接有 CRT 显示屏(或 LED 显示器)、打印机、控制键盘、越限报警装置等,有些可靠性要求较高的微机 DDC 系统还配有自动/手动切换装置或双机控制切换装置。

8.1.2　微机 DDC 系统的控制规律

控制规律是一个控制系统性能优劣的关键。根据控制规律制订的控制算法,是微机 DDC 系统对生产对象实行控制的运算依据。随着控制理论和微机技术的飞速发展,传统 DDC 系统的功能也正在不断扩大,相应的控制规律和控制算式不断出现。根据控制对象的不同,目前的微机 DDC 系统控制方式,有的简单,有的复杂,从单参量的定值控制到多参量的相关控制,以至最优最佳控制、智能控制等等,其控制功能已远远超出了早期的 PID 控制的范围。尽管如此,PID 控制的一些基本理论仍然是分析 DDC 系统控制规律的基础,PID 控制规律仍然在相当多的生产现场使用并能得到较为满意的效果,所以直到现在,PID 控制仍然是一种最基本的控制规律。

随着生产的发展和工业自动化程度的提高,较简单的单回路单参量的 PID 闭环控制早已不能满足有较高性能要求的控制系统需要,所以在微机 DDC 系统中还常用到多参量控制如串级控制、比值控制、选择性控制、前馈控制和 Smith 预估控制等控制方式。

关于微机 DDC 系统,还有两个应该引起注意的问题。一是微机 DDC 系统不但在工业控制上应用十分普遍,近年来在仪表、检测、家用电器及其他领域的应用范围也正在日益扩大,一些智能化仪表、智能化家用电器都开始使用微机 DDC 系统,前景很是看好。为此,本章将以微机 DDC 系统为背景,重点介绍它的总体设计思想和硬件、软件设计方法。二是微机 DDC 系统中的"微机"概念,随着当今世界大规模集成电路技术的飞速发展,已经从过去常见的 8 位或 16 位通用主机延伸到包括专用的工业控制机、由单片机或数字信号处理芯片(DSP)组成的各种微机小系统,以及为大批量产品而研制的专用微控制器。尤其是 INTEL 公司的 MCS—51 系列单片机,以其功能强、价格便宜和组合灵活倍受微机 DDC 系统设计人员的青睐。近几年来由工程技术人员自行开发而广泛用于各个领域的微机 DDC 系统,大都采用 MCS—51 系列单片机来完成控制任务。可以预计,使用单片机控制的微机 DDC 系统,有着更为广泛的应用前景。

8.2　微机 DDC 系统的总体设计

微机 DDC 系统的设计,虽然因控制对象、控制方式、设备种类和规模大小的不同会有所差异,但系统设计的基本内容和主要步骤大体是相同的。就基本内容而言,它一般包括总体方案设计、硬件设计和软件设计三大部分。

在进行总体方案设计之前,设计人员必须对某生产过程或某装置使用微机 DDC 系统的必要性和可行性进行估计,应该对使用微机 DDC 系统后生产或控制过程性能指标的改善程度、成本、可靠性、可维护性和经济效益作详细分析和综合考虑,以决定是否采用这种控制系统。

总体方案的设计,一般需要经过论证及确定初步方案,在设计和工作过程中不断修正,最后定案这样三个阶段。它大致包括以下几个主要步骤:

8.2.1　确定控制要求

作为微机 DDC 系统的设计人员,在进行总体方案设计时,首先应对控制对象的工作过程作深入细致的调查分析,要熟悉其工艺流程,详细了解各生产环节对工艺参数的要求,充分考虑用户(操作者)对生产过程(或装置)进行控制时的操作规律。这样,才能根据实际应用中的问题提出具体合理的控制要求,确定系统所要完成的任务,最后以设计任务说明书的形式制订出整个微机 DDC 系统的控制方案,作为各项设计的依据。

微机 DDC 系统的控制要求一般由设计人员与用户一起,根据生产过程(或装置)的实际情况提出,它包括:

①控制回路数的确定和要求。

②检测回路数的确定和要求。

③需要显示和打印信号点的确定和要求。

④保护装置的确定和要求。

⑤报警信号点的确定和要求。

⑥其他需要考虑的特殊要求。

8.2.2　总体方案设计内容

总体方案设计需要考虑的内容主要是微机 DDC 系统的控制回路、检测元件、采样周期、微机选型、数学模型的控制算法、操作规范以及系统运行的可靠性、通用性和可扩充性。

(1)控制回路

控制回路需要解决的问题是确定回路数和对输出控制信号的要求。

控制回路数的确定,要从安全可靠和经济因素综合考虑。回路数少则安全可靠性提高,而回路数多则可降低每一回路的成本,一般系统需要控制的重要参数不会很多,所以控制回路数往往在 10 个以下。微机的功能强弱可以决定控制回路数的多少,采用单片机的 DDC 系统控制回路数一般宜取 8 个或 8 个以下。

输出控制信号的形式是根据执行机构的要求确定的。常用的执行机构有电动的、气动的和液动的几大类,电动执行机构直接由控制电信号驱动,如交直流电机、步进电机和各种电磁开关型器件(如继电器、接触器、电磁阀等);气动或液动的执行机构由控制电信号经电/气或电/液转换器转换成相应压力的压缩空气或压力油去驱动,如气动薄膜阀和电/液马达等。这些机构对输出控制信号会提出不同的要求(如模拟量、数字量、开关量或脉冲量,电平高低,负载大小,是否隔离等等)。总体设计时应该根据这些要求来配置 DDC 系统的输出接口。

(2)检测元件

检测元件就是传感器,又称"一次测量元件"。它是把控制对象的原始状态的非电参数转换成电量的重要设备,其转换精度直接影响到整个控制系统的精度。选择传感器时应尽可能采用数字化传感器,这样可以直接向微机提供数字信号,减少了 A/D 转换环节,有利于提高响应速度和系统精度。

在有多个输入通道的情况下,各通道传感器的输出满标值应尽量一致,并有兼容于系统的输入量程,以避免增加条件化装置,减少软、硬件调整措施。

(3)采样周期

由于实际上按香农采样定理来确定一个控制系统的采样周期十分困难,一般实际设计时都按经验数据来确定系统的采样周期。采样按频率快慢可以分为 3 挡,50 Hz 以下称为慢速采样,50~1 000 Hz 称为中速采样,1 000 Hz 以上称为快速采样。一般用于化工过程、热工生产的微机 DDC 系统都属于慢速采样,采样周期参考值列于表 4.1 中。而转速、位移控制时则宜使用中速采样,高速采样常用于高精度随动系统。采样周期的确定需要设计人员统筹考虑,周期取大了会使系统的稳定性和动态品质变差,而取小了则会受到 CPU 运算速度、控制程序运行时间和执行机构动作响应速度的限制。

(4)微机的机型选择

机型选择的准则是:字长适宜,速度较快,指令系统丰富和中断功能强。

微机的字长应符合两个要求,一是符合精度要求,二是要与数据总线的线数相适配。字长长则处理的数据值的范围宽、精度也高,但要求的存储空间就会增加,因此应该根据设计的控制系统精度要求来确定字长,不宜一味追求字长长的微型机。目前在控制系统中常用的有 4 位微机、8 位微机、16 位微机和 32 位微机,4 位微机可用于简单数据处理的控制系统,8 位微机通常用于具有较复杂数据运算及处理的控制系统,16 位和 32 位微机则主要用于数据处理十分复杂的场合和实时性要求很高的系统。鉴于目前大部分可用作微机外围芯片的 TTL、HMOS、CMOS 集成电路都以 8 位总线设计,为了方便与其适配,字长为 8 位的微机无疑应是首先考虑的选择机型。

微机的运行速度选择,主要是为了满足实时控制的要求。一般说来,微机的时钟速率(即CPU 的时钟频率)越高,CPU 执行指令的速度也就越快,所以应该选择时钟频率较高的微机或微处理器。

指令系统是反映某种微机功能强弱的主要依据。指令的种类越多,寻址方式的种类越多,完成相同功能所需的指令条数就会减少,程序就会简化,执行的速度也会提高,所以说丰富的指令系统可以给软件编制带来很大的好处,也能提高微机 DDC 系统的实时性指标。作为用于控制系统的微机,最好能有直接的输入指令和输出指令;如果是数据处理和计算任务较重的微机,则最好有功能较强的数据操作指令和乘除法指令。

中断是各种输入设备和微机外设向微机输送信息的主要方式,是微机实现分时控制的重要保证。微机中断功能的强弱主要反映到 CPU 配置的中断源的种类多少,中断优先级判定的能力高低,中断嵌套的层次和中断响应的速度快慢等方面。

目前使用于 DDC 系统的微机种类繁多,有单片机、DSP 芯片以及各种通用或专用的微处理器。但如果综合考虑各种微机的性能指标,在自行开发时一般都以选择 MCS—51 系列的 8 位单片机和 MCS—96 系列的准 16 位微处理器为最佳方案。

(5)数学模型和控制算法

建立数学模型和确定控制算法是微机控制系统总体方案设计的一个重要内容。

用计算机控制一个生产过程时,必须先根据被控生产过程的特性选择一种控制规律,这规律反映控制器输入的系统反馈量和输出控制量的变化关系,用以描述这一关系的数学表达式称为控制算法算式,按这算法算式编写成的计算机程序则称为实现这一控制规律的控制程序,利用计算机实施控制时,实际上是计算机在不断反复执行上述控制程序,通过它输出的控制量作用于控制执行机构,达到对生产过程控制的目的,所以控制规律或控制算法算式是计算机进行控制运算和处理的依据。

许多工程系统都是按一定的物理、化学或有关专业的理论设计的,因此可以用相应的数学描述方法建立起数学模型。有些建立数学模型比较困难的控制系统,可以在设计时先根据常规控制时的经验数据或经验公式作出简化的模拟控制算法,然后在调试中使之逐步完善,直至获得较好效果。

特别需要指出的是,对于一些根本无法建立数学模型的复杂控制系统,可以采用具有自学习功能的智能控制策略如神经网络控制等,通过以输出量跟踪给定量的自学习过程,建立起控制对象的逆数学模型,从而以类似"黑箱操作"的方法,直接达到控制目的。

与常规的仪表控制相比,微机控制系统的一个突出优点是可以利用软件灵活地完成各种控制规律和控制算法。对于一个特定的控制规律,相对应的控制算法有时是很多的,所以在控制系统总体方案设计时,一定要按所设计的具体控制对象和不同的控制性能指标,以及所选用的机型来确定一种适宜的控制算法,以满足不同的静态和动态输出要求。

(6)**操作规范**

操作规范是微机 DDC 系统实现人机交往的规定形式,是系统软件设计的主要依据。操作规范的使用者是用户(操作人员),所以制订操作规范时必须充分尊重用户的职业习惯,力求方便易学。操作规范应该越详尽越好,一旦制订,不要轻易变动,否则将会造成软件设计的重大返工。操作规范需要明确规定的主要内容是:

①微机 DDC 系统开机运行时的操作步骤。

②用键盘输入信息和修改参数的方法。

③显示的内容、格式、时间及其含义。

④打印制表的内容、格式和时间。

⑤报警值的确定和报警形式。

⑥发生故障时的应急处理办法。

(7)**系统运行的可靠性、通用性和可扩充性**

系统运行的可靠性是总体设计的重要内容。一般的微机 DDC 系统都是不间断长期运行的,所以在确定各部分的具体设计方案和元器件选用时必须考虑这个因素,留有足够的余量,以适应长期运行的需要,一旦系统发生故障,必须考虑故障处理的应急措施,遵循"故障—安全"原则,将故障影响缩小到最小范围,避免造成更大的危害。

一个微机控制系统,一般要控制多个设备和不同的过程参数,但各个设备和控制对象的要求是不同的,控制设备会更新,控制对象会有增减,系统总体设计时应考虑能适应各种不同设备和各种不同的控制对象,使系统不必大改动就能很快适应新的情况,这就要求系统的通用性强,能灵活地进行扩充。为了达到此目的,总体方案设计时应尽量使系统标准化,尽可能采用通用的系统总线结构(如 S—100,STD 总线等),以便在需要扩充时,只要增加插件板便可实现。接口和外围部件最好都采用通用的 LSI 集成芯片,以方便互换。系统设计时,对电源功率、CPU 的工作速度、内存容量、输入输出通道等指标,均应留有一定的余量,以增加整个控制系统的可扩充性。

8.2.3 控制系统的结构框图和系统主要技术指标

微机 DDC 系统的总体方案设计完成后,便可确定整个控制系统的结构框图。建立结构框图是为以后的硬件和软件的具体设计规定正确方向,同时明确微机与各外部设备间的关系。图 8.3 是一个用于某热工过程的微机 DDC 系统的结构框图,使用的微机是以 MCS—51 系列的 8031 单片机为核心组成的最小系统。结构框图清楚地表示了各外部设备通过总线与 8031 单片机最小系统的联系。

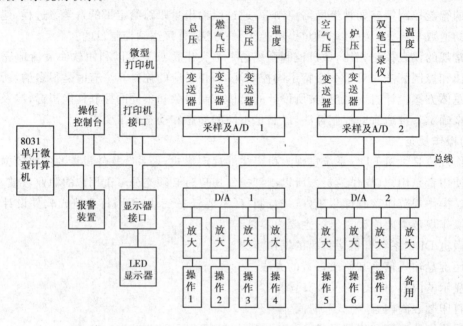

图 8.3 某微机 DDC 系统结构框图

系统的主要技术指标是硬、软件具体设计的数据依据,确定主要技术指标的具体数据时要十分慎重。由于整个系统最终达到的技术指标是由各个环节共同作用后完成的,只要有一个环节达不到指标的水平,整个系统就无法完成指标要求,所以,技术指标的确定必须前后兼顾,通盘考虑。

以图 8.3 所示的某单片微机 DDC 系统为例,其主要技术指标如下:

1) 模拟输入　　　　　　　16 点(由输入模拟量的个数确定)

2) 模拟输出　　　　　　　8 点(其中备用 1 点)

3) 测量值打印制表　　　　15 点

4) 测量值报警　　　　　　上限 7 点,下限 8 点

5) 输入信号　　　　　　　1～5V(DC)

6) 输出信号　　　　　　　4～20mA(DC)

7) 采样周期　　　　　　　1s

8) 比例带 $1/k_P$　　　　　　2%～2 000%

9) 积分时间 T_I　　　　　1～5 000s

10) 微分时间 T_D　　　　0～5 000s

11) 微分增益 K_D　　　　5～10 倍

12）调节精度　　　　　　1%
13）显示精度　　　　　　0.5%
14）输出形式　　　　　　位置型
15）控制算法　　　　　　PID 运算、配比控制
　　　辅助算法　　　　　抗积分饱和、测量上下限报警、阀位限幅、联锁、数字滤波等
16）存储器容量　　　　　EPROM 5KB、RAM 1KB
17）微机　　　　　　　　8031 单片机最小系统

8.3　微机 DDC 系统的硬件设计

从总体上看，微机 DDC 系统的具体设计任务可分为硬件设计和软件设计两部分，这两者是相互关联、不可分离的。从时间上看，硬件设计的绝大部分工作量是在最初阶段，在后期尚需作某些修改；而软件设计的任务则贯彻始终，尤其到设计的中后期，基本上都是软件设计工作。随着集成化技术的飞速发展，各种功能很强的集成芯片不断出现，与软件相关的硬件电路的设计将变得越来越简单，它在整个设计任务中占的比重也会越来越小。

如果不考虑以单片机自行组配成最小系统的专用微型机的硬件设计工作，一般微机 DDC 系统的硬件设计大致包括输入输出通道设计、电源设计、控制面板设计和存储空间的设计。

8.3.1　输入输出通道设计

关于输入输出通道的概念已在第 2 章作过介绍，就输入输出通道传输的信号形式来说，有模拟量通道和数字量（含开关量）通道之分。一般在微机 DDC 系统中这两种信号都有，因此必须分别加以考虑。

(1)模拟量通道设计

模拟量通道大部分位于微机 DDC 系统的输入部分，其作用是传输生产现场（或装置）各种传感器检测到的模拟信号。有时，某些执行机构也需要用模拟量控制，在这种场合，微机 DDC 系统的输入和输出部分都要进行模拟量通道设计。为了更好地说明问题，下面以图 8.4 所示的某压力控制系统为例介绍输入输出模拟量通道设计方法。

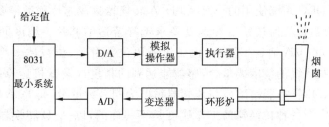

图 8.4　环形炉压力控制的输入输出通道

图 8.4 所示的控制回路是比较典型的工业控制模拟量输入输出结构，由环形炉压力传感器得到的电量信号送至变送器，转换成 1～5V 的直流电压，再经 A/D 转换器转换成一定精度的数字信号送到 8031 单片机最小系统，经单片机运算得到控制量数字信号，输出到 D/A 转换器转换为 4～20mA 标准直流电流信号送至模拟操作器，模拟操作器控制执行机构改变阀门

开度,以调节被控对象的压力,从这控制回路可以得出对模拟量通道设计的要点如下:

1)采样器设计

采样器设计主要根据其采样速度的大小来确定结构。一般工业控制中所用的采样器为低速或中速采样器。对于低速采样,过去常采用驱动电路控制干簧继电器组成,如图8.5所示。译码器依次输出信号,轮流接通各输入回路的干簧继电器,进行信号采集。近几年来,以无触点的电子器件(晶体管或场效应管)作采样器电路也较为流行,无触点采样电路可以满足较高速度的要求,但不宜使用于对大电流、较高电压直接采样的场合。

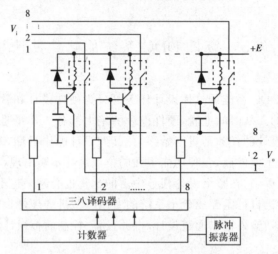

图 8.5 低速定时采样电路

多路转换开关是一种理想的采样器件,其转换速度快,集成度高,还可分为共地(单线转换)和非共地(双线转换)两种类型,所以在微型机 DDC 系统中得到了日益广泛的应用。

在电机测速系统中,用机械方式的采样器进行采样是很常见的,这是一种称为光电脉冲发生器的采样装置。将一个在四周打上等距小孔的圆盘与电机同轴相连,圆盘的转速即为电机的转速。当圆盘一侧发光器件发出的光线通过圆盘上的小孔,照射到另一侧的光电变换器件上,就得到一个电脉冲信号,圆盘转速变化时,电脉冲的频率也随之变化,微机根据这个采样信号便可计算出电机的转速。

2) A/D 和 D/A 转换器的芯片选择

目前可供微机 DDC 系统使用的 A/D 和 D/A 转换器集成芯片种类很多,不需再自行设计转换电路,主要的问题是如何按精度和速度要求选择合适的芯片。精度同转换器的输出(对 A/D 而言)或输入(对 D/A 而言)是多少位二进制码位数有关,位数越多,则精度越高。在实际选择时要根据控制系统的精度要求、传感器能达到的精度以及微机运算能达到的精度等加以综合考虑,一般 A/D 转换器精度应与传感器精度为同一数量级,而 D/A 转换器精度则应与控制量的精度相适应。各种转换器的工作速度是不一样的,以 A/D 转换器为例,并行转换式速度最快,逐次逼近式次之,双斜率积分式较慢,计数比较式最慢。设计时在兼顾其他指标的情况下应尽量选用速度较高的转换器芯片,特别是在多通道需要分时控制的场合尤应如此。

3)通道与微机的接口设计

经过 A/D 转换的数字信号要通过接口输入微机,微机的输出信号也要由接口输出,接口设计的重要性由此可见。通道与微机的接口设计实质上可以归纳为信息传输的时机和途径两个问题。一般的微机 DDC 系统都采用中断方式进行输入输出控制(当然不能完全排除其他方式的传送),在微机 CPU 对外围芯片的中断请求作出响应后,便可从接口读入输入信号或对接口写输出信号。大部分数字信号都通过微机的并行口输入输出,某些特殊场合在速度允许的前提下,微机也能由串行口输入输出数字信号,对于像 8031 单片机这类功能较强的微机,可供选择的信号输入输出途径更多,例如前面所述使用光电脉冲发生器的电机测速系统,它反映转速的频率信号就可以由 8031 单片机的"T1"引脚直接送入。由于各种微型机的接口都有规定的连接格式,所以要正确完成数据传送必须建立符合要求的各种控制信号(如中断请求信号、中断响应信号等)和编制规定的初始化程序。

(2)开关量通道设计

开关量通道设计比较简单。由于开关量的输入输出只是二进制代码,每一位代码表示一个输入输出对象的状态,所以相对而言其技术比较简单,建立通道的成本也较低廉。开关量的输入通道提供两种状态,高电平"1"和低电平"0",不存在精度和幅值问题,开关量的输出通道常设计为具有记忆形式,即在微机不改变输出状态之前,输出通道一直保持原来的状态不变。开关量输出的负载一般为继电器、指示灯、可控硅、步进电机线圈等。当有感性负载时,要有保护电路及时释放线圈存储的磁能,以免损坏输出通道设备。

8.3.2 电源设计

电源设计的内容主要是容量和种类。容量较小、种类单一的小规模微机 DDC 系统,可以直接用市电先经过交流稳压,降压后再进行整流、直流稳压输出供系统使用。容量较大、电源种类较多、用于生产过程控制的微机 DDC 系统,为了防止电源串入干扰,一般都宜与照明、动力供电线路分开,单独使用专门的线路变压器供电。电源设备的容量一般要留有余量(50%～100%),以保证长期工作的需要。除了微机必须具有掉电保护电路和备用电池之外,重要的微机 DDC 系统还应有备用供电线路或配备发电机供停电时使用。

一般的微机 DDC 系统所需的电源种类都较多,微机、传感器、执行部件等对电源电压的要求不尽相同,所以 DDC 系统的电源变压器一般都根据需要专门设计。应该注意的是,尽管有时传感器、检测回路等输入通道或输出负载、执行机构所需的电源电压与微机的电源电压相同,但它们仍不能共用一个电源,必须使用互相隔离的、各自整流稳压的直流电源,否则将会相互干扰而成为产生故障的因素。

8.3.3 控制面板设计

控制操作台是微机 DDC 系统中人机交往的重要设备,控制操作台(控制面板)的设计,应该遵循安全方便的原则,根据实际需要而确定。控制操作台的设备一般分为操作器件、显示器件、打印装置和报警装置四类。

操作器件主要是键盘。给定值的设定、控制参数的修改、各种功能的执行都要通过键盘向微机输入。也可以说,操作人员对控制系统的管理主要是在键盘上。键盘的按键分为功能键和数字键两种,各有相应的键盘子程序与其配合,按下这些键,通过编码电路产生一组代码,微机读入代码,便会执行相应的管理程序和控制程序。除键盘外,控制面板还可设置各种按钮和开关,开关的形式可有拨动开关、旋转开关、拨盘开关和滑动开关等形式,有些需要联锁的开关还可采用琴键式组合开关。

控制面板的显示器件主要是指示灯和 LED 数码管,较高级的控制操作台还可配置 CRT 彩色或单色显示器。显示器件用于微机对各被测参数和控制操作台输入的各功能参数的显示,配有较高级软件包的 CRT 显示器还可以形象、直观地显示整个生产过程和控制系统的变化状况。

打印装置用于定时或随时打印所需的状态参数及制表,以便保存备查。打印机平时处于等待状态,在得到微机输出的启动信号时自动打印。设计时应根据实际需要来确定配置较好的电传打字机或普通的微型打字机。

控制面板一般都安装警铃或扬声器等报警装置,一旦各控制参数或测量值越限,警铃或扬声器发出声响,报警灯闪烁、声光同时报警,使操作人员能及时发现并处理之。

8.3.4　存储空间的设计

存储空间的设计与软件设计关系密切,软件程序的长短直接决定了硬件存储器容量的设计值。一般 8 位微机 DDC 系统配置的 ROM(包括 EPROM 或 PROM)可以考虑为 4~16KB 容量,而 RAM(常为静态 RAM)则考虑 256KB~4MB 容量。当容量要求过高时,应该进行存储器扩展,关于存储器的扩展设计,此处不作介绍,读者可以参考其他有关资料。

在存储空间设计时,对 ROM 存储器应放哪些程序,RAM 存储器应放哪些程序和数据,必须要通盘考虑和反复斟酌。一般情况是,凡需要固化的程序如监控程序、回路控制程序、功能键服务程序、显示打印程序和初始化程序等都可以固化在 EPROM 中;而一些可能要随时改变的应用程序和数据则存入 RAM 中。

当使用 8031 单片机最小系统时,一般都需要配置外部 RAM 和 EPROM 存储器芯片,鉴于目前芯片集成化程度的不断提高、容量越来越大,无论从价格角度还是从留有余量的角度,都应该选用大容量的存储器。EPROM 建议选用 2764、27128 或 27256;RAM 建议选用 6264 或 62256 等。

微机 DDC 系统硬件设计的主要内容为如上所述的几个方面。应该说明的一个重要问题是,计算机控制系统的硬件设计和软件设计具有一定的互换性,很多硬件电路能完成的功能,软件程序也能完成。原则上,能用软件完成的功能,应尽量不用硬件。硬件复杂不但提高成本,而且增加故障率。以软件代硬件的实质是以(运算)时间代(存储)空间。由于软件执行过程需要时间,这种代替带来的不足就是系统的实时性下降。在一些实时性能满足要求的场合,以软件代硬件是值得推荐的,如键盘触点去抖动的软件延时方案就比硬件双稳电路去抖动要有效得多,软件低通滤波算法也比硬件低通滤波电路优越得多。

特别需要指出的是,由于近年来工控机的普及和推广,工业过程控制的微机 DDC 系统硬件设计已经更趋向组合化、模块化、通用化,硬件设计的重点已经从元器件、集成电路芯片等选购和电路制作逐渐转移到:如何选择符合设计要求且在市场上可购的标准化通用模块(模板),如主控模块、显示模块、模拟量输入输出模块、数字量输入输出模块、软盘模块、硬盘模块、网络模块等,如何合理地组成微机 DDC 系统,如何协调各模块间的接口关系,如何提高系统的整体性能,如可靠性、可维护性等。综合考虑性能与价格、可行性与先进性、目前需求与今后发展等关系,力求在较短的时间内以较小的代价完成硬件设计任务,使合乎要求的控制系统及早投入使用。

8.4　微机 DDC 系统的软件设计

软件设计就是程序设计。要使一个微机控制系统的各种硬件设备能正常运行并发挥最大的效益,关键是必须有充分的、高质量的软件支持。微机 DDC 系统的软件就是指控制整个系统所必须配备的一系列程序的集合。

微机控制系统的软件包括系统软件和应用软件两大类。系统软件是指操作系统(DOS,Windows)。它提供了程序运行的环境(不同的操作环境下有不同的人机界面),以及各种设计语言、算法库、工具软件等。系统软件一般都由专业厂商以产品形式向用户提供。应用软件是指为实现各类控制目标而编制的专门软件。它需要根据不同的控制对象和不同的控制任务专门进行编写。

本节讨论的主要是应用软件的设计。

8.4.1　对微机 DDC 系统应用软件的要求

(1)实时性

用于实时控制的 DDC 系统,它的软件应是实时性控制软件。微机必须对生产过程(或装置)的各种工艺参数及时采集,不能丢失有用的信息。CPU 要尽快地进行逻辑判断或按规定的控制算法进行数值运算,完成处理过程,输出控制信号,以便对生产过程(或装置)不失时机地加以控制。对突然出现的故障,要及时报警和进行事故处理。因此,实时性的概念对微机DDC 系统具有特别重要的意义。

(2)可靠性

软件的可靠性是指在一定时间范围内,软件执行无故障的可能性和每次遇到故障时对用户造成的影响大小。软件设计的疏忽会削弱软件的预期能力,降低控制质量,有时还会使执行机构错误动作,生产过程(或装置)不能正常工作,所以设计正确无误的软件应该是提高软件可靠性的重要保证。可靠性高的软件应该还具有自动容错、纠错功能,在误操作时(如错按按键、输入错误参数等)不会造成生产过程(或装置)的严重失调。

(3)人机交往功能

软件设计应该方便操作人员与微机系统的"对话",生产过程的状态要在控制面板上随时显示,而操作人员也能在联机情况下修改程序及调节参数,变更控制方案。

(4)编制软件使用的语言

一般微机 DDC 系统编制应用软件时要求使用汇编语言。汇编语言编制的软件,可以达到按"位"处理的目的,容易满足实时性要求,程序结构能较紧凑,节省存储空间,在内存容量较大的情况下,软件中一些没有实时性要求的管理程序也可用高级语言编制,然后通过一定的编译程序将其生成目标程序。

8.4.2　应用软件设计任务的规划

应用软件设计任务的规划主要是解决软件的分类、各种数据的类型和结构、资源分配等问题。

(1)应用软件分类

微机 DDC 系统的应用软件从功能角度可分为两类：一类是执行软件，它能完成各种实质性的功能，如测量、计算、显示、打印、输出控制等；另一类是监控（管理）软件，它在整个系统软件中起组织调度作用，专门用于协调各执行模块与操作者的关系。这两类软件的设计方法各有特色，执行软件的设计偏重算法效率，强调实时性，而且与硬件关系密切，要充分考虑与相应硬件如何配合。监控软件的设计则应着眼全局、逻辑严密、尽量使操作者使用方便。

应用软件分类时，应将软件中各执行模块一一列出，对每个执行模块要进行功能定义和接口定义（输入、输出定义），然后要对各执行模块和监控软件的位置作大致安排，为以后编制程序流程图做好准备。整个系统的应用软件按位置可分为后台（背景）程序和前台程序。后台程序是指主程序及其调用的子程序，这类程序对实时性要求不高，所以通常将监控软件（如键盘扫描程序、键盘解释程序等）、显示程序、打印程序等放在后台程序中执行，这就是一般微机 DDC 系统的主程序框架；而前台程序主要安排实时性要求高的执行模块，如定时系统、采样测量、运算、控制输出等内容。前后台之间一般通过中断和中断返回的形式进行转换。

(2)数据类型和结构

微机 DDC 系统有多个输入输出通道，各种参数的大小、单位和格式各不相同。为了方便微机的输入输出，应该按微机的接口要求，严格规定各接口输入输出参数的数据类型和结构。

由微机接口输入输出的数据只有逻辑型和数值型两种，逻辑型用于判断，数值型用于计算。数值型数据还可分为定点数和浮点数，定点数直观、编程简单、运算速度快，但表示的数值动态范围小，容易溢出；浮点数的数值动态范围大、相对精度稳定、不易溢出，但编程复杂，运算速度低。变化范围有限的参数，一般应使用定点数，譬如某温度控制系统，温度范围为 $53.0\sim64.0℃$，控制精度为 $0.1℃$。设计时可用一个字节表示温度，在温度分辨率为 $0.05℃$ 时，就可以表示 $12.8℃$ 的温度变化范围，采用坐标变换算法后就可以表示 $52.0\sim64.8℃$ 的温度范围，从而实现一个字节的定点表示方法。当然，如果参数变化范围太宽，就不得不采用浮点数表示法。

数据结构实质上是一个数据存放的格式问题。DDC 系统中的采样信号，是一系列有序数据的集合。这些数据在 RAM 中存放时，一般采用队列结构，队列区域的队首（尾）指针应该事先确定；多组数据时，则应采用顺序存放的格式，这样就可以用简单的下标运算来访问数组中的任一个元素了。

(3)资源分配

微机控制系统的资源包括 ROM、RAM、定时器/计数器、中断源等。由于硬件设计时已经确定了微机接口和其他引脚的连接方式，一些资源实际上已经分配，所以软件设计主要解决 ROM 和 RAM 的资源分配问题。一般说来，ROM 用于存放程序和表格已有定论，RAM 的资源分配则应引起设计人员的充分注意。

在 8031 单片机控制的微机 DDC 系统中，片外 RAM 的容量比片内 RAM 大得多，所以通常用来存放批量大的数据如采样数据系列等。至于片内 RAM 的 128 个字节，由于其功能不完全相同，分配时应注意充分发挥其特长，做到物尽其用。一般而言，片内 RAM 中具有指针功能的单元、具有位寻址功能的单元和用作堆栈区的单元应该尽量不存放普通数据。

RAM 资源分配后要列出详细清单，该清单作为编写程序的依据。

8.4.3　程序流程图

把程序设计理解为编写指令或上机编辑源程序是一种错误的概念,设计程序流程图是程序设计的一个重要组成部分,而且是决定成败的关键部分。产生程序流程图的过程就是程序的逻辑设计过程,流程图的任何疏忽和错误均导致程序出错或可靠性下降。因此,可以这样认为,真正的程序设计过程是流程图的设计,而编写指令或上机编程只是将设计好的程序流程图转换成程序设计语言而已。

正确的流程图设计过程应该是先粗后细,先简后繁。先绘制逻辑功能流程图,后变为算法流程图,最后转换成程序流程图。

绘制逻辑功能流程图时,要集中精力考虑整套程序的结构,从根本上保证程序的合理性和可靠性。要把总体任务分解成若干个子任务,安排好它们间的相互关系,暂不考虑各个子任务如何完成。逻辑功能流程图反映的是整套程序的逻辑结构,它的每一个方框表示的是一个子程序或一组指令所要达到的功能。

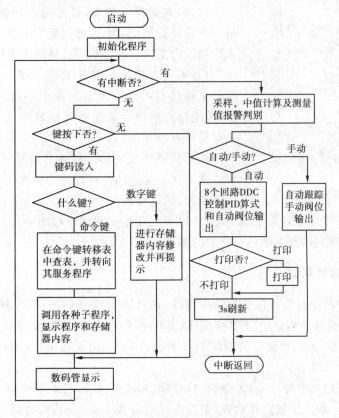

图 8.6　微机 DDC 系统软件逻辑功能流程图

算法流程图的作用是将逻辑功能流程图的各个子任务进行细化,决定每个子任务采用什么算法(或方法)达到目的,至于一些如数据指针、计数器、运算中间结果存放单元等具体问题则暂不考虑。算法流程图由于内容详细,可以画成多张分图形式,各分图间的连接关系要标注清楚。

在算法流程图的基础上可以绘制直接用于指导编程的程序流程图。程序流程图以资源分配为策划重点,要为每一个参数、中间结果、各种指针和计数器恰当分配工作单元,定义数据类型结构。在这个流程图上,每一个量都是具体的,使用的各寄存器或地址单元都已注明,因此,以程序流程图为依据来编写指令可以水到渠成。

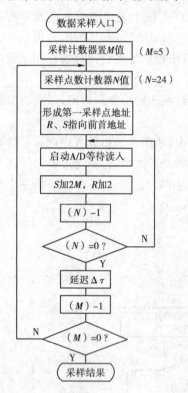

图 8.7　数据采样程序框图

图 8.6 所示的是一个比较典型化的单片微机 DDC 系统软件逻辑功能流程图结构。其相应的硬件结构框图可参见图 8.4。由该流程图可知,在系统启动后,先进行初始化,接着是对有无中断请求进行判断,若无中断请求信号时,则进入键盘控制程序和显示程序执行,只要中断请求不出现,程序就不断地在扫描键盘和显示程序段中循环;若有中断请求信号时,则进入控制程序段,对请求对象进行控制操作,最后以中断返回形式重新回到扫描键盘和显示程序的循环体中。

该系统采样部分的程序算法流程图如图 8.7 所示。由图可知,在采样流程中,设有两个计数器 M 和 N,N 为采样点数计数初值,M 为每点采样遍数计数初值,每点在采样周期内采样 5 次($M=5$),每两次采样之间延迟时间为 $\Delta\tau$,并设有两个指针 R 和 S,R 指示 A/D 转换器的地址,S 指示采样信息的暂存地址。由于 A/D 转换器字长为 12 位,因此每点采样参数在暂存地址中均占两个存储单元,共有采样点 $N=24$。

该系统回路控制部分的程序算法流程图如图 8.8 所示。这一部分是控制执行程序中的关键,采样值将在这里运算处理,然后得出一个控制量输出去控制通道阀位。该程序的主要运算规律是 PID 算法,PID 算法以子程序形式调用。程序中有对模拟操作器控制还是 DDC 控制的判别以及手动还是自动的判别。

8.4.4　应用软件调试

应用软件设计的全过程可以分为 4 个阶段,它们是:①分析问题;②绘制流程图;③编辑程序(产生程序码);④软件调试。一般情况下,第①和第②阶段占软件设计总时间的 $20\%\sim30\%$,第③阶段约占 10%,而第④阶段却要占 $60\%\sim70\%$,由此可见,应用软件调试在整个应用软件设计中的重要性。

应用软件调试的基本原则是:先分调,后总调;先模拟试验,后现场试验。

程序编写完毕,首先应该自我检查,条件许可时应换人交互检查,排除各种语法错误。在确认程序基本正确后可上机调试。首先要按模块和子程序进行分段试验,可用一些事先准备的试验数据或附加一部分程序来产生模拟的外部信号和状态,以检验这些模块和子程序的功能和独立工作能力。对于有时间限制的程序,还要通过计算或测试来确定其执行速度,以免影响实时控制的要求。各部分程序分调正常后可以装配成整体进行总调。总调一般与模拟试验同时进行,模拟试验是用生产过程(或装置)的现场模拟器对整个软件进行测试,检验其是否符合预期效果。一切正常后方可在现场安装,进行现场调试。

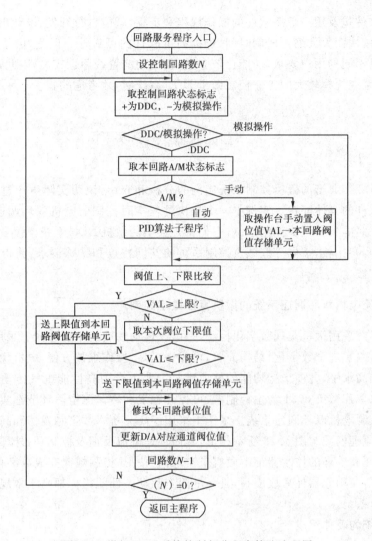

图 8.8　微机 DDC 系统控制部分程序算法流程图

8.4.5　应用软件开发工具和工业控制软件包

应用软件开发工具是指专门用于开发、调试、分析和维修软件程序的仿真器或开发系统。这些仿真器或开发系统本身除配置 CPU、存储器、总线、接口、EPROM 编程器等相应硬件外，还都有一系列相应的软件，从而可以实时仿真研制过程中的系统硬、软件环境，集中完成程序编制、仿真调试、软件固化、系统性能分析等一系列应用软件开发工作。研制人员借助于这样的开发工具，就可以直接明了地观察到微机内部各条指令执行的工作情况，以便进行必要的干预和操作，使系统各部分更好地协调工作，从而把原先繁杂枯燥的程序调试工作变得简单可行，达到节省时间、提高工作效率的目的。

工业控制软件包是一种由专业公司开发的现成控制软件产品，它具有标准化、模块组合化、组态生成化等特点，通用性强，实时性和可靠性高。当用户购买了相应的工业控制软件包及用户组态软件后，就可以自己根据控制系统的需求来组态生成各种实际的应用软件。这种开发方式极大地方便了使用者，他们不必过多地了解和掌握如何编制程序的技术细节，只需要掌握工业控制软件包及用户组态软件的操作规程和步骤,就能自行开发、设计出符合要求的控制系统应用软件,从而大大缩短研制时间,也提高了软件的可靠性。但是,由于工业控制软件包要考虑并满足不同的用户要求,功能比较齐全,相应的购置费用也较高,因此,一般只在设计功能要求较高、系统规模较大的工业控制微机 DDC 系统时,才考虑购置。

8.5 微机控制系统实例

本节将通过 2 个典型的微机控制系统实例的分析和介绍,说明实际生产过程中微机控制系统的硬件和软件的具体配置。实例中一个是快过程实时控制的电机双环调速系统,另一个是慢过程实时控制的工业锅炉控制系统,它们都是典型的微机 DDC 系统。读者可以通过这些实例的学习、了解和比较,掌握一些微机控制系统的共同特点和特殊要求,获得一些解决实际问题的思路和方法。

8.5.1 直流电机双环调速系统的微机直接数字控制

电机调速系统采用微机实现数字化控制,是电气传动发展的主要方向。采用微机控制后,整个调速系统可以实现全数字化,结构简单,可靠性提高,操作维护方便,电机稳态运行时的稳速精度可达到较高水平,各项指标均能较好地满足工业生产中高性能电气传动的要求。本节介绍一个用 8 位单片微机 8031 为主控制器,可控硅触发和转速测量等环节都实现全数字化的微机直接数字控制电机双环调速系统。系统中采用了高分辨率数字触发器和高精度数字测速装置,系统结构原理框图与图 4.18 所示相似,其内环是电流反馈及控制环,外环是电机转速反馈及控制环,内环和外环的控制器都由微机来实现,它按 PI 控制规律完成数字化的控制运算。这系统结构新颖,使用元器件集成度高,是一个静态和动态性能指标都高于常规调速系统的新型全数字化调速系统。

(1)调速系统的硬件组成

该系统的主电路是三相全控桥,直流电机为 $1.5kW,220V,8.7A,1\,500r/min$。可控硅触发脉冲的产生和移相由微机控制输出,经功放电路送至可控硅的门极。转速的检测采用数字测速器,它是用计取与电机联轴的光电脉冲发生器输出的脉冲数,由微机计算后得到转速值的。为了提高微机的运算速度,8031 单片机使用 12MHz 的晶振频率。整个系统的硬件原理结构如图 8.9 所示。图中的 A/D 转换芯片 0809 将电枢电流 I_d 的整流值转换为数字量,定时器芯片 8253 用于数字测速和数字触发移相,I/O 接口芯片 8155 用于输出可控硅触发信号和保证系统与电源的同步,8155 芯片中的 256 个 RAM 恰好弥补了 8031 单片机中 RAM 数量的不足。

1)高分辨率数字触发器

要提高调节系统的控制精度,首先必须提高数字触发器的精度。该系统设计的数字触发器采用硬件立即触发方式,工作相对稳定可靠,各相触发脉冲整齐,对称度好,分辨率和位置精度都很高。

①同步电路。为了使主电路三相全控桥的各相触发脉冲与可控硅阳极电压保持严格的相位关系,控制系统要设置专门的同步电路,如图 8.10(a)所示。同步变压器与主变压器一样,

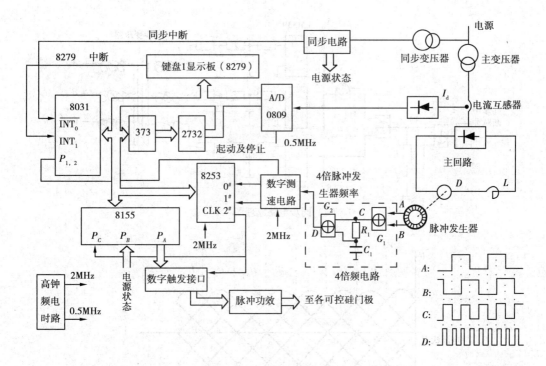

图 8.9　系统原理框图

接成 Y/Y−12 接法,同步电压先由两级 RC 滤波电路滤除电源干扰,并实现 90°相移,然后 3 个同步电压分别经过电压比较器 LM339 变为 S_1、S_2 和 S_3 三个方波电平,若以"1"表示高电平,以"0"表示低电平,则 S_1、S_2、S_3 分别可以组成 6 个状态:001−101−100−110−010−011。8031 单片机通过 8155 的 P_B 口读入 S_1、S_2、S_3 的状态,就可以分析判断当前应该触发的相应主电路可控硅组号。

将 S_1、S_2 和 S_3 三个方波电平异或,可以产生一个边沿与线电压自然换相点对齐的 $S_1 \oplus S_2 \oplus S_3$ 信号,该信号再经一个 RC 电路和异或门处理并反相后,就成为申请同步中断的脉冲信号。它可以在主电路线电压的每个自然换相点通过 8031 单片机的外部中断引脚 $\overline{INT_0}$ 向 CPU 申请中断,实现同步认相判断,使微机的触发操作与电源严格地同步。申请同步中断脉冲信号的脉宽,可以通过改变 RC 的参数来调整。这些同步电路有关电压的波形如图 8.10 (b)所示。

②控制移相角 α 定时。α 角的移相定时是通过定时器 8253 完成的。8253 有 3 个 16 位定时器,其中之一用于控制 α 角移相定时,由 8031 单片机经过 PI 运算得出的 α 角移相时间存入 8253 定时器后,定时器开始工作。延时结束后,8253 配合下述的"可控硅触发字码表"和电子开关,便可实现对主电路三相全控桥 6 组可控硅的控制。

在移相控制时,可将 $20° \sim 160°$ 的 α 角移相范围划分为 3 段,并设定相应的段标号 S。$20° \leqslant \alpha \leqslant 60°$ 时,段标号 $S=0$;$60° < \alpha \leqslant 120°$ 时,$S=1$;$120° < \alpha \leqslant 160°$ 时,$S=2$。再将 α 变换成 α'($0° \leqslant \alpha' \leqslant 60°$)。于是,无论 α 处于哪一段,8253 对 α 的移相定时都只需对 α' 定时即可,定点的起点规定为各自然换相点,然后再根据段标号 S 来确定要触发的可控硅。这样,8253 工作的最长延时为 3.33ms(对应着 60°),各相触发脉冲的延时在时间上不会重叠。当选定 8253 的时钟频率为其最高允许值 2MHz 时,触发器的分辨率可高达:

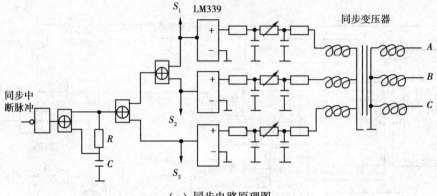

（a）同步电路原理图

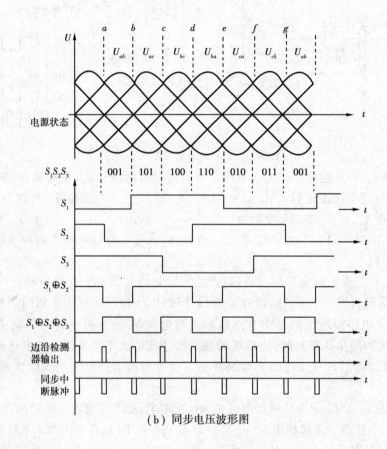

（b）同步电压波形图

图 8.10　同步电路及波形图

$$\frac{0.5 \times 10^{-6}}{3.33 \times 10^{-3}} \times 60° = 0.009°/\text{位}$$

而定时器的预置时间常数 T_D 与 α' 之间的关系为：

$$T_D = \frac{3.33 \times 10^{-3}}{0.5 \times 10^{-6}} \times \frac{\alpha}{60°} = 111.1\alpha'$$

表 8.2　可控硅触发字码表

电源状态			P_{A-5}	P_{A-4}	P_{A-3}	P_{A-2}	P_{A-1}	P_{A-0}	触　发字　码	应触通的可控硅
S_1	S_2	S_3	K_6	K_5	K_4	K_3	K_2	K_1		
			1	1	0	0	0	0	30H	K_5,K_6
			1	0	0	0	0	1	21H	K_6,K_1
1	0	1	0	0	0	0	1	1	03H	K_1,K_2
1	0	0	0	0	0	1	1	0	06H	K_2,K_3
1	1	0	0	0	1	1	0	0	0CH	K_3,K_4
0	1	0	0	1	1	0	0	0	18H	K_4,K_5
0	1	1	1	1	0	0	0	0	30H	K_5,K_6
0	0	1	1	0	0	0	0	1	21H	K_6,K_1

表 8.2 所示为可控硅触发字码表,与该表相对应的主电路三相全控桥电路如图 8.11 所示。表中的"1"表示触发对应的可控硅,"0"表示不触发。触发信号均由系统扩展的 I/O 接口芯片 8155 的 P_A 口输出。

当某一自然换相点到来时,譬如图 8.10(b)中的 C 点,此时的电源状态 $S_1 S_2 S_3 = 100$,若有 $20° \leqslant \alpha \leqslant 60°$,则 $\alpha' = \alpha$,$S = 0$,应触发的可控硅为 K_2、K_3。这对应于表 8.2 中的 $S_1 S_2 S_3 = 100$ 这一行;但若此时 $60° \leqslant \alpha \leqslant 120°$,则 $\alpha' = \alpha - 60°$,段标号 $S = 1$,应触发的可控硅就变为 K_1、K_2,这对应于表中的 $S_1 S_2 S_3 = 101$ 这一行,也即为 $S_1 S_2 S_3 = 100$ 行的上面一行;又若 $120° \leqslant \alpha < 160°$,则 $\alpha' = \alpha - 120°$,段标号 $S = 2$,应触发可控硅 K_6、K_1,对应的是表中 $S_1 S_2 S_3 = 100$ 行的上面两行。由此可得出规律:当自然换相点到来时,微机应对电源状态 $S_1 S_2 S_3$ 读数,并将与该读数对应的表中的那一行作为基本行 M,然后根据给定的 α 求出其所在的段标号 S 的值,于是实际应输出的触发字码所在行应该为基本行 M 上移 S 行,定时器的延时角则为 $\alpha' = \alpha - 60° \times S$。

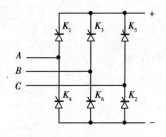

图 8.11　三相全控桥电路

③触发脉冲输出电路。触发器输出电路用两片 74LS175 四 D 触发器作为触发信号闸门,触发脉冲的宽度由 74LS123 单稳电路控制,如图 8.12 所示。在定时器 8253 开始定时工作后,一到定时结束,其输出引脚 OUT_2 直接输出信号开启触发信号闸门 F_2,使原已等待在 D 端的由 8155 P_A 口输出的可控硅触发字码传送到闸门的 Q 端,然后经光电隔离,脉冲功放后触发对应的可控硅。触发闸门 F_2 的 Q 端在闸门关闭时都为"1",此时 6 块触发功放板上的光耦 TIL113 截止,T_1 导通,后级的脉总功放管 3DK9 截止,无触发脉冲输出;在触发闸门开启时,其 $Q_0 - Q_5$ 中必有两位为"0",于是对应的光耦导通,T_1 截止,3DK9 也导通,输出的触发脉冲经脉冲变压器送到相应的可控硅。

211

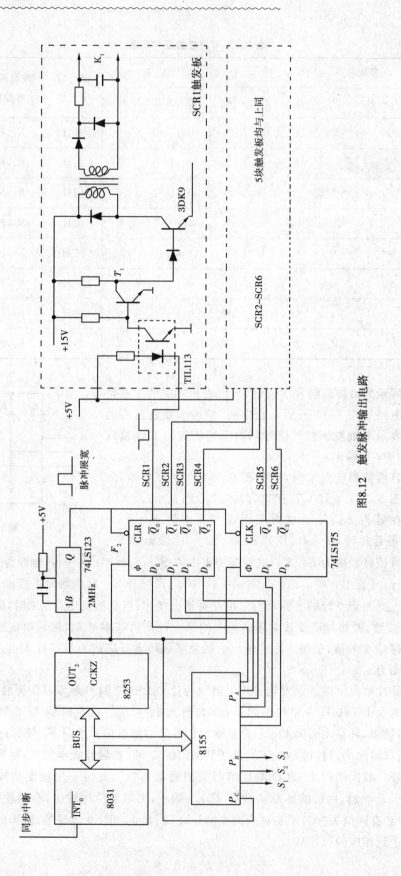

图8.12 触发脉冲输出电路

2)高精度数字测速器

测速装置属于电机调速系统中的速度闭环,转速检测的精度和快速性对整个控制系统的静、动态指标影响极大。该装置使用每转 1 024 线的脉冲发生器作转速传感器,它产生的脉冲列频率与电机转速有固定的比例关系。微机对该频率按 M/T 法进行处理后,便可在较宽的速度范围内获得高精度和快速响应的数字测速值。

①M/T 法测速原理。M/T 法测速是在对光电脉冲发生器输出的脉冲数 m_1 进行计数的同时,对高频脉冲的个数 m_2 也进行计数。m_1 反映转角,m_2 反映测速时间,通过计算可得转速值 n。M/T 测速法,兼容了 M 法和 T 法测速的长处,在高速和低速测量时都具有较高精度。其原理如图 8.13 所示。其中,测速时间 T_d 由脉冲发生器的脉冲来同步,即 T_d 等于 m_1 个脉冲周期。设从图 8.13 上的 a 点开始,计数器分别对 m_1 和 m_2 计数,到达 b 点时,预定的测速时间 T_c 到,微机发出停止计数指令,但因为 T_c 不一定恰好等于整数个脉冲发生器的脉冲周期,所以计数器仍对高频脉冲计数,直到 c 点时,才用脉冲发生器产生脉冲的上升沿使计数器停止。这样,m_2 就代表了 m_1 个脉冲周期的时间。设高频脉冲频率为 f_ϕ,脉冲发生器每转发出 P 个脉冲,则电机的转速 n 计算式应为:

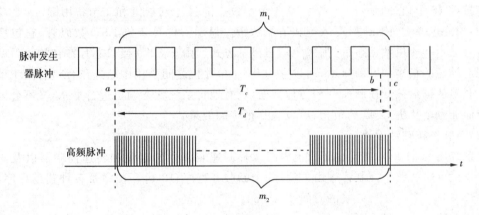

图 8.13　M/T 测速法原理示意图

$$n = \frac{60 \cdot f_\phi}{P} \cdot \frac{m_1}{m_2} = K \cdot \frac{m_1}{m_2} \quad (\text{r/min}) \tag{8.2}$$

在本系统中,由于选 $f_\phi = 2\text{MHz}$,$P = 1\,024$,因此转速 n 为:

$$n = \frac{60 \times 2 \times 10^6}{1\,024} \cdot \frac{m_1}{m_2} = 117\,187.5 \frac{m_1}{m_2}$$

为了在低速测量时能使测速器在很短的 T_d 时间内获得高精度的测速值,可以将光电脉冲发生器输出的相位上互差 90° 的两路矩形脉冲信号经过 4 倍频处理后再送入计数器。这样,转速 n 的实际计算可以修改为:

$$n = \frac{60 \cdot f_\phi}{4P} \cdot \frac{m_1}{m_2} = 29\,297 \cdot \frac{m_1}{m_2} \quad (\text{r/min})$$

②测速器硬件电路。测速器硬件电路如图 8.14 所示。8253 中的两个计数器分别对 m_1 和 m_2 计数,D 触发器 F_1 用来使 m_2 的计数与脉冲发生器的脉冲同步,由于 8253 为负沿计数,故

使用反相器 G。启动测速和停止测速信号由 8031 单片机的 $P_{1.2}$ 引脚控制。

测速脉冲 4 倍频电路及其对应波形可参见图 8.9,光电脉冲发生器有在相位上互差 90°的 A、B 两路矩形波信号输出,A、B 两路波形经 G_1 异或门后可得到如图 8.9 中 C 点所示的 2 倍频波形,再由 R_1、C_1 和 G_2 组成一个边沿检测器,将 C 点的 2 倍频波形的上升沿和下降沿检测出来,便得到了 D 点的 4 倍频波形。

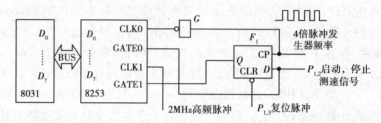

图 8.14　数字测速器电路

3)键盘/显示接口

整个微机控制系统的人机通讯采用了 8279 可编程键盘/显示接口芯片。通过 8279 接口,设控制按键 16 个,它们是:10 个数字键、1 个小数点键、4 个功能键和 1 个备用键。4 个功能键分别为:功能选择键、读出键、写入键和清显示键。显示器件是 5 位 LED 数码管,它包括 1 位功能符号显示和 4 位数据显示,都采用动态显示方式。由于 8279 接口芯片在初始化后就能自动实现对键盘的扫描和刷新显示,而且它与 8031 单片机之间采用中断通讯,所以 8031 单片机既能及时地从键盘接受控制命令和各种数据,及时地将系统状态输出进行显示,又不会因为这些功能而加重单片机 CPU 的负担,可以收到很好的效果。

(2)控制系统软件设计

该系统用 8031 单片机替代了直流电机双环调速装置中的电流和转速控制器以及 6 路触发脉冲发生电路。整个控制程序由主程序、中断服务程序、PI 运算程序及各种辅助程序组成,程序总长<4K 字节,运行一遍的时间<3.3ms。

控制系统采用二级中断分时控制方式,8279 的人机通讯中断服务程序安排为低优先级,同步中断服务程序为高优先级。

同步中断由同步脉冲信号每 3.3ms 向 CPU 发出一次申请,这是为了使同步脉冲信号与主电路的线电压保持严格的同步关系。同步中断服务程序的主要功能是:电流反馈信号采样、电流环的 PI 运算、转速反馈信号采样、转速环 PI 运算、控制移相角 α 的增量 $\Delta\alpha$ 的时间量化、认相及判定下一拍应送触发脉冲的可控硅组号等。其功能流程图如图 8.15 所示。

电流环的采样间隔为 3.3ms,电流环每运算 3 次,转速环就要进行一次采样和运算,所以转速环的采样周期应为 10ms。在转速环采样时,中断服务程序要从 8253 定时器读入相应的测量值,并进行 M/T 测速法计算,计算结果在与转速给定值相比较后要送入 PI 运算子程序进行电流环给定值的运算和量化。

由图 8.15 的同步中断服务程序流程图可知,因为 8031 单片机在响应外部的同步中断后要进行认相处理,而执行 A 相同步中断服务程序的时间 t_3 要比 B 相和 C 相的对应时间 t_2 和 t_1 短,即使是同一相,也不能保证每次采样后执行中断服务程序的时间都完全相同。这样就会造成 A、B、C 三相在处理认相后发出控制移相角 α 的实际时间起点 A'、B'、C'各不相同,从而使主电路各可控硅的实际控制移相角 α 有所差异,如图 8.16 所示。为了解决这一问题,可以使

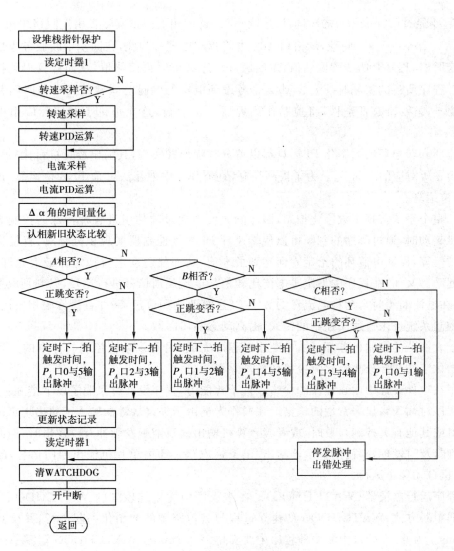

图 8.15　同步脉冲外部中断服务程序

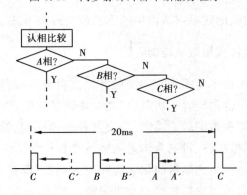

图 8.16　不同相判断处理引起的程序时差

每次同步中断处理后计算出的 α 角推迟一拍发出。以 C 相为例,设计算后得到控制移相角 α 的对应时间为 T,由于同一相的两个同步脉冲间隔时间为 20ms,因此下一拍 C 相的同步脉冲

从 C' 点起要经过 $(20\text{ms}-t_1)$ 的时间 T_6 才能到来,故 C 相下一拍实际发出控制移相角 α 的时间应取为 $(T+20\text{ms}-t_1)$。同理,B 相和 A 相也需相应处理。为此,在同步中断服务程序中要设定一个定时器,程序开始时读取初值,中断服务程序结束时再读终值,从而计算得到执行该次中断服务程序所耗的实际时间 t_1、t_2 或 t_3。考虑到电机的电磁时间常数和机电时间常数一般分别为数十毫秒和数百毫秒,将控制作用迟后一拍执行,这在理论上和实际应用中都是可行的。

电流环和转速环的数字化 PI 运算都以差分方程形式实现,其输出经折算量化后变为与控制移相角 α 所对应的时间 T_a。为了提高控制精度,程序中乘除法可采用 16 位运算,加减法可采用 32 位运算。

由于整个系统实现了数字化控制,因此能方便地通过软件引进各种特殊的控制方式。例如在电机起动时,通过程序的判断可以使转速环 PI 数字控制器实现积分分离,直接进行大比例环节的运算,保证电流环的给定立即达到最大值,从而使起动电流稳定在最大允许值上,实现快速起动。又如,在程序中设定零电流比较值与电流反馈信号进行比较,以判别电枢电流是否断续,在电流断续时自动将电流环的数字 PI 运算改为积分运算,并直接修改相应控制参数,从而使控制系统进入自适应控制的模式,提高动态品质因数。

由于大部分的控制任务都已由中断服务程序完成,因此该系统控制软件中的主程序只需完成初始化工作和部分故障检测报警任务。

为了在软件设计中增强程序的检错和抗干扰能力,程序设计时采取了以下措施:

①程序对输入输出非常量的检错。在操作人员由于失误从键盘输入了超出规定范围的转速给定值或其他有关控制参数时,或者当计算机输出的双窄触发脉冲有悖逻辑时,控制程序能够通过判断及时发现,一面用显示器给出"出错标志",一面由单片机输出专门信号,断开主电路,使电机自动停止运行。

②程序运行监视器(WATCHDOG)。在主程序中建立纯软件的 WATCHDOG 系统,使用定时器中断方式,WATCHDOG 的建立过程与其他资源的初始化一起进行,并设其定时时间为 20ms。为此,在同步中断服务程序中要安排每 3.3ms 对 WATCHDOG 清零一次。

应该提出的是,在建立定时器中断方式的纯软件 WATCHDOG 系统后,8279 键盘/显示接口芯片与 8031 单片机之间的联系应该由中断方式改为查询方式。

8.5.2 工业锅炉的微机直接数字控制

工业锅炉控制的理论经过多年的研究和发展已经变得较为成熟,在采用常规仪表的连续控制实践中也已积累比较丰富的经验。用微机 DDC 系统实现工业锅炉的自动控制,可以充分发挥微机强有力的逻辑运算和数字运算功能,组成各种性能优越、结构复杂、功能特殊的控制系统,进一步提高控制品质指标,取得更为满意的经济效益。

工业锅炉的作用是通过燃烧把燃料的化学能转变为热能,即把水加热成具有一定温度和压力的蒸汽,以蒸汽为载体,为用户提供热能和机械能。因此,一般工业锅炉微机 DDC 系统的主要工作应该是燃烧控制、锅炉汽包的水位控制以及各种运行参数的统计管理等等。本节介绍的是一个工业锅炉微机 DDC 系统实例,其微机使用了以 8088CPU 为控制核心的 STD 总线结构的工业控制机。

(1)工业锅炉微机 DDC 系统的功能要求

根据一般生产现场的实际情况,工业锅炉微机 DDC 系统要满足的检测、控制及管理应有如下功能:

1)控制功能

要实现对锅炉的汽包水位、蒸汽压力、风煤比值、烟气含氧量和炉膛压力的控制,以保证安全生产,达到降低煤耗、提高效率的目的。

2)控制参数的在线修改功能

控制系统中各被控参数的给定值、各种控制参数的整定值以及各工艺参数的变动均应该能在不停止控制的情况下实现在线修改,使系统的投运和参数的整定简便迅速。

3)自平衡无扰动切换功能

控制系统设置了后备回路操作器,使自动控制和手动控制之间应该能实现自平衡的双向无扰动切换。所谓自平衡双向无扰动切换,是指由手动到自动或由自动到手动的切换之前,无须由人工进行手动输出控制信号与自动输出控制信号之间的对位平衡调整操作,在切换时也不会对执行机构的现有位置产生冲击性的切换扰动。这样可以方便操作,提高了微机控制系统的适应性。

4)打印、显示和报警功能

控制系统配有 CRT 显示器,用软件设计了多幅 CRT 显示画面。画面有表格方式和直方图方式两种,均采用汉字显示。这样,系统的全部整定参数都能在 CRT 画面上直观显示,方便操作人员对控制系统的集中管理。图 8.17 是其中两幅画面的示意图,图 8.17(b)中每个参数的 3 个箭头分别表示被控参数的给定值和上下限报警值,黑粗线则表示各被控参数的实际值。

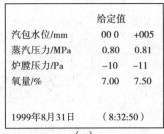

控制系统有 3 种打印功能,它们是定时自动表格打印、随机各工艺参数现时值的打印和 CRT 画面的拷贝。系统还设计有软件的实时时钟程序,各种显示或打印件都会自动附有年、月、日、时、分、秒的当前时间。

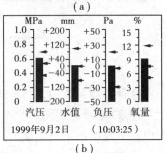

图 8.17　CRT 显示画面示意图

(2)工业锅炉微机 DDC 系统的控制方案

工业锅炉是一个非线性、非定常、大惯性的系统,动态特性复杂,控制要求较高。因此,了解被控对象的动态特性和熟悉生产现场的实际要求,是确定设计各种控制方案的必要前提。

1)锅炉汽包的水位控制

锅炉汽包的水位控制系统如图 8.18 所示,引起汽包水位 H 变化的主要因素是蒸汽流量 D 的变化和给水流量 W 的变化。汽包中水位过高,会影响汽包内的汽水分离效果,使汽包出口的饱和蒸汽带水;而水位过低,会影响炉水循环,甚至会引起水冷壁管的过热爆裂。因此,水位控制系统要经常自动改变给水量 W 的大小以维持水位 H 在工艺设备允许的范围内,以保证安全生产。

一般的小吨位锅炉汽包相对容积较大,生产强度也低,其水位控制可以采用单冲量方式,

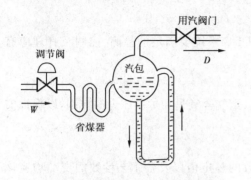

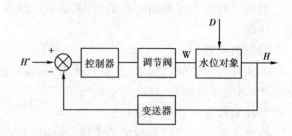

图 8.18　锅炉水位控制对象示意图　　　　图 8.19　单冲量水位控制系统

即以水位 H 为反馈量构成单参数单环控制系统,如图 8.19 所示。

　　对于大吨位的锅炉,由于在给水量 W 的扰动下,水位 H 的变化有明显的大惯性纯延迟,也即在增加给水量 W 后,水位 H 要经过一段时间后才开始上升,反之亦然。所以在蒸汽量 D 发生变化时,就会出现"虚假水位"现象,也就是说,蒸汽量 D 增加时,水位不但没有下降,反而暂时上升,经过一段时间后才开始下降;而当蒸汽量 D 减小时,则是先下降,过段时间才开始上升。因此,大吨位锅炉采用单冲量控制方式,水位就会大幅度波动,不能满足生产工艺的要求。所以,大吨位锅炉经常采用"三冲量"控制系统,如图 8.20 所示。

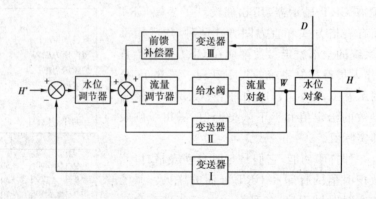

图 8.20　三冲量水位控制系统

　　在这种控制系统中,水位 H、给水量 W 和蒸汽量 D 三个参数都送到了相应调节器的输入端,"三冲量"便由此得名。整个系统由双环组成,内环是给水流量环,外环是水位控制环,内外环组成一个典型的串级控制方式,蒸汽量 D 则通过前馈补偿形式参与控制,因此这是一个带有前馈补偿控制的水位串级控制系统,这种控制系统的水位波动小,给水流量变化平稳,可以获得较好的控制质量。

　　2)锅炉的燃烧控制

　　锅炉燃烧控制的任务是根据蒸汽流量的大小和蒸汽压力的高低来改变燃料的投入量 M,并根据燃料投入量和燃烧情况确定送风量 F,以维持蒸汽压力 P 的稳定,同时保证燃烧的经济性,提高锅炉的热效率。

　　图 8.21 是一个按风煤比值进行调节的锅炉燃烧控制系统示意图。这是一个并行的串级控制方案,主回路外环是汽包压力 P 的控制,主控制器 PID1 的输出经 n_1 和 n_2 两个分流器分流后分别成为两个并行副回路内环的给定值。给煤量的 PID2 控制和送风量的 PID3 控制形成

了并行的内环,以产生锅炉燃烧所需的合理风煤比值。这种并行串级燃烧控制方案虽然在早期广泛流行,但由于其无法保证燃料燃烧的经济性,因此在实际使用时还常常增加一个氧量闭环,通过测量烟道中的含氧量,来自动校正风煤比值,从而保证燃料的充分燃烧,提高锅炉的热效率。

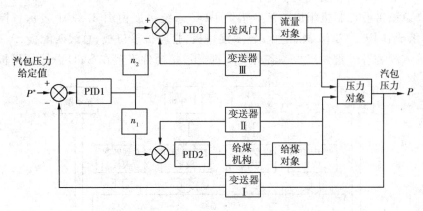

图 8.21　风煤比值并行燃烧控制系统

3)炉膛的压力控制

炉膛的压力控制是工业锅炉微机 DDC 系统的一个重要功能。炉膛压力过高,炉灰和火苗会从炉门和看火孔外窜,造成事故;而压力过低,则漏风量大,降低了燃烧效率。所以必须通过改变引风挡板的开度,即控制引风量来维持炉膛压力的稳定。炉膛压力控制系统原理如图 8.22 所示,送风门的开度信号作为前馈量经补偿后与 PID 控制器的输出校正信号相加,然后通过限幅器 AM 成为引风门的开度控制信号,从而形成一个前馈加反馈的单回路复合控制系统。

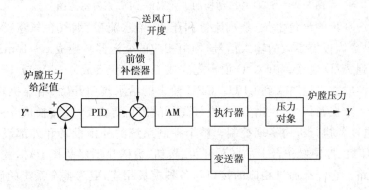

图 8.22　炉膛压力控制系统

值得注意的是,工业锅炉微机 DDC 系统中的送风量控制和引风量控制,都是通过改变风门挡板的开度来实现的。由于鼓风机和抽风机以恒定转速运行,鼓风量和抽风量是不变的,所以,风门挡板的开度越小,浪费的电能就越大。因此,近几年来的工业锅炉微机 DDC 系统都有引入变频调速装置的趋势。通过变频装置,对鼓风和抽风用的交流电动机实现转速控制,要求风量小时电机减速,要求风量大时则电机升速。这样,以电动机的转速控制来代替传统的风门挡板开度控制,可以达到明显的节能效果,进一步提高整个控制系统的经济效益。

(3)工业锅炉微机 DDC 系统的硬件组成

STD 总线结构的工业控制机,以其小型化、模块化、组合化、标准化的特点和开放式总线的结构,从问世一开始就受到工业控制领域广大设计人员的欢迎,它使各种用于工业领域的微机控制系统的设计和应用变得开发周期短、维护方便、可靠性高和成本低廉。在目前较为流行的 Z80、MCS—51、8088 三大系列的 STD 总线工业控制机中,8088 系列工业控制机已经成为我国发展 STD 总线工业控制机的主流机型。

由 STD 总线工业控制机组成的工业锅炉 DDC 系统可以由图 8.23 来表示。控制机部分由如下模板组成:CPU/MEM 板、键盘/显示接口板、打印机接口板、总线匹配板、A/D 板、D/A板、开关量输入板和开关量输出板。各种模板都通过接插件安置在 STD 总线的母板上。

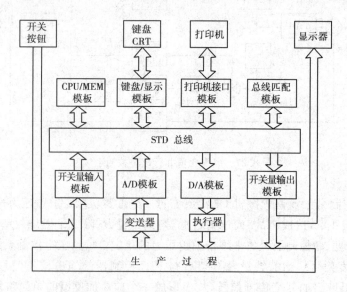

图 8.23　STD 总线结构的工业锅炉 DDC 系统示意图

工业锅炉生产现场的汽包水位、蒸汽流量和压力、给水流量、烟气含氧量、给煤量、炉膛压力、送风量和引风量等被控参数的输入信号,均由相应的变送器转换成 0～10mA 或 4～20mA的电流信号后送到 A/D 模板。由 A/D 模板先完成隔离和变换成 0～5V 或 1～5V 的电压信号,再由 A/D 转换成数字量输入到 CPU。CPU 给出的给水阀门开度、给煤机转速、送风门开度和引风门开度 4 个控制信号,也由 D/A 模板先行隔离后再由 D/A 转换成 0～10mA 的统一电流信号,最后送往各执行机构实现控制。整个控制系统的外围设备和外部设备包括:键盘、CRT 显示器、打印机、控制操作台上的各种开关、按钮、数码显示器及指示灯,甚至还有某些执行机构的驱动电路。它们都通过相应的接口与各种模板相连,成为整个系统的硬件组成部分。

1)模拟量输入输出模板

STD 总线工业控制机的模拟量输入输出模板主要用于控制系统的模拟量过程通道。它将一般模拟量通道所必需的采样/保持器、光电隔离电路、多路转换开关、D/A 转换电路和A/D转换电路等集中安装在同一块电路插件板中,这样既缩小了体积,又提高了可靠性。某些先进的模拟量 I/O 模板还具有智能化,即在常规模板的基础上,增设了一块 CPU 芯片和附加电路,由该 CPU 来负责采样过程的管理和进行数据的预处理,如滤波、线性化、数制转换、补偿运算等。这样,大大减轻了系统 CPU 的负担,从而可以提高系统的处理能力和处理速度。

一般的 D/A 转换器都是以电压方式输出的,而在工业控制应用中,却常常要以电流方式输出。其原因一方面是电流输出在长距离传输时信号衰减和干扰的影响较小,另一方面是因为许多常规工业仪表以电流形式配接,如 DDZ－Ⅱ仪表为 0～10mA,DDZ－Ⅲ仪表为 4～20mA。因此,工业控制机的模拟量输出模板还常常配有 V/I 转换输出电路,用于将 D/A 转换器的输出电压再转换成电流信号,以适应工业仪表和长距离传输的需要。

V/I 转换输出电路的原理如图 8.24 所示。图中的 R 是转换电路输出负载电阻。由图可知,运算放大器 IC 组成一个电压比较电路,输入电压 V_i 和反馈电压 V_f 在运放 IC 的输入端进行比较,当 $V_f < V_i$ 时,运放输出电压升高,复合晶体管基极电位上升,从而使输出电流 I_L 加大;反之,当 $V_f > V_i$ 时,就会使输出电流 I_L 减小。这样,当 $V_i \neq V_f$ 时,电路能自动使输出电流增大或减小,最终达到 $V_i = V_f$。于是有:

$$I_L = \frac{V_f}{R_f} = \frac{V_i}{R_f} \tag{8.3}$$

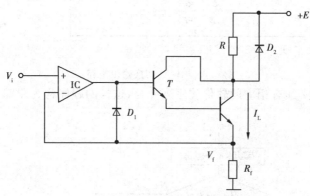

图 8.24　V/I 转换输出电路

从上式可以看出,只要 R_f 电阻值稳定性好,运放 IC 具有较高的增益,该电路就具有较好的线性精度。当取 $R_f = 500\Omega$ 时,I_L 就以 0～10mA 线性地对应 V_i 的 0～5V。

用于过程控制的执行机构,出于安全及操作需要的原因一般都设有两种控制方式,即自动控制方式(A)和手动控制方式(M),两种控制方式之间的相互切换应该做到自平衡无扰动。由于 V/I 转换输出电路直接控制执行机构,因此两种控制方式的切换一般都由 V/I 转换输出电路来完成。

图 8.25 是一个实用的具有 A/M 切换功能的 V/I 转换输出电路。当开关 K 处于自动控制位置(A)时,它是一个电压比较型的跟随电路,工作原理与图 8.24 所示电路相似,读者可以自行分析,其输出电流为:

$$I_L = \frac{V_i}{R_9 + W} \tag{8.4}$$

当把开关 K 扳向手动控制位置(M)时,该电路中的 IC_2 便成为一个保持型的反相积分器。IC_2 的输出 V_2 保持不变,从而维持了输出电流 I_L 的恒定。手动控制时,若按下"增"按钮,V_2 上升,使 I_L 也以同样速率上升;按下"减"按钮,V_2 下降,I_L 也同样下降。输出电流 I_L 的升降速率取决于 R_6、R_7、C 和电源 $\pm E$ 的大小。这样,无论什么时候将开关 K 从自动(A)切换到手动(M),输出电流 I_L 都能维持切换前的值不变,实现了从自动到手动的自平衡无扰动切换。

至于从手动到自动的切换,要做到自平衡无扰动,还必须使图 8.25 所示的电路具有输出跟踪功能。即在手动状态下,来自计算机的自动输入信号 V_i 总是要等于反映手动输出的信号

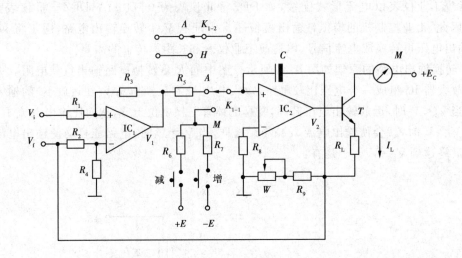

图 8.25　A/M 切换输出电路

V_f，要达到这个目的，必须有相应的软件程序来配合，这样的程序称为跟踪程序。图 8.26 为跟踪程序流程图。

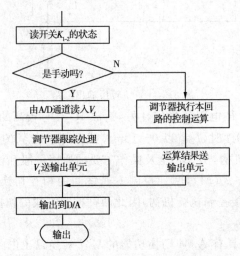

图 8.26　跟踪程序流程图

2)开关量输入输出模板

工业锅炉控制系统常用的输入输出开关量信号有：双位开关或按钮的闭合或断开；指示灯的亮或灭；继电器或接触器的吸合或释放；阀门的打开或关闭；可控硅的通或断；某些仪器仪表或拨盘开关的 BCD 码以及脉冲信号的计数或定时信号的发送等等。这些输入开关量信号的处理和输出开关量信号的控制，都是通过开关量输入输出模板来实现的。

在开关量输入模板上，配置有输入信号缓冲器和输入信号处理电路。信号处理电路的作用是将现场输入的状态信号经转换、滤波、过压或反极性保护、光电隔离等电路变为计算机能接受的逻辑信号。开关量输出模板上则配置有输出锁存器和输出驱动电路。

STD 总线工业控制机的开关量输出模板驱动电路是颇有特色的。为了满足不同需要，输出模板上的驱动电路有多种类型。除了普通的 TTL 电平三态门输出之外，还有带负载能力较强的开路集电极(OC门)输出电路,可以直接驱动各种继电器的门电路功率输出电路,以及由达林顿阵列驱动器组成的、截止电压达100V、可以输出500mA电流的大功率输出电路。在某些开关量输出模板上,甚至还装有单向、双向可控硅和固态继电器,这样,计算机输出的开关量信号在模板上就能完成其控制功能,直接带动各种交直流执行机构如电磁阀、电动机动作,从而大大简化了生产现场的控制线路。

(4)STD 总线工业控制机 DDC 系统的软件组成

使用 STD 总线的工业锅炉微机 DDC 系统,其软件由系统软件和应用软件两大部分组成。系统软件是由 STD 总线工业控制机的生产商提供,专门用于使用和管理计算机本身的程序,它包括各种汇编语言、解释和编译程序、计算机的监控管理程序、操作系统、故障诊断程序等。所谓的应用软件,则是指面向用户的程序,如工业锅炉 DDC 系统中各种数据采样滤波程序、A/D 和 D/A 转换程序、输入输出程序及各种过程控制的算法等。应用软件是由设计人员采用汇编语言或汇编加高级语言自己编写的。

为了方便程序的组装和调试,有利于实际生产过程中各种控制方案的现场变更,应用软件在设计时采用了模块化结构。各种功能模块都以子程序的形式出现。整个模块结构分成主程序、功能模块层和通用子程序库 3 层结构。最低层是通用子程序库,这个子程序库包括 3 类功能子程序,它们是:

①一般性子程序。即数的四则运算、开方运算、数制转换、浮点运算的规格化等。

②过程控制通用子程序。它包括过程控制中常用的各种控制算法,如 PID 运算、前馈补偿运算、史密斯补偿运算、采样和转换、数字滤波、上下限越限报警、参数在线修改、手动与自动方式切换等。

③CRT 显示器和打印机的驱动子程序。

在以上通用子程序库的基础上,可以组成应用软件的第二层——功能模块层。功能模块层的内容有:单回路 PID 控制、串级控制、前馈加单回路反馈控制、前馈加串级反馈控制、自动选择性控制等各种控制方案以及 CRT 画面选择、打印模块等。

应用软件的最高层是整个控制系统的主程序。主程序的作用就是调用各种功能模块来实现既定的控制要求。由于有功能模块层的支持,主程序对于不同的过程控制对象,或者同一对象的不同控制方案的实施和变更,就变得十分方便、容易。工业锅炉 DDC 系统主程序的功能流程图如图 8.27 所示。

为了使读者对工业锅炉微机 DDC 系统的应用软件有进一步的了解,以下介绍若干个过程控制所特有的程序模块。

1)跟踪程序

跟踪程序的作用是保证处于手动控制时的 D/A 转换器的模拟量输出,总是自动跟踪并等于手动控制的输出信号 V_f。这样,在从手动到自动的切换时,就能做到自平衡无扰动。跟踪程序的流程图见图 8.26。其工作过程是这样的:在每个控制周期,CPU 首先读图 8.25 所示输出电路中开关 K_1 的状态以判断输出电路处于自动控制方式还是手动控制方式。若是自动控制方式,程序执行本回路预先规定的控制运算,最后输出 V_i 信号;若是手动控制方式,则首先由 A/D 转换器读入 V_f,然后将该信号原样送到输出模板,再由 D/A 转换器将它转换成模拟量电压并送到输出电路的 V_i 输入端,这样就使 V_i 总是保持与 V_f 相等,处于自动平衡状态。因此,在开关 K 从手动切换到自动时,就能保证图 8.25 所示输出电路中的 V_1、V_2 和负载电流 I_L 维

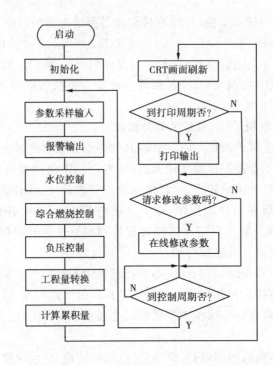

图 8.27　工业锅炉微机 DDC 系统主程序功能流程图

持不变,从而实现自平衡无扰动切换。

2)控制系统参数的在线修改

控制系统各种整定参数的在线修改,是通过 CRT 显示器和键盘操作来实现的。操作人员可以用键盘调用用于显示控制系统各整定参数的 CRT 画面,然后通过"菜单"选择需要重新打入整定值的参数名称。由于参数值的修改都以增减量的形式进行,增减方式分为增、快增、减和快减 4 挡,这样,在用键盘确定了需要调整的参数名称和增减速率后,就可以按下某个指定键使该参数整定值按规定的速率增大或减少。当大小合适时,松开该键,就完成了这个参数整定值的修改工作。

由图 8.27 所示的主程序流程图可知,参数的在线修改工作是在前一周期的控制任务业已完成,而下一控制周期尚未开始时进行的,参数的变更不会影响控制系统正常控制任务的完成。这就是连续式生产过程中控制系统一定要有"参数在线修改"功能的主要原因。

3)实时时钟

工业锅炉微机 DDC 系统对各个控制回路是实行分时控制的,即要相隔一段时间才轮流对每个回路进行一次检测、控制运算和输出,这段时间就是控制周期。为此,控制系统应有一个定时装置,另一方面,生产现场的管理也要求控制系统能提供当前的实时时钟用于显示和打印报表。所以,一般的过程控制微机 DDC 系统都配置有实时时钟(或称实时日历钟)。

实时时钟常由软件组成。用 CPU/MEM 模板上的 16 位定时器,每 1s 产生一次定时中断申请,计算机通过执行如图 8.28 所示的时钟中断服务程序,便能将当前的时间按年、月、日、时、分、秒分别存入相应地址单元,调用这些内容,便可以显示或打印出实时时间。

图 8.28 所示的中断服务程序,是一个实时时钟的功能流程图,如月份调整(大月、小月和二月份的天数)等一些技术细节,读者可以参考其他专门书籍以求深入了解。

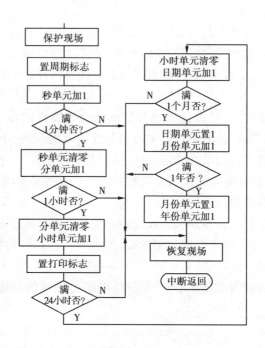

图 8.28　实时时钟中断处理程序流程图

　　工业锅炉微机 DDC 系统的应用软件基本上都是以汇编语言编制的。必须指出的是,用汇编语言编制应用软件,由于涉及到各种 I/O 接口设备的驱动原理和整个程序的地址安排,所以要求设计人员对计算机的硬件比较熟悉。整套软件编制工作量大,开发周期长,调试困难,通用性也差,不便于交流推广。因此,这种现象已经与工业控制机得到广泛应用的现实情况不相适应了。随着计算机技术的发展,工业控制机的基本系统现在已经逐渐与普遍使用的个人计算机相兼容,许多高级语言也都有各种 I/O 口的操作语句和具备对内存直接存取的功能,因此,用高级语言来编写需要进行 I/O 操作的工业控制系统的应用软件,已经成为一种发展趋势。特别是采用 STD 总线结构的工业控制机,使用 PASCAL、C 等结构化高级语言来开发应用软件,速度快,质量好,可靠性高,能够收到事半功倍的效果,尤其值得大力推广。

小　结

　　微机控制系统的设计,是一个实践性很强的需要综合考虑的技术问题。本章以工业上应用最广泛的微机直接数字控制(DDC)系统为对象,主要介绍 DDC 系统的组成特点及其控制规律、系统设计的指导思想和一般步骤、控制方案的制订原则以及硬、软件设计的方法和要点。

　　微机 DDC 系统是一种闭环形式的分时、离散控制系统。其硬件设计的重点是输入输出通道以及通道与微机的配接;软件设计的主要内容是以流程图形式表达的各种应用软件。在综合考虑各种性能指标后,微机 DDC 系统选用的机型一般以 MCS—51 系列单片微机和 8088 准16 位微机最为适宜。

　　本章还通过 2 个典型实例,介绍了一般微机控制系统的设计方法和组成特点。这些实例都是近年来在生产实际中已获不同程度应用的科研成果,因此具有较高的实用价值。

　　一个微机控制系统设计的可行与否,很大程度上取决于该系统控制方案的制订是否合理。拟定控制方案时,一定要了解生产过程的实际情况,熟悉工艺要求,细致分析各种检测量、控制量和中间变量间的关系,建立数学模型,从而制订出合理、可行的控制方案,并以此为依据确定各种控制算式。

　　在设计微机控制系统时,一定要注意充分发挥微型计算机的特点,在逻辑判断和高速运算、各种控制方案的自动变换、计算机内部定时器和计数器的利用、串并行接口和中断功能的使用等方面尽力开发微机本身的潜在功能,进一步提高控制质量和降低设备投资。从某种意义上说,微机控制系统的设计并不是一般常规控制系统设计的简单重复,而是一种微机功能设计与控制系统设计的综合考虑。

　　微机控制系统硬件配置的实用性和高效性是系统设计时应该注意的另一个重要问题。随着电子技术的飞速发展,芯片的集成度越来越高,各种实用、高效、集成度大、功能齐全的通用或专用集成芯片不断问世。因此,微机控制系统的硬件设计一定要体现时代性,大力采用各种新颖的、性能价格比高、功能强的集成芯片,使硬件电路更简单化和规范化,减小故障率,提高可靠性。

习题与思考题

1.试述微机 DDC 系统设计的主要步骤。

2.微机控制系统中"人机交往"的主要内容是哪些?

3.软件设计有哪几种流程图?它们之间有什么关系?试举例说明。

4.试设计一个用 MCS—51 系列单片微机进行控制的 DDC 温度控制系统。被控对象是一个温箱,被测气体通过温箱中的管状加热交换器用电热丝加热;温箱内有一管道,管道内流过恒定的降温水。要求温箱内的温度按图8.29所示曲线变化。试设计该温控系统的硬件配置原理图和主程序、控制程序功能流程图。

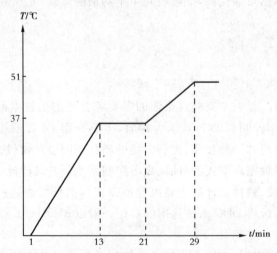

图 8.29　温箱温度变化曲线

5. 在微机 DDC 直流电机双环调速系统中,转速环的 PI 数字控制器为什么有时要求实现积分分离? 如何实现积分分离?

6. 图 8.20 所示的三冲量水位控制系统是如何进行水位调节控制的? 试分析之。

7. 如果以变频调速装置的电动机转速控制来代替图 8.22 所示的炉膛压力控制系统中的风门挡板开度控制,试画其控制方案方框图。

8. 试分析图 8.25 所示的 A/M 切换输出电路的工作原理。

9. 对图 8.28 所示的实时时钟中断处理程序流程图进行补充和修改,使其能满足月份调整(大月、小月和二月)的实际要求。

参考文献

[1] 郭敬枢,庄继东,孔峰. 微机控制技术.重庆:重庆大学出版社,1994

[2] 易继锴,侯媛彬.智能控制技术.北京:北京工业大学出版社,1999

[3] 陈汝全,林水生,夏利.实用微机与单片机控制技术.成都:电子科技大学出版社,1998

[4] 何克忠,李伟.计算机控制系统.北京:清华大学出版社,1998

[5] 韩启纲,吴锡祺.计算机模糊控制技术与仪表装置.北京:中国计量出版社,1999

[6] 袁南儿,王万良,苏宏业.计算机新型控制策略及其应用.北京:清华大学出版社,1998

[7] 余永权.神经网络模糊逻辑控制.北京:电子工业出版社,1999

[8] 徐丽娜.神经网络控制.哈尔滨:哈尔滨工业大学出版社,1999

[9] 刘君华.智能传感器系统.西安:西安电子科技大学出版社,1999

[10] 何玉彬,李新忠.神经网络控制技术及其应用.北京:科学出版社,2000

[11] 谢剑英.微型计算机控制技术.第二版.北京:国防工业出版社,1991

[12] 凌澄.PC总线工业控制系统精粹.北京:清华大学出版社,1998

[13] 阎平凡,张长水.人工神经网络与模拟进化计算.北京:清华大学出版社,2000

[14] 叶伯生.计算机数控系统原理、编程与操作.武汉:华中理工大学出版社,1999

[15] 冯勇,霍勇进.现代计算机数控系统.北京:机械工业出版社,1999

[16] 李宏胜.数控原理与系统.北京:机械工业出版社,1998